U0645891

中小学生心理压力的中日比较研究

——基于比较文化心理学的视角

小中学生のストレスの中日比較研究

——比較文化心理学の視点から

金玉花 ◎ 著

厦门大学出版社 XIAMEN UNIVERSITY PRESS

国家一级出版社
全国百佳图书出版单位

まえがき

　本書は、金玉花氏が愛知学院大学大学院・総合政策研究科に提出した博士学位請求論文をもとに、新たに第13章から第16章までを加筆し作成されたものである。中国と日本の小学生ならびに中学生を対象に、ストレスに関する心理的要因について、比較文化心理学の視点に立ち研究を行った点に特色をみることができる。また、ストレッサー、ストレス反応、コーピング、ソーシャルサポート、満足感といった概念を駆使し、小中学生のストレスモデルを構築した点に特色がある。

　本書の主たる結果は、以下の6点にまとめられる。

　①中国より日本で性差が多く見られ、日本では女子のストレス得点が高いが、中国では男女差があまりみられなかった。②中日両国の小学生にとって、「友人」と「親」ストレッサーが、ストレス反応の主な原因である。また、中国の中学生では「学業」と「身体」ストレッサーがストレス反応の主な原因になっているが、日本の中学生では「親」と「身体」ストレッサーがストレス反応に強く関連している。③中日両国の小中学生では、「回避的対処」がストレス反応を増加させている。また、中国の小中学生の「積極的対処」はストレス反応に負の関連を示しているが、日本では「積極的対処」が「抑うつ・不安」反応に正の関連を示している。④ストレスモデルにおいては、中日両国の小学生と中学生のモデルはほぼ同じである。その違いといえば、ただ日本の中学生のストレッサーとコーピングの関係において直接関係が見られず、認知的評価の二次的評価が存在する可能性が示された。⑤個人面接調査によると、中国では学業負担や成績のことをもっとも多く話しており、それをストレスと感じる児童生徒が多く、親の学業への期待感からくるストレスも大きい。日本では学業ストレスより、友人関係や部活のことを中心に話す人が多く、学業ストレスを感じているものの、中国よりその程度が顕著ではない。⑥両国の小中学校で心理健康教育が重視され、運営システムや方法も似ている。しかし、日本では「人間本位」の援助サービスを行っている。中国ではまだ、形式化の傾向が強く、心理健康教

育への重視度が足りないと思われる。

　このような結果を踏まえ、ストレス予防の視点から以下の7点の政策提言を行っている。

　①ストレス耐性を高めるための心理健康教育をさらに促進させる。②評価基準を多様化させ、成績による学業競争を和らげる。③部活動をストレス予防対策に生かす。④ジェンダー（gender）に敏感になる教育を行う。⑤子どもの心のニーズに合わせて、家庭のサポートを行う。⑥人間関係を活性化し、豊かな人間性を育成する。⑦児童生徒の満足感を高める。

　いずれも重要な提言であり、ストレス予防に資することを期待したい。

　金玉花氏の大学院時代の指導教授として、この「まえがき」を執筆することを大変光栄に思っている。今後さらなる研究の発展を期して、「まえがき」とする。

2014年9月9日
愛知学院大学大学院総合政策研究科・教授
教育学博士　　二宮克美

前　言

在现代社会里不仅是大人，连中小学生也常抱怨"压力好大"来表达他们的心理状态。近年来，在中国的媒体报道中经常可以看到中小学生离家出走、自杀等恶性事件，其原因主要在于中小学生所承受的来自社会、家庭、学校等多方面的心理压力。中国中小学生的心理健康问题已进入多发期，引起了社会的广泛关注。中国教育部认识到中小学生心理健康的重要性，继1999年发布了《关于加强中小学生心理健康教育的若干意见》的文件之后，于2002年9月又印发了《中小学生心理健康教育指导纲要》，对中小学生心理健康教育进行了明确而详细的规定。

在日本，中小学生的"不上学、欺负同学、校内暴力以及自杀"等问题长年以来一直都是日本政府要着手解决的重要社会问题，其主要原因为中小学生所承受的各种心理压力过大。日本文部科学省认识到中小学生心理健康的重要性，自1995年开始充实学校的学生心理咨询设施和制度，1998年日本中央教育审议会提出《让所有中小学生接受心理咨询》的规定。

可想而知，中小学生的心理压力问题对中日两国来说都是亟需解决的社会问题，能否让中小学生健康地成长起来是决定未来社会命运的重要课题。

中国和日本的教育制度都深受中国古代儒家文化的影响，中国现代最初的教育制度（1978-1993）模仿了日本的教育制度。日本在二次大战后实现了经济的飞跃发展，成为世界经济大国。而中国现今的经济发展相当于日本经济高速发展期的状况。两国中小学生处于既相似又不同的文化背景以及社会环境之下。进行中日两国中小学生心理压力的比较研究具有以下四点研究价值：第一，促进心理压力理论以及比较文化研究的发展。第二，有利于掌握中日两国的中小学生心理压力的特征。第三，通过研究中小学生的心理压力以及构建心理压力模型，有利于发现心理问题并进行抗压指导。第四，通过对中日两国心理健康教育现状的比较，可互相借鉴有利于学生心理健康的制度以及有效措施。

中日两国对中小学生心理压力的先行研究甚多，但比较研究较少，况且比较研究都只局限于直接比较，未发现有对其心理压力各个因素之间的关系

以及布局进行的研究。而比较文化心理学研究强调的就是在两个不同背景的社会下心理压力构造的比较，即对心理压力各因素间的关系以及布局的确认才是比较文化心理学的关键课题。对中日两国中小学生的心理压力进行构造以及布局的比较分析并得出异同点，这是本研究的创新之处。

本书的主要内容分为以下五个部分。

第Ⅰ部分包括第1章、第2章和第3章，主要介绍研究背景、研究目的和意义以及该研究使用的测定尺度。在介绍与中国和日本中小学生的心理压力相关的先行研究的基础上提出问题点，从比较文化的角度入手，指出两个不同背景下的心理压力研究并不适合进行直接比较，于是提出对心理压力各因素之间的布局以及它的模型进行比较的必要性。

第Ⅱ部分包括第4章、第5章和第6章，主要通过对中国的中小学生进行问卷调查来进行分析。第4章和第5章分析中国中小学生心理压力的情况，包括心理压力的5个变量（心理压力源、压力反应、压力对策、社会支持以及满足感）的程度、相互之间的关系以及压力模型。第6章分析从小学到中学的心理压力的变化情况。

第Ⅲ部分包括第7章、第8章和第9章，主要通过对日本的中小学生进行问卷调查，分析日本中小学生的压力情况，分析的内容同第Ⅱ部分的内容。

第Ⅳ部分包括第10章至16章。第10章对中日小学生的心理压力进行比较分析。第11章对中日中学生的心理压力进行比较分析。第12章对中日两国小学到中学的心理压力的变化情况进行了分析。

第13章进行质的研究，即通过访谈调查了解中日两国中小学生的学校生活情况以及心理压力情况，确认问卷调查得出来的结论，并获知问卷调查问题以外的压力情况。第14章通过总结量的研究和质的研究得出的结论，对比分析两国的异同点，进而通过分析异文化背景探索出现异同点的背景原因。

第15章对中国和日本的中小学校的心理健康教育情况进行分析比较，发现存在的问题，并提出有利于提高心理压力抵抗力的有效措施。第16章对本研究得出的结论、研究意义等进行总结，并提出有利于预防心理压力的制度以及方法方面的建议。

目　次

第Ⅰ部　研究の背景および問題と目的

第Ⅱ部　中国の小中学生のストレスについて

第Ⅲ部　日本の小中学生のストレスについて

第 I 部
研究の背景および問題と目的

はじめに：研究の背景

　現代社会において、身の周りには多種多様なストレスが満ちている。こうしたストレスは大人の生活のみばかりでなく、子どもたちの生活にとってもきわめて多大な影響をもたらすものとなっている。大人が職場や地域などでさまざまなストレスに囲まれているように、子どもたちも学校や家庭をはじめとする「子どもの社会」の中で多くのストレスを感じているのである。ストレスという用語は日常用語として定着し、小中学生も「ストレスがたまっている」という言葉をしばしば口にする。ストレスは現代社会において、大人はもちろん子どもにとっても避けられないものになっている。

　社会の発展につれて小学校高学年から思春期に入るとされている。思春期の大きな特徴は「子どもでもない、おとなでもない」「その境界線上にある」「中途半端」ということである。この思春期を特徴づけるものとしては、子どもの身体からおとなの身体への変化をあげることができる。年齢的には、第二次性徴が訪れる小学校高学年から中学・高校生くらいまでを含みこむ(ただし、この年齢は個人差が大きく、文化や社会の影響も大きいとされる。とりわけ、近代化による身体的早熟化が指摘され、小学校高学年から第二次性徴の訪れも「前傾化」を示すといわれてきた)。身体的にはおとなと同じくらいに成長するにも関わらず、心理的に統合された安定感には至っておらず、成長と成熟のアンバランスと、そこから生じる不安定さが特徴である(伊藤，2006)。

　思春期という発達段階は、子どもから大人への過渡期の中で、自我の確立、心理的離乳といった発達課題の達成を目前にして、不安や悩みが多く、日常の行動や生活態度のなかで、適応上の問題や葛藤が生じやすい。こうした段階の子どもたちにとって、彼らを取り巻くストレスの影響はきわめて大きいと考えられる。思春期の不適応行動といった問題を解決するために、心理的ストレスについて理解を深めることは特に重要なテーマである。

また、社会が激変するなかで、子どもが苦戦している。子どもの発達課題への取り組みがゆっくりになっているとされる（石隈, 1999）。例えば小学生の時期は、発達心理学では児童期と呼ばれ、エリックエリクソンの心理社会的発達段階では、「勤勉性」の獲得という発達課題に取り組むとされる。しかし、小学生の低学年では幼児期の発達課題（自発性）の獲得が未完のまま、小学生の高学年で青年期の発達課題（アイデンティティの確立）への取り組みが始まっている。即ち勤勉性にかける時間が少なくなっていることが指摘されている（佐野, 1996）。

　このように小学校高学年から中学校までの段階は不安定の時期で心理的問題を抱えやすいという特徴がある。

　近年、中国のメディアでは青少年の心理的問題によって起こされる家出や殺人などの悪性事件がしばしば見られるようになっている。中国の小中学生は心理的問題の多発期に入っており、心理的問題は青少年の健全な発達に影響する重要な問題として社会の注目をあびている（申, 2006）。中国では17歳以下の未成年が3.4億人で、そのうち少なくとも3000万人が勉強・情緒・行為障害を有していると言われている。一連の研究では中国青少年の10％〜30％が心理的健康問題をかかえているという。それは主に強迫、人間関係敏感、抑うつ、偏執、敵対などとして現れている（景, 2007）。その主な原因としてストレスが挙げられ、社会的背景が指摘されている。近年、物質的には豊かになったが、偏差値教育、学歴偏重、早期教育、進学戦争、受験地獄、就職難などで、子どもは多大なストレスにさらされている。中国では、地域、民族によって経済レベル、生活習慣の差異が大きく、全国の小中学生の状況を詳しく理解することは非常に難しい。それで、ここでは中国都市部での漢民族の小中学生に限る。

　中国教育部（日本で言えば文部科学省）では小中学生の心理的健康の重要性を認識し、1999年に「小中学校の心理健康教育を高める若干意見」（关于加强中小学生心理健康教育的若干意见）を提出し、2000年から心理健康教育を実施することにした。心理健康教育とは中国で実施している「応試教育」（試験のための教育、主に進学率を高めることが特徴）から「素質教育」（児童生徒全体が各自の異なったレベルでの向上を目指し、心理的側面を含んだ多方面の素質を高める教育、社会適応能力を求めることが特徴）への改革の重要な部分を担っている。

一方、近年日本では小中学生における不登校、いじめ、校内暴力などが教育現場だけでなく、社会的にも取り上げられている。また、子どもの自殺や反社会的問題行動など、子どもに関する事件や事故の報道をたびたび耳にする。このような事件や事故が顕在化すると、その背景に子どものストレス問題の存在が指摘されることが多い。確かに多くのストレスを抱えている子どもは、ストレス反応とよばれる心身のさまざまな症状や、学校をはじめとするさまざまな場面で不適応行動や問題行動を起こしやすい傾向にあることが知られている。

　「日本子ども資料年鑑」(2007)によると、「ストレスを感じたこと」について「たびたびあった」、「あった」と答えた人数の割合を合わせると、中1(男)39.9%、中2(男)で42.4%、中3(男)で46.3%、中1(女)54.2%、中2(女)56.1%、中3(女)60.2%であった。「日本子ども資料年鑑」(2008)によると、小中学生の不登校(30日以上欠席者)の割合は2002年から一時軽減傾向であったが、また増加の傾向になっている。2007年に、全生徒に占める割合で34人に1人が不登校になり、過去最高となった。不登校に陥った直接の主たるきっかけとして、学校生活(友人関係、教師との関係、学業、クラブ活動、部活動、学校のきまり、入学、転・編入学、進級時の不適応)に起因する割合が小学生は23.7%、中学生は38.4%であった。そして家庭生活(家庭生活の環境の急激な変化、親子関係、家庭内不和)に起因する割合が小学生は26.5%、中学生は16.5%で、約半数が学校と家庭でのストレスによるものであると考えることができる。

　中学生のさまざまな学校不適応問題の背景には日常生活における心理的ストレスがあり、学校不適応は特定の子どもにのみ生じる問題ではなく、誰もが日常の学校生活において感じ得る「学校ストレス」が原因であるという考え方が主流になってきた(岡安, 1994)。小学生でも同じことが考えられている。

　日本の文部科学省では児童生徒の心理的問題の重要性を認識して1995年度から学校におけるカウンセリングなどの機能を充実させるために一部の学校で「スクールカウンセラー」を配置した。1998年に中央教育審議会が「幼児期からの心の教育のありかたについて」答申し、「すべての子どもがスクールカウンセラーに相談できる」ように提言した。

　中国と日本両国とも小学校から中学校までの9年間の義務教育を行って

いる。義務教育として小中学校が果たす役割は、社会で適応的に生きていくための基本的な知識や態度、技能を習得させるだけでなく、心身ともに健全な児童生徒を育成することにある。ところが心の健康に関する問題は両国とも増加の傾向をたどり、社会問題として多く取り上げられている。小中学生の心理的健康問題は両国の社会の発展にもかかわる重要な課題といえる。そこで本研究では両国の小中学生のストレスに着目し、異なる社会における両国の児童生徒のストレス状況について比較を通して理解することを目的とする。比較研究を通して両国におけるストレス状況の特徴が鮮明になり、お互いにストレスを軽減するための制度政策を見つけることができる。さらに、両国の小中学校における心理健康教育の現状を理解した上で、ストレス予防対策を検討する。

第1章　心理的ストレス研究の動向と課題

第1節　ストレス研究の始まりと基本的概念

1. ストレス研究の始まり

　現代社会においてストレスは誰もが口に出す極普通の日常用語となっている。われわれは「ストレス(stress)」という言葉をしばしば耳にしている。人間はストレス社会で生きていると言っても過言ではない。「圧力(stress)」はもともと物理的概念である。その後、stress は生理学、社会学と心理学などの領域で研究がなされてきた。

　「ストレス」という言葉を最初に使用されたものは Cannon(1935)である。彼はストレスとホメオスタシス(homeostasis)について論じたが、ストレスについての特別な定義はせずに、ありふれた一般的意味で使用した。その後、Seley(1936)は、このストレスという語を「生体に生じる生物学的歪み」を表す概念として医学の領域に導入した。

　Holmes & Rahe(1967)は、ストレスを日常生活のさまざまな変化に再適応するために必要な労力としてとらえ、「社会的再適応評定尺度(Social Readjustment Rating SCale)」と呼ばれるストレス尺度を作成した。

　ストレスの概念は Lazarus & Folkman(1984)によって心理学的意味をもつようになった。Holmes & Rahe(1967)は、life event の経験そのものがストレス反応の規定要因であると仮定しているのに対し、Lazarus & Folkman(1984)は、出来事に対する認知的評価や対処行動（コーピング）などといった媒介変数によってストレス反応が規定されると仮定している。また、これらの媒介変数は、さまざまな環境的要因によって影響を受けるが、life event や daily hassles は、この環境的要因の一部を構成しているに過ぎないと主張しているのである。この点が両者の観点の基本的

な相違である(岡安・嶋田・神村・山野・坂野，1992)。

Lazarus & Folkman(1984)は、この理論を展開させ、心理的ストレスの過程を、①外界の刺激であるストレッサーとそれを脅威的であると認知的に評価すること、②それらのストレッサーに対処すること、③その結果生じるストレス反応、という大きく3つの成分から構成されているととらえた(Figure1-1-1)。この理論では、ストレッサーのもつ個人的な意味合いが重視される。たとえば、ある個人が大事な試験に失敗したとしても、それを脅威的であるとその人が評価するかどうか、またはどのように対処するかについては個人の価値観や信念、あるいは個人を取り巻く社会的、環境的背景に依存すると考えることができる。そして、さまざまな出来事の経験からストレス反応の表出に至るまでの一連の過程、およびその過程に影響を及ぼすと考えられる個人的、環境的要因を明らかにすることによって、個人のストレス反応の表出や心身の健康状態を適切に予測することができると仮定した。このストレス理論の提唱によって、その後、心理的ストレスに関してさまざまな観点からのアプローチを行うことが可能になったと考えられる。

Figure1-1-1　ストレスの定義(相互作用としてのストレス)

2. ストレス研究のおける基本的概念

(1) ストレッサー

Lazarus & Folkman(1984)はストレッサーを「ある個人の資源に重荷を負わせる、ないし資源を超えると評定された要求」と定義している。この定義によれば、ストレッサーは「要求そのもの」とその要求に対する「認知的評価」の2つの部分に分けられることがわかる。このことから、Lazarusらの立場からストレッサーを測定するには、厳密にいえば「要求そのもの」と、その要求に対する「認知的評価」を分けて測定することが必要であるといえる(大塚，2006)。心理学からみたストレッサーが発生するまでの概略

図（Figure1-1-2）は以下のようである。

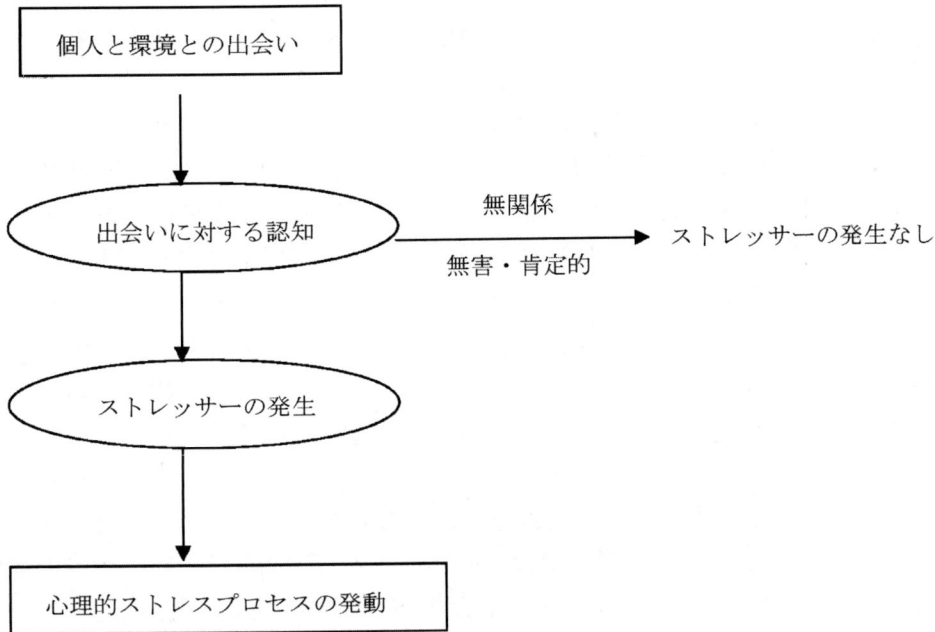

個人と環境との出会い

出会いに対する認知

無関係

無害・肯定的

ストレッサーの発生なし

ストレッサーの発生

心理的ストレスプロセスの発動

Figure1-1-2　ストレッサーが発生する概念図（小杉，2006）

（2）ストレス反応

　Luzurus & Folkman(1984)の心理学的ストレスモデルに基づけば、心理的ストレス反応とは、ストレッサーの原因となる要求そのもの、あるいは、ストレッサーによって発生した不快な情動をうまく処理できない過程で生じる比較的持続的な不快な感情である。嶋田（1998）の定義によれば、ストレス反応は「ストレッサーによって個人に生起した心身のネガティブな反応」である。本研究のストレス反応の定義は嶋田（1998）の定義にしたがう。

（3）コーピング（対処行動）

　コーピングの定義の問題に関して、Lazarus & Folkman(1984)は、①コーピングはプロセスであり、特性とは区別される、②コーピングは自動的な適応行動とは異なり、個人の努力を促して意識的に行われる行動、および思考作用である、③コーピングは処理しようとしてなされる努力であり、努力の結果ではない、④処理することと、コーピングを獲得すること

とは本質的に異なる、という見解を示している。そして、コーピングを「負荷をもたらす、もしくは個人のあらゆる資源の範囲を超えたものとして評定された特定の外的、内的な要求に対応するためになされ、それは絶えず変動する認知的、行動的努力」と定義した。

　また、コーピングは安定した特性的な意味合いで捉えられるのではなく、状況によって変化する力動的なプロセスであること、および結果ではなく、結果を生起するために機能する一種の媒介過程であると理解できる（布施・小杉，1996）。コーピングの研究はアプローチ法によってとらえ方も異なるが、以下の点で共通した立場を有している。第一：コーピングは潜在的にストレスフルとなりうる状況に対処する個人の方略を意味する。第二：同一のストレスフルな環境に置かれても、その影響の現れ方は個人によって異なることが知られているが、コーピングはその主要な個体内要因の一つである。すなわち、ストレスフルな状況に遭遇した際のコーピングの選択が、その後の精神的健康や適応に影響を及ぼすということである（谷口・福岡，2006）。本研究ではコーピングを「心理的ストレス反応の軽減を目的とした行動」と簡潔に定義した坂田（1989）の定義を用いる。

（4）ソーシャルサポート

　ソーシャルサポートを具体的に定義したのは、Cobb（1976）の論文が最初だといわれており、そこではサポートが以下のように定義されている。ソーシャルサポートとは、ケアされ愛されている、尊敬されている、そして互いに義務を分かち合うネットワークのメンバーである、と信じさせるような情報として定義される。この定義が、ソーシャルサポート概念を明確化する最初の試みとして、意義あるものであることはいうまでもない。しかし、この定義には、循環論的、トートロジー（同語反復）的である、という問題点もあった。その後、多くの研究者が、より明確で適切なサポートの定義を試みてきたが、それは結果的に、研究者の数だけサポートの定義があるような、定義の乱立状態をもたらした。

　ソーシャルサポートとは、対人関係のポジティブな側面を強調した概念であり、「ある人を取り巻く重要な他者（家族、友人、同僚、専門家など）から得られるさまざまな形の援助」（久田，1987）と定義される。本研究では久田（1987）の定義を用い、「小中学生を取り巻く重要な他者から得られるさまざまな形の援助」をソーシャルサポートの定義にする。

（5）満足感

心理学的ストレスモデルではソーシャルサポート、ソーシャルスキル、満足感がそれぞれ代表的関連要因とされている（小杉，2006）。満足感は、個人の人生、日常生活、職場、学校、家庭など、さまざまな対象に対する肯定的認知である。心理学的ストレス研究の領域では、満足感はストレッサーとストレス反応との媒介要因、心理的ストレス反応の一部、のいずれかに位置づけられている。

Lazarus & Folkman（1984）による心理学的ストレスモデルに従い、満足感をストレッサーとストレス反応との媒介要因として捉えると、満足感はストレッサーないし認知的評価を低下させたり、適切なコーピングを実行したりすることに影響を及ぼすことが想定される（大塚，2006）。本研究では満足感の定義を、「小中学生が日常生活、学校、家庭、自分などの対象に対する肯定的認知である」とする。

第2節　ストレス研究におけるモデルの役割

小杉（2006）は Lazarus & Folkman（1984）による心理学的ストレスモデルの概要を Figure1-2-1 のように示す。潜在的ストレッサーは心理的ストレスとなりうる外界からの刺激（要求）を表わしている。潜在的ストレッサーは「認知的評価」の過程で「ストレスフル」と評価された場合に、はじめて心理的ストレスとなる。心理的ストレスになった刺激は不安、怒りなどの「急性ストレス反応」を引き起こす。「コーピング」は急性ストレス反応やこれを引き起こした刺激を処理するための過程であり、「問題をひとつひとつ片付ける」「周りの人に相談する」などさまざまな行動や考え方（認知）が処理に用いられる。この対処過程では刺激や急性ストレス反応が適切に処理されたかどうかについての評価が随時行われ（認知的再評価）、うまく処理されたと評価されれば対処過程は終了する。しかし、うまく処理されなかったと評価されれば、対処過程はふたたび継続される。「慢性的ストレス反応」はこのような「認知的評価→急性ストレス反応→コーピング→認知的（再）評価」というサイクルが長期化した結果、心理面・身体面・行動面に生じたさまざまな悪影響のことをいう。このように心理学的ストレスモ

デルでは外界からの刺激による健康への影響力が、両者の間に介在する認知的評価とコーピングによって左右されると考えている。このストレス認知モデルは、心理的ストレスを包括的に理解する上では非常に有用である。

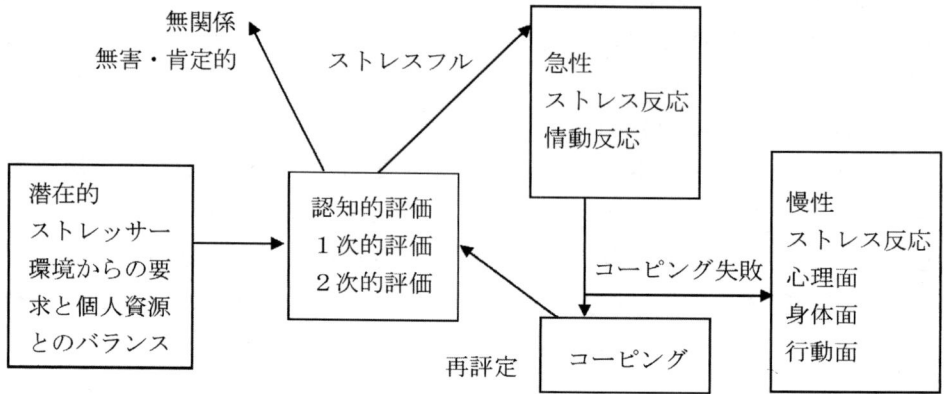

無関係
無害・肯定的　　ストレスフル　　急性
　　　　　　　　　　　　　　　　ストレス反応
　　　　　　　　　　　　　　　　情動反応

潜在的
ストレッサー　　　認知的評価　　　　　　　　　　　　慢性
環境からの要　→　1次的評価　　　コーピング失敗　　ストレス反応
求と個人資源　　　2次的評価　　　　　　　　　　　　心理面
とのバランス　　　　　　　　　　　　　　　　　　　身体面
　　　　　　　　　　　　　　　　　　　　　　　　　　行動面
　　　　　　　　　　　　再評定　　コーピング

Figure1-2-1　心理学的ストレスモデルの概要(Lazarus & Folkman, 1984)

しかしながら、このモデルにおいては、個人の認知過程が重視されており、生活体に生起した心理的ストレス反応が直接的、多面的にとらえられていない(坂田，1989)。生活体がストレス事態であると評価する際には、そこに心理的ストレス反応の生起が予測され、心理的ストレス反応の生起こそがストレス事態であると考えることも可能である。

本間・新名(1988)は Lazarus & Folkman(1984)の「ストレス認知モデル」に改良を加え、Figure1-2-2 のような「心理的ストレスモデル」を提起している。このモデルにおいては潜在的ストレッサーがストレッサーとして評価されると、ネガティブな心理的ストレス反応が生じるとされる。この反応には一次的反応としての情動反応と、さらにこの一次的反応が生じることにより生じる二次的反応が含まれている。そして、これらの心理的ストレス反応の生起によって、コーピングに導く評価に引き続きコーピングが実際に行われるとされている。このモデルではストレス過程におけるストレス反応の位置付けが明確にされていることからストレス研究にとって有益なモデルになりうると考えられる(坂田，1989)。

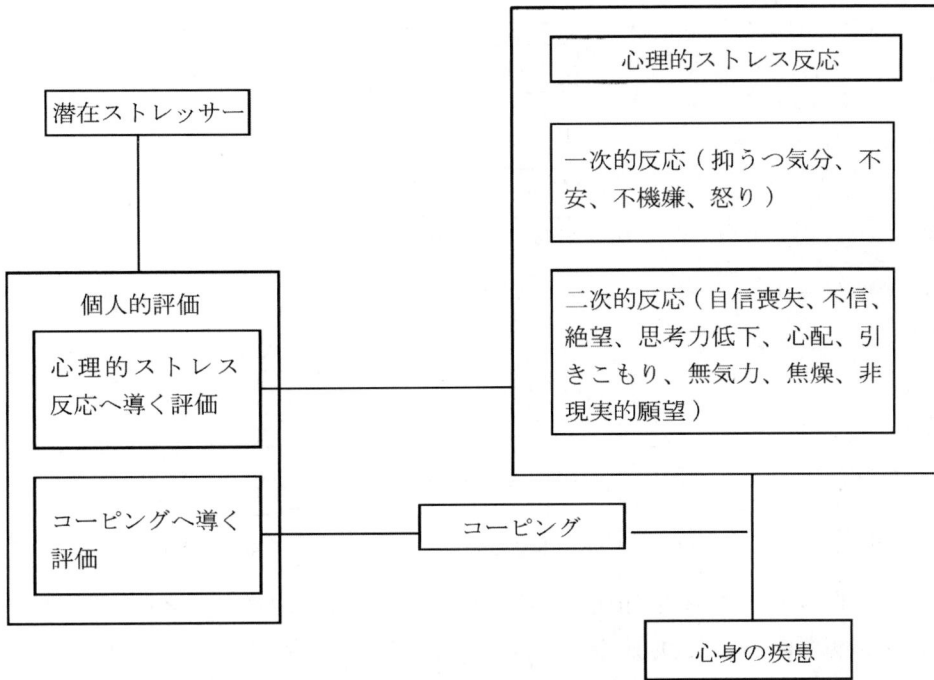

Figure1-2-2　心理的ストレスモデル(本間・新名，1988)

　これに対して、尾関・原口・津田(1994)は大学生を対象とした心理的ストレスモデル(Figure1-2-3)に関する検討を行っている。尾関ら(1994)はストレッサーとストレス反応の関係は相互に影響したり循環するいわゆる螺旋構造的な過程であるといった観点から媒介変数間の関係についても説明しうるような統計的手法(共分散構造分析)を用いて、心理的ストレス過程の因果モデルの作成を試みている。この結果、媒介変数の一つであるコーピングはストレス反応に影響を及ぼし、もう一つの媒介変数であるソーシャルサポートあるいはユーモアなどの個人の資質と考えられる変数は、ストレス反応およびコーピングの双方に影響を及ぼすといったモデルが提示されている。しかしながらLazarus & Folkman(1984)の「認知的評価」の位置づけが不明確であり、心理的ストレス過程について説明するには十分であるとは言いがたい。しかし、本間・新名(1988)、尾関ら(1994)のように、心理的ストレスについてのモデル作成や検討を行うことで、個人の心理的ストレス過程を包括的に捉えようとする試みは非常に意義のあることと考えられる。

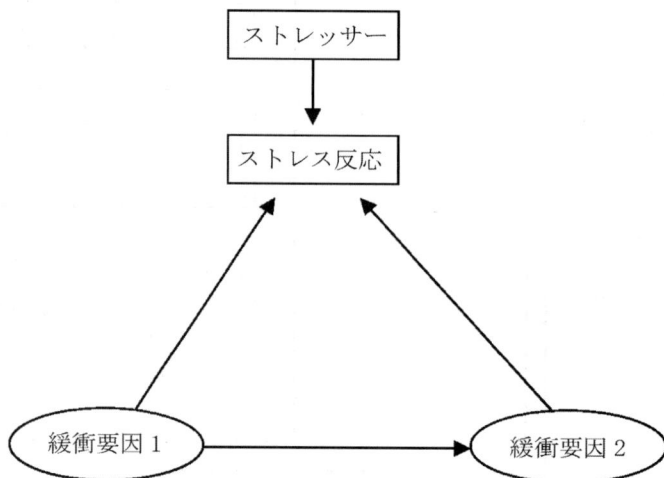

Figure1-2-3　心理的ストレス過程の因果モデル（尾関・原口・津田，1994）

　ストレスモデルの役割の一つは、心理的ストレスの生起メカニズムの包括的理解である。これまでは、たとえば試験の成績が悪かったということも、頭が痛いという現象もそれぞれストレスという言葉で説明されてきたために、多大な混乱を招いてきた。そこで、心理的ストレスがストレッサーとストレス反応との関連から成り立っていることを示すことによって、ストレス研究あるいは、その治療や予防にかかわる人々、またストレスに苦しんでいる多くの人々にとって、心理的ストレスの共通理解が可能になると考えられる。

　もう一つの役割は、ストレス反応の経験を目的とした介入(ストレスマネジメント)への有効な手がかりになることである。具体的にはどのような過程を経て、ストレス反応が生起してくるのかを示すことは、介入の標的を具体的にどこに向ければよいのかを非常に明確にすると考えられる。したがって、心理的ストレスの生起メカニズムをモデル化して体系的に理解することは、実際のストレスマネジメントを行う際に重要なことである。そしてどのような介入がどの程度の治療効果を持っているかについての理解を容易にするはずである(嶋田，1998)。

　三浦・上里(2002)は中学生の友人関係における心理的ストレスモデルの構築を試みた。その結果、友人関係ストレッサーは直接的にストレス反応の表出を高めることが確認された。そして、認知的評価やコーピングの実

行を経てストレス反応の表出へ結びつくプロセスで、ストレス反応の表出に直接結びつくのは、「逃避・回避的対処」のみで、「積極的対処」、「サポート希求」からのパスは得られなかった。本研究は認知的評価やコーピングの相互作用を取り入れた点と様々なコーピングの働きが明確である点で従来のモデルと比べて、中学生のストレス過程を適切に捉えていると考えられる。

第3節　中国・日本両国におけるストレス研究の概観

1.　ストレッサーについての概観

　ストレッサーの経験からストレス反応の生起に至る一連のストレスプロセスのなかでの第1段階として、ストレッサーの構造を明らかにしようとした研究が多く行われている。年齢、性別、民族、文化背景、社会状況によってストレッサーの発生頻度および認知的評価に差がある。

(1)　中国でのストレッサー測定に関する研究の動向

　中国では1980年代の初めにHolmes & RaheのSRRSを導入し、中国の状況に合わせて修正しつつ、使ってきた。しかし、文化差とSRRS自体の欠点により、中国独自の尺度の開発が求められてきた。そこで郑・杨(1983)はLife Event SCale(生活事件量表)の作成を試みた。その後郑・杨(1990)は農村と都市部を含む16歳以上の正常人4054人を対象に研究を行い、学業、結婚・恋愛、健康問題、家庭問題、仕事と経済問題、人間関係、環境問題、法律違反の8つの側面からなる尺度を作成している。年齢範囲が広く、都市部と農村部を分けずに調査を行ったことで、研究対象の特定性がないことが欠点として指摘できる。

　青少年のストレッサー測定研究では刘・刘・杨・柴・王・孙・赵・马(1997)の青少年ライフイベント尺度(ASLEC)(AdoleSCent Self-rating Life Event Check-list)が上げられる。山東省の中学1年生から高校2年生までの1366名を対象に、ストレス経験の有無、そして経験があればその影響程度について5段階評定で回答を求めた。その結果、「人間関係」「学業」「賞罰を受ける」「親友あるいはものをなくす」「健康と適応問題」と「その他」の6つの

面(27 項目)からなる尺度を作成した。この尺度は比較的高い信頼性と妥当性が確認され、精神科やカウンセリング研究などでよく使われている。しかし、研究対象は中学生と高校生が区別されておらず、項目内容が全面的でないことが欠点として指摘できる。

　鄭・陈(1999)は浙江省で中学校 1 年生から高校 3 年生までの 1870 名を研究対象に、48 項目からなる質問項目を作成した。質問紙に 5 段階評定(0－経験してないあるいは影響がない、1－軽度影響、2－中度影響、3－重度影響、4－極重度影響)で回答を求めた。因子分析の結果、7 つの側面、39 項目からなるストレッサー尺度を見出している。それは「学業」「教師」「家庭環境」「両親のしつけ方」「社会文化」「友だち」「自分自身」からなるストレッサーである。

　楼・齐(2000)は上海市高校生 2986 名に対して研究を行った。「0－経験がない」から「3 - 影響程度が大きい」までの 4 段階評定で回答を求めた。因子分析の結果、ストレッサーは「人間関係」「学業」「両親」「将来のこと」「経済面」と「健康面」である。

　李(2003)は上海市の中学生と高校生のストレスと心理的健康について研究を行った。ストレス経験の有無と影響程度を含む 4 段階評定で回答を求めた。その結果、「学業」からのストレッサーがもっとも多く、次いで「自分」「教師」「友だち」「両親の教育方法」「社会と家庭環境」の順である。

　狄(2004)は中学生、高校生、専門学校(中国の職業学校)の生徒を研究対象に青少年ストレッサー尺度を作成した。ストレス経験の有無と影響程度について 5 段階評定で質問し、因子分析の結果、青少年のストレッサーは、「学業の挫折」「学業競争」「教師や友だちとの付き合い」「両親との付き合い」「恋愛」「自然社会環境」「自我心身」「親友の不幸な出来事」(親の離婚、再婚、重病あるいは死、家族の人と友人の死あるいは重病)の 8 つの側面であった。「学業の挫折」は生徒にとってもっとも衝撃度の高いストレッサーである。

　刘(2005)は大連市中学校 1 年から 3 年までの 902 名を対象に、学校ストレスについて調査した。経験頻度と嫌悪性を 4 段階評定で回答を求め、両方を足し合わせた値をその項目の得点と考えた。因子分析の結果、「教師との関係」「学校からの要求」「学業成績」「友だち関係」の 4 つの側面からなる 22 項目にまとめられた。このような測定方法は中国で初めて、経験頻

度と嫌悪性の両者を考慮に入れたものである。

　王(2006)は浙江省の559名の小学生を対象に、小学生のストレスと心理健康状況について報告している。小学生のストレッサーは「環境」(家庭、学校、社会環境)、「人間関係」(友だち)、「価値尊重」(自己価値観の体現、尊重への要求)、「学業」、「両親」(両親の期待としつけ)、「教師」(教師の期待としつけ)、「意外事件」である。

　以上の研究は中国の経済が比較的発達した都市部の小中学生を対象としたものである。中国では農村人口が9億人を超えるにも関わらず、農村の小中学生を対象とした研究は非常に少ない。陈・王・袁(2000)は農村と都市の中学生の心理的健康状況について比較した結果、農村の中学生が都市部より健康的であると報告している。その主な原因として中学生の感じるストレスがあげられ、農村より都市の中学生の方がストレッサーを強く感じている。また、少数民族(中国では56個の民族があり、90%以上が漢民族である)の中学生についての研究(曾, 2006)も少なからず行われている。

　小中学生のストレッサーに関する多くの研究では、テスト不安や成績懸念、友人や教師との人間関係などの学校面におけるストレスや親子関係、家庭生活、自分自身など多種多様なストレスを経験していることが明らかにされている。

　しかし、以下のような問題点がある。第1：比較的統一した尺度がなく、ばらばらの尺度が用いられている。中国ではまだ小中学生のストレッサーを測定する適当な尺度が開発されていないと言えるだろう。第2：多くの研究で中学生と高校生を区別せずに研究を行っている。中学校と高校、そして専門学校は発達段階や学校の環境がまったく違うことから同じ尺度を使うのはふさわしくないといえる。楼・齐(2000)と刘(2005)の研究から中学生と高校生は「学業」のような同じストレッサーをもっているものの、高校生の「将来のこと」や中学生の「学校からの要求」のような異なったストレッサーをもってもいることがわかる。よって、以上の問題点を解決するような尺度の開発が必要である。

(2)　日本でのストレッサー測定に関する研究の動向

　日本のストレスに関する研究では欧米の研究に目を向けて、Phillips(1966)のCSQが注目されていたが、日本の教育制度や文化的背景

を考慮した場合、多くの問題点があることが指摘されてきた（岡安・嶋田・神村・山野・坂野，1992）。そこで日本独自の学校ストレッサー尺度を開発する必要が指摘され、Lazarus & Folkman(1984)の考え方の影響を受けて、児童生徒が学校内で日常的によく経験する daily hassles を集めて、それを尺度化するという試みが行われ始めた。

長根(1991)は、小学生が日常的な学校生活でよく経験する具体的な出来事を収集し、各出来事の嫌悪性について小学生がどのように評価しているのかを調査した。評価点に基づいて因子分析を行った結果、「友人関係」「授業中の発表」「学業成績」「失敗」の4因子(計20項目)が主な学校ストレッサーとして抽出されている。

嶋田・岡安・坂野(1992)は長根(1991)とほぼ同じ手法により児童用学校ストレッサー尺度を開発した。各項目の得点において性差が大きいことから男女別に因子分析が行われている。その結果、男子では「対人関係」「学校システム」「発表場面」「学業達成」「行動規制」の5因子(計31項目)、女子では「対人関係」「学校システム」「学業達成」「サポート人物」の4因子(計32項目)が得られている。また嶋田・岡安・坂野(1992)は同時に、学校ストレッサーを高く評価する傾向のある児童ほど、学習意欲が低いことを明らかにしている。しかし、これら2つの尺度は出来事に対する実際の経験頻度についての質問がなされておらず、嫌悪性のみについて質問がなされた。このままの形でストレッサーとストレス反応との因果関係を検討することはできない。

この点を補う尺度として、岡安・嶋田・丹羽・森・矢冨(1992)は、出来事の経験頻度とその主観的な嫌悪性をそれぞれ4段階で評定させる「中学生学校ストレッサー尺度」を作成した。ここでは90%以上の生徒が経験したことのない出来事を尺度から除いて、出来事の経験の有無だけでなく、その頻度を4段階で評定するよう求めていることが、従来の life event 尺度と異なる点である。岡安・嶋田・丹羽ら(1992)は経験頻度と主観的嫌悪性の両者を掛け合わせた値をその項目の得点として因子分析を行い、「教師との関係」「友人との関係」「部活動」「学業」「規則」「委員活動」の6因子(37項目)を作成している。

高倉・城間・秋坂・新屋・崎原(1998)は、中学生の学校場面を含む日常生活全般に関するストレッサーを検討し、「部活動」「学業」「教師との関係」

「家族」「友人関係」が、生徒が感じる主なストレッサーであると報告している。

　菊島（1999）は大学1年生と2年生、専門学校1年生を対象に彼らの中学校時代における不登校傾向に対するストレッサーの影響について考察した。この研究では「授業や勉強」「先生」「友人関係」「その他の日常生活」「自分自身」からストレッサーが構成されている。この研究は大学生に中学時代を回想させて回答を求めたのが特徴的である。

　福田・倉戸（2003）は、長根（1991）、岡安・嶋田・丹羽ら（1992）などの先行研究に基づいて質問紙を作成した。大学生に経験頻度と嫌悪性について5段階評定で回答を求め、両者を掛け合わせた値を各項目のストレッサー量とした。因子分析の結果、「対人関係」「集団活動」「成績・進路」「学習・課外活動」の4因子が得られ、信頼性と妥当性が確認された。生まれてから今までの出来事について答えるように教示を与えたことで、慢性的学校ストレッサーという視点を考慮に入れたのが特徴的である。

　服部・島田（2003）は中学生ストレッサーについて学校ストレッサーに限定せずに、親子関係や自己などを含むストレッサー尺度を作成した。それは「友だち関係」「親子関係」「自己」と「勉強」の4因子からなっている。中学生のストレッサーをより総合的に理解しようとした点でほかの研究と異なっている。

　三浦・福田・坂野（1995）は中学生のストレッサーの継時的変化について検討した。その結果、中学生は一般的に学業を7月よりも5，6月にストレッサーとして経験し、部活動に関するストレッサーを4月にはもっとも経験しないことが示された。一方、教師との関係を4月よりも5，6月に、友人関係を6，7月よりも4，5月にストレッサーと評価する傾向があった。この結果から中学生の経験する学校ストレッサーは1学期間にさまざまな変化を示すことが明らかにされた。

　以上の先行研究をまとめてみると以下のことがわかる。第1：小中学生の学校という場面を限定して、ストレッサーを測定した研究が多い。思春期においての小学校高学年と中学生は自分の身体的あるいは生物的変化からくるストレスも無視できないだろう。そして家族および親からのストレスを扱った研究は少ない。第2：小学生ストレッサー尺度は長根（1991）、中学生ストレッサー尺度は岡安・嶋田・丹羽ら（1992）のものをそのまま引

用した研究が多いが、その信頼性、妥当性については追試研究があまりなされていない。

2. ストレス反応についての概観

心理社会的ストレス研究は、どのようなストレッサーや認知的評価・対処がストレス反応にどのように影響を及ぼすかについて検討するものである。Lazarus & Folkman(1984)によるとストレス反応といっても短期的な情動的変化、あるいは長期に渡って持続する身体的疾患、モラールや社会的機能の低下など多種多様である。ストレッサー評価における個人差と同様にストレス反応の表出にも大きな個人差があることは否定できない。

ストレス反応には心理的反応(不安、怒り、抑うつ、認知的障害など)、生理的反応(心拍数や血圧の上昇、エンドルフィンやACTHの分泌、免疫系機能の低下など)、身体的症状(高血圧、心臓病など)といったさまざまな反応が含まれる。

心理社会的ストレス研究が心身の健康の多面性をどのようにとらえてきたかを探る手掛かりの一つを提供するために、80年代から90年代に世界で使用された尺度を概観する。一般にストレス状態にある人は、情動的、認知・行動的、身体的な変化を表出すると考えられている。既存のストレス反応尺度は、(a)特定のストレス反応(例えば抑うつ)のみを測定する一次元的尺度、(b)多様なストレス反応を包括的に調べることを目的とした総合的尺度に大別することができる(新名, 1991)。90年代までの10年間で一次元尺度の使用は軽減傾向にあり、身体的な反応を含めて多面的にストレス反応を測定する傾向になってきた(岡安・片柳・嶋田・久保・坂野, 1993)。

一次的ストレス反応の指標としてよく用いられるのは、抑うつと不安である。Beck Depression Inventory(BDI)(Beck, 1967;Beck & Beck, 1972)は抑うつの測定に最もよく用いられる尺度である。SDS(The Self-rating Depression SCale)(Zung, 1965)は日本語版として標準化されており、日本の精神科領域においてもっともよく用いられる抑うつ尺度の一つである。STAI(State-Trait Anxiety Inventory)(Spielberger, et al.,1970)は状

態不安と特性不安を測定しており、横断的研究と縦断的研究において不安を査定するために用いられることが多い。総合的ストレス反応尺度としてはSCL-90-R(Symptom Checklist-90-Revised)(Derogatis, 1977)の使用頻度がもっとも高い。

このような尺度は精神医学や心身医学などの臨床領域において、主に患者のスクリーニングや治療効果を評価するために開発されたものが多い。すなわち心理社会的ストレス研究ではストレッサーの効果やストレス過程に関与する要因の効果を検討する上での基準となる従属変数を臨床的研究の知見に依存してきたと言える(岡安・片柳・嶋田・久保・坂野, 1993)。これらの尺度はいずれも妥当性についての検討は行われている。しかし、その妥当性は臨床領域のサンプルを対象としたものであり、一般健常者に対する妥当性については疑問がある(新名, 1991)。心理社会的ストレス研究において測定しようとしているストレス反応は、患者が示す重い症状ではなく、健常者が日常的に示す感情や思考、行動の変化や疾病の症候のような比較的軽い症状であることが多い。

(1) 中国でのストレス反応の研究

中国では心理的健康を測定する尺度がストレス反応の指標として多く使われている。小学生のストレス反応を測定する尺度として Rutter の「児童行為量表」、Acherbach の「症状自評量表」(CBCL)、「心理的健康診断テスト」(MHT)などがある。CBCL は小学生の心理的健康を測定するのに最もよく使用されている(杨, 2001)。

中学生の心理的健康問題を測定する尺度としては SCL-90(Symptom Checklist-90)(Derogatis, 1977)が最も頻繁に使用されている。これは抑うつ反応、強迫症状、対人的敏感性、不安反応、身体的症状、敵意、恐怖、妄想観念、精神的症状の 9 因子、90 項目からなっている。中国では金・吴・张(1986)が SCL-90 を用いて中国青年(18 歳から 29 歳)を対象に研究を行い、正常な人の基準を決めている。この基準が 20 年近くずっとそのまま中学生と高校生に対して用いられてきた。刘・张(2004)はこのような問題点から中学生向けの新しい SCL-90 の基準を定めた。

中国では抑うつと不安などの一次的ストレス反応を測定する研究は依然として多く行われている。郑・陈ら (2001) は抑うつを測定する尺度として SDS、不安を測定する尺度として SAS を用いてストレス反応を評定し

ている。刘(2003)はテスト不安尺度を用いて中学生の自己効力感、ストレッサーとストレス反応の関連について研究を行った。

刘(2005)は嶋田(1998)を参考に中学生向けのストレス反応尺度を作成している。それは「不機嫌・抑うつ」「行動的変化」「怒り・攻撃」「身体的疲労」の4因子である。そして「不機嫌・抑うつ」と「身体的疲労」がたまると「怒り・攻撃」反応を生じ、最終的には「行動的変化」に発展するというストレス反応のプロセスを明らかにした。

以上からわかるように中国では国外からの尺度を改訂して使うものが多く、国内で開発された尺度がほとんどない。そして総合的なストレス反応尺度に関する研究が少なく、ストレス反応の測定尺度が統一されていない。中国でのストレス反応尺度の規範化が早急に求められている。

(2) 日本でのストレス反応の研究

日本での健常者のストレス反応を測定しようとする試みをあげてみる。新名・坂田・矢冨・本間(1990)は一般健常者(若年層は大学生、中年層は地方公務員とその配偶者)の自由記述から得られた心理的ストレス反応を収集し、最終的には53項目、4段階評定の心理的ストレス反応尺度(Psychological Stress Response SCale:PSRS)を開発した。PSRSは情動的反応として4下位尺度(抑うつ、不安、不機嫌、怒り)、認知・行動的反応として9下位尺度(自信喪失、不信、絶望、心配、思考力低下、非現実的願望、無気力、引きこもり、焦燥)で構成されている。PSRSは項目数と下位尺度が多くて複雑であり、回答者への負担が大きいという問題がある。

岡安・嶋田・坂野(1992)はPSRSとKMI(河野・吾郎,1990)から身体的反応を参考にし、中学生用ストレス反応尺度を作成した。それは「不機嫌・怒り反応」「抑うつ・不安感情」「無力感」「身体的反応」の4つの下位尺度、46項目から構成されている。信頼性は確認されたが、妥当性については検討されていない。また、上級生になるほど、男子より女子のほうがストレス反応を多く表出していることが明らかにされた。

嶋田・戸ヶ崎・坂野(1994)は小学校4～6年生を対象に4因子、20項目からなるストレス反応尺度を作成した。それは「身体的反応」「抑うつ・不安感情」「不機嫌・怒り感情」「無気力」であり、岡安・嶋田・坂野(1992)の中学生向けのストレス反応とほぼ同じ内容である。これらの尺度はいずれも「抑うつ」あるいは「不安」などの特定のストレス反応だけを測定する

尺度ではなく、多様なストレス反応を包括的に調べることを目的とした総合的な尺度である。そして、現在に至るまで多くの研究で使用されている。

　鈴木・嶋田・三浦・片柳・右馬埜・坂野(1997)は幅広い年齢層(高校生、大学生、一般成人)を対象として、簡便で日常的によく用いられる新しい心理的ストレス反応尺度(Stress Response SCale-18)を作成した。それは「抑うつ・不安」「不機嫌・怒り」「無気力」の3因子、18項目からなり、充分な信頼性、妥当性が確認された。

　岡田(2002)は中学生の心理的ストレス・プロセスに関する研究を行い、一次的反応である情動的反応は、ストレッサーの直接的な影響を受けて生起するのに対し、「攻撃」「ひきこもり」「無気力」「依存」反応は情動反応を介して生起する二次的反応であることを明らかにしている。

　鈴木・豊田・小杉(2004)によると、ストレス反応はすべて同列で生じるわけではなく、ストレス反応の種類による顕在性の違いがある。たとえば、ストレス反応の初期段階としては神経過敏傾向が現れやすく、ストレスが深刻になると抑うつ傾向が顕在化するなどがある。

　石原・福田(2007)は小学生から成人まで利用可能なストレス反応質問紙の作成を試みた。原項目の作成には越河・藤井・平田(1992)の開発した蓄積的疲労症候インデックス(Cumulative Fatigue Symptoms Index:CFSI)の改訂版が用いられた。最終的には29項目、6因子からなる尺度が作成され、信頼性と妥当性が確認された。6因子は「不安・抑うつ」「イライラ」「気力減退」「身体不調」「慢性疲労」「意欲低下」である。

　ところで、これらストレス反応指標の多くは、心理的・身体的問題の有無や程度、すなわち「不健康度・不適応度」に関するものである。言い換えれば、これらの指標はベースラインからどのくらい悪い状態か、正常な状態と比較してどの程度マイナスがあるか、という基準である。もちろん、ストレスとは内的な安定・平衡が脅かされている状態なので、その意味において、ストレス反応をそのような指標で捉えることは理に適っている(橋本, 2005)。

　以上の研究からストレス反応について、心理的・身体的あるいは一次的反応・二次的反応などの多方面から分析されていることがわかる。

3. コーピングについての概観

コーピングのカテゴリー分類は、Lazarus & Folkman(1984)の問題焦点型、情動焦点型対処という2分類がもっとも代表的である。小中学生について考えると、問題自体を解決する手段を持っていなかったり、コントロールすることが困難であることが予測される。

(1) 中国での研究

中国でのストレス研究ではコーピングに関する研究が主に行われている。韦・汤 (1998) は Caver, SCheier, & Weintraub(1989)のコーピング測定量 (COPE) をもとに、中国の大学生向けのコーピング尺度を開発した。それは「積極的対処」「サポートを求める」「逃避」「忍耐」の4因子からなっている。同時に肖・许 (1996) は COPE の文化適用性について検討し、中国文化にあうコーピング尺度を開発した。その後、コーピングの測定、分類と構造についての研究がいくつか行われている。黄・余・郑・杨・王(2000)は中学生向けのコーピング尺度を開発した。それは「問題解決」「助けを求める」「逃避」「発散(発泄)」「幻想」「忍耐」の 6 つの側面からなっている。これは中国で初めてコーピングを個人が置かれている状況の変化によって変動する過程として捉えた尺度である。そして张(2001)は Caver ら (1989)のコーピング測定量 (COPE) を参考に3因子からなる中国向けの尺度を開発した。それは「積極的コントロールと計画」「サポートを求める」「否認と逃避」である。異なった対象の異なった状況においてのコーピング尺度として张・陈・郑(1999)と冯・周(2002)の研究があげられる。多くの研究は行われるものの、一致した結論が出されていない。この原因として、多くの研究ではコーピングを単なる一つの変数として扱い、ストレスのプロセスにおけるコーピングについての検討が足りない(刘, 2005)。

中国では大学生向けや中学生向けのコーピング研究が多く行われているが、小学生のコーピングに関する研究が少ない。

(2) 日本での研究

コーピングをストレッサーとストレス反応の媒介変数の一つであることは多くの研究(坂田, 1989；児玉・片柳・嶋田・坂野, 1994)で言及されている。嘉数・井上・上里・島袋(1996)は、小学6年生を対象としてコーピングの実態について調査した結果、ストレス状況下で、身体的・言語的

攻撃行動や、遊んだり、関係のないほかのことをして気を紛らわせるコーピングがよく採用されることを指摘している。

　坂野・三浦・嶋田(1994)は、児童生徒を対象に 15 項目から構成されるコーピング尺度を作成し、「積極的対処」や「消極的対処」という 2 因子を抽出している。さらに、嶋田・秋山・三浦・岡安・坂野・上里(1995)は、坂野ら(1994)のコーピング尺度を改訂し、より多角的な視点から 11 項目を加えることによって、「積極的対処」「思考回避」「サポート希求」「消極的対処」「価値の肯定的転換」の 5 つの下位尺度から構成されるコーピング尺度を作成している。しかしながら、これらの尺度には小学生が採用する可能性が高い情動的、行動的なコーピングと考えられる項目がわずかしか含まれていない。

　そこで、大竹・島井・嶋田(1998)は嶋田・秋山・三浦・岡安・坂野・上里(1995)の 26 項目に、情動的、認知的コーピング 14 項目を追加し、40 項目、6 因子からなる尺度を作成している。それは「問題解決」「行動的回避」「気分転換」「サポート希求」「認知的回避」「情動的回避」である。

　三浦・坂野(1996)は、中学生の学業ストレス場面では、「思考の肯定的転換」や「サポートを求める」対処はストレス反応を低減し、「あきらめ」や「積極的対処」はストレス反応を増大させること、友人関係のストレス場面では、「サポートを求める」対処がストレス反応を低減し、「積極的対処」がストレス反応を増大させることを示した。神藤(1998)は、学業ストレス場面では、「気晴らし」がストレス反応低減に有効であること、「あきらめ」や「サポートを求める」対処がストレス反応を助長し、「積極的対処」はストレス反応の低減に効果がないことを示した。一般的に適応的であると考えられている学業場面での「積極的対処」は効果がない、もしくはかえってストレス反応を高めてしまうものであった(三浦・坂野，1996)。

　嶋田(1998)は小中学生を対象に、「先生に叱られた時」と「友だちに仲間はずれにされた時」に状況を限定して、その時の考え方や行動について評定を求めた。その結果「積極的対処」「諦め」「思考回避」の 3 因子からなる尺度が作成されている。

　中学生がストレッサーを経験した時、日常的にはいくつかのコーピングの組み合わせで対処していると考えられる。これまでのコーピングに関する研究は、因子分析的な分類ばかりが盛んに行われ、その効果の議論の多

くはＡ方略よりＢ方略を行った生徒の方のストレス反応が低いといったようなコーピングの効果に関する議論に終わっている。そこで岡田(2005)は中学生が学校ストレス状況において行うコーピングの組み合わせに着目して、その効果について検討した。岡田(2005)は三浦・坂野・上里(1998)の「積極的対処」「サポート希求」「認知的対処」の３カテゴリーに「気晴らし」を加え、４つのカテゴリーを中学生が行う代表的なコーピングとして使用し、ATI(適正処遇交互作用)的視点からストレッサーとの交互作用を考慮に入れている。

いずれにしても小中学生では、成人と比較すると、問題解決につながるようなコーピングではなく、不快な情動を処理するコーピングを採用する割合が多く、このようなコーピングを採用することによって、ストレス状況に適応していると考えられる。つまり、小中学生の適応過程において、情動的、行動的なコーピングが重要な役割を果たしていることが予測される。

4. ソーシャルサポートについての概観

心理学的ストレス研究の領域では、ソーシャルサポートは認知的評定とコーピングに肯定的な影響を与えることでストレッサーがストレス反応に及ぼす否定的な効果を緩和したり、直接的にストレス反応を軽減したりすることが指摘されている(Figure1-3-1)。

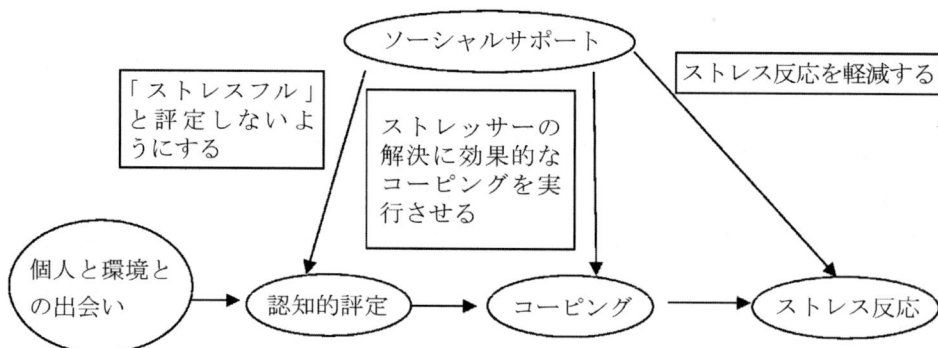

Figure1-3-1　ソーシャルサポートの効果

(1) 中国での研究

欧米で開発された SSQ(social support questionnaire)と ISSI(interview SChedule for social interaction)は項目が多く、中国でそのまま使用するには国内の状況に合わないことから、肖（1994）は大学生を対象に 10 項目からなる「ソーシャルサポート尺度(社会支持評定量表)」を作成した。これは実行されたサポート(3 項目)、認知されたサポート(4 項目)とソーシャルサポート利用頻度(3 項目)の 3 側面からなる。その後、この尺度は中国で 20 以上の研究で使用され、信頼性と妥当性が確認されている。

趙・葛(2006)は中学生におけるソーシャルサポートと心理的健康との関係について研究を行い、女子は男子よりサポートを多く受けていること、学年があがるほどサポートが少なくなること、ソーシャルサポートが心理的健康に効果的であることを明らかにしている。また、李・陈・廖(2007)は共分散構造分析を用いてソーシャルサポートが学業ストレッサーとコーピングの媒介変数であることを検証している。

中国では多因子からなるソーシャルサポートの尺度の使用が特徴的である。ソーシャルサポートと中学生のストレスに関する研究は多くみられるものの、小学生についての研究はほとんど行われていない。これは中国で小学生のストレス研究が少ないこと、つまり小学生の心理的健康についてはあまり重視されてないことが原因であると考えられる。

(2) 日本での研究

学校ストレッサーとストレス反応の関係については、個人差が非常に大きく、学校ストレッサーを高く評価する児童生徒が、必ずしも高いストレス反応を示すとは限らないことが指摘されている。このような個人がストレスに対しどのような評価をするか、また、その個人の評価がストレス反応にどのような影響を及ぼしているのか、という個人差の要因という観点から、一つの媒介変数として「ソーシャルサポート」の果たす役割が、社会的環境的要因の一つとして注目されてきた(Lazarus & Folkman, 1984)。

大学生を対象とした研究で、知覚されたソーシャルサポート尺度は 1 因子構造であることが示されている(久田・千田・箕口, 1989)。嶋田・岡安・坂野(1993)と岡安・嶋田・坂野 (1993)ではこれを参考にし、小学生と中学生向けのソーシャルサポート尺度を開発し、いずれも 1 因子構造である

ことが明らかになった。

　嶋田(1993)は、小学校 4〜6 年生 777 名を対象に調査し、知覚されたサポートと「身体的反応」「不機嫌・怒り感情」「抑うつ・不安感情」「無気力」「引きこもり」のストレス反応との関連を調べた。「不機嫌・怒り感情」「無気力」に対しては、各サポート源との弱い相関が認められ、母親を除くすべてのサポート源と「引きこもり」との間にも弱い負の相関が認められた。また、菊島(2001)は、大学病院小児精神科を受診した神経症的不登校生徒 12 名(男子 3 名、女子 9 名、初診時平均年齢 13.3 歳)のカルテを分析し、不登校が改善された 8 例のうち 4 例には、何らかの形でソーシャルサポートの存在が影響しているとしている。

　岡安・嶋田・坂野(1993)は中学生 1〜3 年生を対象に、Cohen & Wills (1985)によって用いられた直接効果(direct effect, あるいは main effect)と緩衝効果(buffering effect)に関するモデルに基づいて、ソーシャルサポートの学校ストレス軽減効果について考察を行っている。その結果、学業活動に関する学校ストレッサーによって引き起こされる無力感の軽減には、女子において父親サポートの緩衝効果が、あるいは、友人関係に関するストレッサーによって生じる身体的反応には、男女ともに教師のサポートの直接効果が示されている。

　森下(1999)は小学生 1513 名、中学生 1796 名、高校生 1003 名、計 4312 名のうち、記入もれのないデータについて、小学校 4〜6 年生、中学生、高校生各学年男女 50 名ずつ計 900 名をランダムに選び、分析した。この研究では、実行されたサポートの「ストレス反応」「学校ストレス」「いじめ」に対する効果を、小学生、中学生、高校生の男女別に分析している。教師からのサポートと適応指標との関連については、校種別、男女別に分析され、小学生では「抑うつ性」「登校拒否感情」との関連が認められた。中学生においては、教師からのサポートと「抑うつ性」「攻撃性」「登校拒否感情」との関連が認められた。高校生でも教師からのサポートと「攻撃性」「登校拒否感情」との関連が認められた。

　ソーシャルサポートは独立変数ではなく、媒介変数であるという指摘や、ソーシャルサポートと適応の間に別の媒介変数が存在するという指摘がある。森・堀野(1997)は、達成動機がソーシャルサポートと抑うつの間に媒介変数として存在しているという結果を導き出している。小学校 4 年

生 127 名、5 年生 135 名、6 年生 148 名を対象に調査した結果、自己充実的達成動機の高い児童はソーシャルサポートを有効に活用できるが、自己充実的達成動機の低い児童はソーシャルサポートを有効に活用できなかった。この研究は、子ども側の達成動機の違いで、サポート利用が異なることを指摘した点で興味深い。

　以上、ソーシャルサポートと適応尺度との関連はおおむね認められているが、サポートの種類やサポート源の違いにより、その関連にばらつきがあること、ソーシャルサポートと適応の間に媒介変数が存在している可能性があることが明らかになった。

　また、多くの研究(嶋田，1993；中山，1995；尾見，1999；金，2007b)でサポートの性差について調べたところ、女子の方が全般的にサポートを受けているという結果が得られている。学年差についての研究(森下，1999)では、学年が進行するとソーシャルサポート得点が低下するという結果が得られている。サポート源別に細かくみると、先行研究では学年が上がると、教師からのサポートが低下し、友だちのサポートが増加する傾向が認められている。これらの研究から学年や年齢が高くなると家族のサポートの得点が低下し、逆に友だちからのサポート得点が増加する傾向があることが明らかになっている。

5. 満足感についての概観

(1) 中国での研究

　刘・田(2005)は中国の小学 2 年生から 6 年生までの 475 名について生活満足感に関する研究を行った。アメリカの Huebner et al(1994)の「学生生活満足感尺度」(学生生活満足度量表)を参考に、5 因子 40 項目からなる満足感尺度を作成している。満足感の高い側面から低い側面へ順に、学校、家庭、自我、友だち、生活環境である。そして「成績のよい」「家庭雰囲気がよい」児童は高い満足感をもっている。

　張・何・郑(2004)はアメリカの Huebner et al(1994)の青少年生活満足感測定表(MSLSS)を参考に中国の青少年向けの満足感測定表を作成した。中学生から大学生までを対象に研究を行い、2 側面 6 因子からなる尺度を得た。自我に対する満足感には「友情」「家庭」「学業」「自由」の 4 因子がある。

環境に対する満足感には「学校」と「環境」の2因子がある。

翟(2007)は中国中学生の学校生活満足度とスクール・モラールとの関連について研究を行った。日本での河村(1999)の作成した「学校生活満足感」尺度の「承認・満足」と「被侵害・不適応」の2因子が中国でも有効に用いられうることが確認された。学校生活における人間関係の中での満足感を測定している「承認・満足」に対して、「友人」「教師」「学級」といった人間関係が影響を及ぼしているが、「学習意欲」や「進路意識」との間に関連はみられなかった。「被侵害・不適応」に対して、「友人との関係」は負の影響を及ぼしている。自由記述の結果、中国の中学生たちは、学校生活が充実していて満足していると思ったり、学校生活が楽しいと思ったりすることの理由として「友人とよい関係をもつ」ことを一番多くあげており、学習面での意欲と適応をあげた人は2番目に多く、教師とのよい関係も大きな理由の一つとなっている。

田・刘・石(2007)は中学生の心理的ストレスと生活満足感の関係について研究を行い、心理的ストレスと一般生活満足感は負の相関であることが示された。つまり、「親の教育態度」「友だち」「社会文化」「自分自身」からのストレスは「一般生活満足感」に負の関連を示した。

金(2008)は満足感のストレスモデルでの位置づけについて研究を行い、満足感はストレッサー評価とストレス反応に対して軽減効果が大きいことを明らかにした。また、ソーシャルサポートは直接的にストレスを軽減するより、満足感を通しての間接効果が大きかった。

中国では満足感とストレスを関連させた研究が行われ、両者の負の関連が示されている。しかし、ストレスモデルにおける満足感の位置づけに関する研究が足りない。

（2）日本での研究

河村(1999)は中学生を対象に「学校生活満足感尺度」(SASLIS)を作成した。第1因子である「承認」は生徒が自分の存在や行動を級友や教師から承認されているか否かに関係する。第2因子である「被侵害・不適応」は生徒の不適応感やいじめ・冷やかしの被害の有無に関係する。

日本では複数の領域の満足感を測定する尺度がいくつか開発されている。たとえば、高倉・新屋・平良(1995)は大学生を対象とした生活満足感尺度を作成している。この尺度では大学生の生活領域として「人間関係」

「自由時間」「こづかい」「住環境」「学業」「地域活動」の 6 領域を設定している。そして教師との関係などの「人間関係」や、授業内容などの「学業」に関する満足感が不安や抑うつ感などの精神的健康状態と関連することを明らかにした。

　田中・小杉(2000)は、6151 名の企業従業員を対象に職務満足感と精神的健康に関する研究を行った。その結果、職場でのストレッサーを高く自覚している状況においても、「能力発揮」や「対人関係」などへの満足感を高く自覚している従業員は、抑うつ感を低く自覚していることが明らかにされた。

　しかし、小中学生向けの満足感とストレスについての研究はあまりみられない。小中学生の満足感のストレス研究における位置づけの確認が必要である。

第4節　ストレス研究における比較文化
心理学研究の概観

　「Cross-Cultural Psychology」とは「多様な文化における個々人の心理的・社会的作用の類似性・差異性の研究である」。すなわち、①個人レベルにおける心理変数と②集団レベルにおける文化・社会・経済・環境・生物学的変数、との間にみられる体系的な(systematic)関係を明らかにしようとする試みである(三井，2005)。「文化と心(psyche)は相互に影響しあい、おたがいに形作っている(mutually constitutive)」。対照的な両者を設定することにより、比較を通じてその違いをもたらした原因は何かを探る。

　「文化」を比較しようとする場合、そこには①「文化をどのレベルで比較するのか」という問題と②「文化をどのような方法(手立て)を用いて比較するのか」といった問題が浮上してくる。前者は個人レベル・集団レベル・文化レベルといった分析レベルの話であるのに対して、後者は比較に使用する物差し(measure)の話である。特定の文化に所属する人々を対象として作成したＡという物差しを、他の文化に属する人々に適用する場合、単に物差しＡを翻訳したもの(すなわち物差しＢ)をそのまま使用するこ

とはできず、その前に物差しＡと物差しＢの内容のチェック、点検が求められるのである。具体的には「物差しＢを改めて原文に翻訳したものが、物差しＡと同一である」との判定が下されれば、「問題なし」である(三井,2005)。

　異なる文化における心理的現象について客観的に比較するためには、さまざまな社会から得られた標本の平均値の注意深い比較をするという理論検証の研究からの脱却が必要である。研究は一つ一つの社会に注目して、そこでの社会文化変数に注意を払い、下位集団を比較したり個人差を研究したり、標本の平均値を問題にするのではなく、それらを相互関連させるべきである(Marshall Hら著　田中・谷川訳,1995)。東(1994)も異文化研究においては直接的な比較をするよりも、結果の関連の構造を比較することのほうが重視されるべきであると指摘している。比較文化心理学の本当の課題とは、異文化の多様性における「次元」の確認なのである(Matsumoto,2000　南・佐藤訳,2001)。

　比較文化心理学の最終の目的は文化と個人の行動がどのように関連しているかを明らかにすることである。エミックとエティックという術語は、言語学の分野で音素(ある特定の言葉について、音の役割を研究すること)と音声(人間の言語において不変な言語の音の役割を研究すること)を区別するために用いられた。

　社会のある行動について２通り（自分自身の文化と異文化）に研究する時に、このエミックとエティックという考え方を応用できると考えた。すなわち、研究者自身の文化で生まれた研究道具や観察方法をエミック的に用いるべきであると考え、研究が行われた。さらに異文化を対象に研究する場合は、その文化にあるエティックな知識を身につける(参与観察、あるいは他の民俗学研究の方法)必要があることが提案された(Matsumoto,2000　南・佐藤訳,2001)。

　研究者自身のエミック的なもの、異文化のエミック的なもの、そしてその２つの間に共通するものをみつけること、これら３つを総合させることによって、誘出されたエティックが浮かび上がってくると思われる。このような過程を Figure1-4-1 で示す。

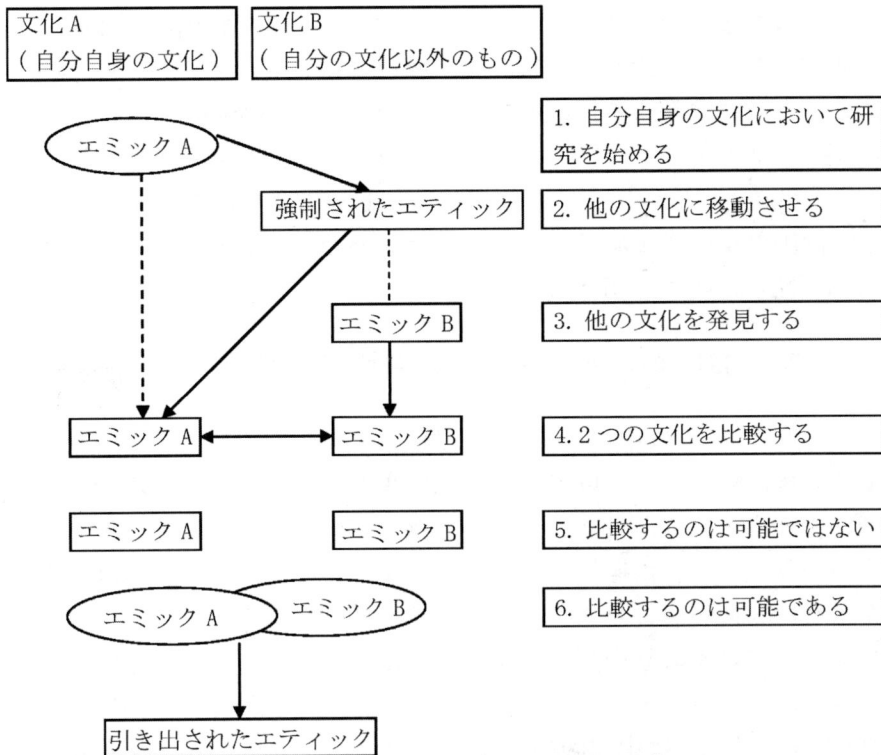

文化A (自分自身の文化)	文化B (自分の文化以外のもの)

エミックA

強制されたエティック

エミックB

エミックA ⟷ エミックB

エミックA　エミックB

エミックA　エミックB

引き出されたエティック

1. 自分自身の文化において研究を始める

2. 他の文化に移動させる

3. 他の文化を発見する

4. 2つの文化を比較する

5. 比較するのは可能ではない

6. 比較するのは可能である

Figure1-4-1　エミックとエティックを操作する手続き(Matsumoto, 2000　南・佐藤訳 2001)

1. 中国におけるストレスの文化間比較研究

　ストレス過程において文化的背景は人々のストレッサーに対する認知、解釈と心身の健康に影響を及ぼしている。この観点からストレスの文化間比較研究が始まっている。

　kim・won(1997)は中国と日本、韓国の三ヶ国での大学生のストレスについて文化間比較研究を行った。その結果、中国の大学生がもっともストレスを強く感じており、それは複数のストレッサーからなることが分かった。日本の大学生は自分と成績についてストレスを強く感じている。郑・田・郭(1995)は中国と日本の大学生のストレッサー及びコーピングについて比較を行い、両国で同じ因子構造を確認できることを明らかにしている。中国の大学生は主に「自分の未来」「学業」「友だち」「教師と授業」からのストレスを多く感じているが、日本では「自分の心理的問題」と「異性問題」

にストレスを多く感じている。これは中国において中日両国を比較した唯一の研究であるが、比較対象は大学生だけに限定されている。中学生と小学生のストレスに関する比較研究はまだみられていない。

中国では青少年ストレスの文化間比較研究の必要性が強調されている（刘・张, 2003）。しかし、日本は中国と同じ東方文化圏内にあるにも関わらず、両国の小中学生向けの比較研究はまったく行われていないため、比較の必要性と重要性を指摘できる。

2. 日本におけるストレスの文化間比較研究

金子・胡（2000）は中・日両国の中学校の2年生を対象に、ストレスについての直接比較を行い、以下のような結果を得ている。①日本の中学生は中国の中学生よりストレスを感じる出来事が多い、②中国では努力、気分転換という主体的、積極的なコーピングを取るのに対し、日本は他者に援助を求めたり運が悪いとあきらめるような傾向がある、③ソーシャルサポートについて日本より中国の方が強いサポートを得ている、という結論が得られている。

雷・堂野（2002）は中国の中学1年生、日本の中学2年生を対象にストレスの調査をしている。直接比較の結果、①ストレス頻度においては、友だち関係、学業成績の得点が中国より日本の方が高い、②ストレス強度においては、親の指示、友だち関係、集団活動の得点が中国より日本の方が高い、③対処行動においては、外面的発散行動、内面的発散行動の得点が中国より日本の方が高く、逆に積極的行動の得点は日本より中国の方が高いことが見出された。

嶋田・岡安・津田・洪・坂野（1994）は日本と韓国での小学生のストレッサーについて比較を行った。国と性別による2要因分散分析の結果、人間関係と学業において、いずれも韓国の児童の得点が高かった。学業とサポート欠如においては、いずれも女子の得点が有意に高かった。

これらの研究はいずれも平均値の直接比較に止まり、文化間比較研究の課題である次元の確認を行っていない。これに対し、周（1993）はサポートの内容（領域とタイプ）、サポートの次元、サポートの送り手、ないしサポートの受け手の人口学的特性といった視点から、在日中国系留学生と日本

人学生におけるソーシャルサポートの比較を行い、その次元の異同を明らかにした。

李(2004)は日本と韓国の高校生の進路発達と無気力傾向に関する比較研究を行った。両国で男女別にモデル分析を行い、各側面の関連の異同を性別、国別で検討した。比較研究での次元の確認が明確に行われた点は、参考すべきところである。

金(2007a；2007b)は中国と日本の中学生のストレスの5つの変数（ストレッサーとストレス反応、コーピング、ソーシャルサポートと満足感）について尺度構成や変数間の関連、モデルでの布置について国ごとに検討を行ったうえで比較を行い、その異同点について言及している。しかし、その異同点が生じた原因についての社会的・文化的背景からのアプローチが足りない。

第5節　従来の研究における課題

両国で行われた研究の概観から、小中学生の心理的ストレスに関する研究の問題点を以下のように整理することができる。

第1：両国では小中学生のストレスの比較研究がほとんど行われていない。直接比較は少しみられるものの、比較文化心理学の本当の課題である心理変数間の関連およびその次元についての研究はあまりみられない。両国におけるストレスの各変数の次元の異同を分析し、小中学生のストレス状況を理解することが必要である。

第2：中国では学校、家庭、自分、社会からのストレスを視点にいれた全面的なストレッサーを扱っているが、ストレッサーとストレス反応およびストレスに関連する諸変数間の関連性についての追求が足りない。日本では学校という場面に限定したストレス研究がほとんどで、家庭、自分からのストレスも考慮に入れた全面的なストレス研究があまり行われていない。そこでより幅広い局面でのストレスを総合的にとらえる必要がある。

第3：ストレッサー、ストレス反応、コーピングとソーシャルサポートについての研究は多く行われているが、満足感と小中学生のストレスを関連させた研究は両国であまり行われていない。異なった文化背景に置かれ

ている児童生徒の有している満足感がどのようにストレスに影響を及ぼしているのかについて理解する必要がある。

　第4：小学校から中学校までのストレスの発達的変化に関する比較研究はまったく行われていない。

　第5：心理健康教育は児童生徒のストレス予防対策にかかわる重要な課題である。しかし、両国の小中学校における心理健康教育についての比較研究があまりみられない。

第2章　本研究の目的と意義

第1節　本研究の目的

　一般に、ストレス研究に用いられる尺度としては、まずストレッサー尺度、ストレス反応尺度が用いられることはいうまでもないが、ストレス発生のメカニズムには他のさまざまな関連要因が関与していることが指摘されている。つまりストレッサーとなる出来事や事実から受けるインパクトは個人によって異なり、同程度のストレッサーを受け取っても、人によってストレス反応が出現しなかったり、出現したとしてもその程度が異なって現れたりすることがある。この過程で、ストレッサーが個人にもたらす影響を弱めたり、消失させる作用をもつ要因、すなわち軽減要因がいくつかあげられている。これらの軽減要因は認知的評価とコーピングのプロセスに影響を与える個人的要因であるとされ、ソーシャルサポート、ソーシャルスキル、セルフ・エフィカシーなどが代表的変数としてあげられている(嶋田, 1998)。小杉(2006)では心理学的ストレスモデルでソーシャルサポート、ソーシャルスキル以外にも満足感が代表的関連要因としてあげられている。

　体験した出来事について「いや」だと評価しているのは、Lazarus & Folkman(1984)のいうストレッサーの一次的評価である影響度と脅威度を評定している(高倉・城間・秋坂・新屋・崎原, 1998)。つまり経験した出来事について「いや」であると評価した場合、その出来事はストレッサーとなる。ストレッサーとコーピングはストレス反応の規定要因の一つである(嶋田, 1998)。布施・小杉(1996)はコーピングをストレッサーとストレス反応の媒介変数として捉えている。具体的にはストレッサーは単にストレス反応を増加させるのみでなく、同時にコーピングを活性化させ、活性化されたコーピングが最終的にストレス反応に影響を与えると考えるので

ある。このことから、ストレッサーからコーピングへの直接影響も想定できる。また、小学生の場合には出来事に対する認知的評価が適切に行えないことや、自分自身が採用できるコーピングについて認知が十分でないことが指摘されている。

　出来事の経験から健康状態の悪化に至るプロセスにおいて、ソーシャルサポートが機能する段階は2つある(Cohen & Wills, 1985)。1つは出来事を経験した際の評価の段階であり、ソーシャルサポートは出来事をストレスフルであると評価することを防ぐとされている。第2はストレッサーに対する反応や行動の段階であり、ソーシャルサポートによって不適応反応の抑制、あるいは適応的な反応の促進がなされるとされている。廣岡・森田(2002)はサポートが心身の反応を規定するだけでなく、出来事と出会ったときそれがストレッサーとなりうるか否かの評価に対して大きく影響していることを確認している。三浦(2002)では知覚されたソーシャルサポートがストレッサー評価やコーピングに与える影響について検討が行なわれ、その効果が明らかにされている。そして、満足感はストレッサーないし認知的評価を低下させたり、適切なコーピングを実行したりすることに影響を及ぼすことが指摘されている(大塚, 2006)。

　本研究では先行研究に基づいてストレスの諸変数間の関連をFigure2-1-1 のように示す。まず、ある出来事を経験し、それを嫌であると評価(認知的評価の一次的評価)した場合、その出来事は個人にとってストレッサーとなる。Figure2-1-1 のモデルでのストレッサーは出来事について一次的評価を経たものである。ストレッサーとコーピングはストレス反応を生じさせる規定要因である（嶋田, 1998）。そしてストレッサーはコーピングの実行をもたらす。また、ソーシャルサポートと満足感は個人のストレッサーへの評価、コーピングの実行、ストレス反応に影響を及ぼす関連要因である。なお、ソーシャルサポートと満足感は相互関連している2変数である。本研究ではソーシャルサポートと満足感をストレスの軽減要因と仮定する。

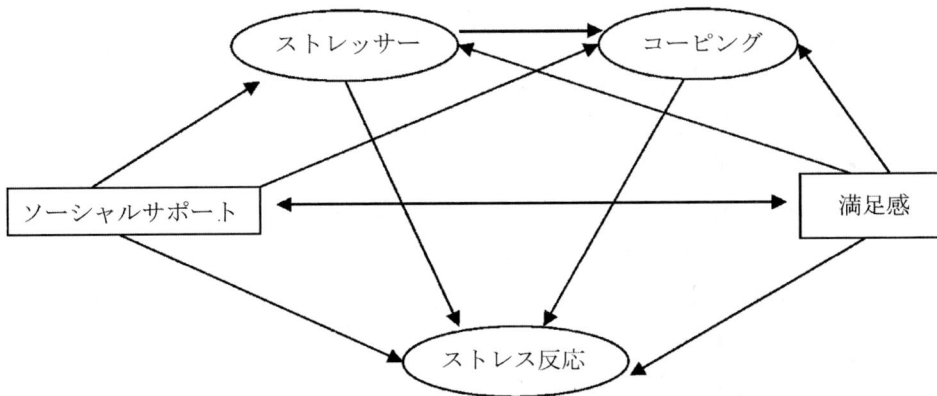

Figure2-1-1　ストレスの諸変数の関係（仮説モデル）

　本研究ではいわゆる「etic と emic の問題」を考慮して、ストレスの諸変数間の関連及び次元の違いをみていくことを目的とする。質問紙調査を行い、数量的データによる解析を中心に、両国のストレス状況を理解する。各変数間の相互関係については、Figure2-1-1 の示す仮説モデルに基づいて検証する。さらに、質的調査（半構造化面接）を行い、量的調査を補うのと同時に児童生徒の学校生活の実態を理解する。最後、両国の小中学校における心理健康教育について紹介し、ストレス予防対策につながる対策をみつける。

　第１章でまとめた従来の研究の課題に基づいて、本研究の目的を具体的に以下の 10 点に設定する。

　①質問紙の項目は両国で共通に存在すると思われる項目を先行研究から整理・引用し、本研究で用いるストレスの測定尺度を作成する。

　②両国でストレスの５つの変数の下位尺度における性差と学年差および平均値の得点順位について比較を行い、その次元の異同をみつける。

　③両国でストレス反応の規定要因としてのストレッサーとコーピングがストレス反応に与える影響について検討する。

　④ストレスの軽減要因としてのソーシャルサポートと満足感が、ストレッサー評価、コーピング、ストレス反応に与える影響について検討する。

　⑤ストレッサーへの評価、ストレス反応の表出、コーピングの実行、知覚されたソーシャルサポート、満足感の程度、以上の５つの変数についてクラスター分析を行い、そのパターンを見出す。

　⑥ストレスの５つの変数について、両国で小学校から中学校までの発達

的変化を比較する。

　⑦両国で仮説モデルに基づいて小中学生のストレスモデルを構築する。

　⑧質的調査（半構造化面接）を通し、両国の小中学生のストレスの実態をより具体的に理解する。

　⑨両国の小中学生におけるストレスの異同点をみつけ、その原因を社会的・文化的・教育的背景から探る。

　⑩両国の小中学校の心理健康教育の実態を比較分析し、ストレス予防につながる対策をみつける。

　本研究では児童生徒の心理的ストレスに関する以上の 10 点を明らかにしながら、両国の小中学生のストレス実態を探る。

第 2 節　本研究の意義

　本節では児童生徒の理解、あるいは指導といった観点から、ストレス研究の果たす役割と意義について考えてみる。

　中国と日本は両国とも中国古代の儒家文化の影響を受けている。現代中国での最初の教育制度(1978-1993)は日本の教育制度をまねしていた(牧野, 2006)。第 2 次世界大戦後、日本はいち早く飛躍的な経済発展を遂げ、世界の経済大国となった。現在の中国は、かつて日本が経験した高度成長期にあるとも言われる。中国では 1979 年に実施した一人っ子政策で一人っ子が多くなるにつれて、一人っ子の自己中心性と知育重視・徳育軽視が問題とされている(張, 2007)。このように両国の小中学生は似ていながらまた異なった文化背景及び社会状況下に置かれている。これらのことから両国小中学生のストレスの異文化間比較研究が意味を持つ。

　本研究では先行研究で得られた成果に基づいて、中・日両国の小中学生のストレス状況を理解する。両国におけるストレス状況の異同点をみつけ、小中学生の置かれている社会的・文化的・教育的背景からその原因を探る。このような理論の意義と実際的価値は以下のようにまとめられる。

　①心理的ストレス理論および比較文化研究の発展につながる知見を得る。心理的ストレスのプロセスは複雑で、文化背景、生活環境、教育環境などの多因子の影響を受けている。中国と日本の文化的背景およびストレ

ス状況を全部反映し、すべてのストレス現象を説明できる理論はありえない。本研究では中国で経済が発達している都市部（漢民族）と日本の愛知県の小中学生を対象とした。両国で共通に存在すると思われるストレッサー、ストレス反応、コーピング、ソーシャルサポート及び満足感を取り上げ、これらの5つの変数間の相互関連について総合的観点から検討する。この研究を通して、両国の児童生徒の心理的ストレス状況を理解し、ストレスという心理的側面を切り口に比較文化心理学の知見を蓄積することができる。

②児童生徒のストレスに関する心理的特徴の把握に役立つ。小学校高学年から中学校までの段階、特に中学校段階は人生においての重要な転換点である。この時期の児童生徒のストレス状況を把握し、心身の健康を保つことは社会の発展にかかわる重要な課題であり、学校教育の直面している難点でもある。

③児童生徒の経験する出来事に対する認知的評価、コーピングといったようにストレス反応に直接的に影響を及ぼすストレス反応の規定要因、および、ソーシャルサポート、満足感などの臨床的介入が可能な軽減要因の特徴、これらの変数とストレス反応の表出との関連性について解明することによって、どのような特徴を示す児童生徒に対して、いつどのような側面からの指導やサポートを行うことが効果的であるかを理解するための示唆を得ることができると考えられる。そして、ストレスモデルを構成することによって、不適応問題の治療や予防、および日常の生活や学習活動を円滑に行うための有益な示唆が得られるものと考えられる。

④両国の小中学校では児童生徒のストレスによる心理問題を防ぐために一連の心理健康教育が行われている。本研究では両国の心理健康教育実態の比較を通して問題点を分析し、ストレス予防につながるよりよい制度政策や方法をみつけることができる。

第3節　本研究の構成

第1章では本研究での背景となる、心理的ストレス、および小中学生のストレスに関する研究を概観し、その問題点を明らかにした。第2章では、本研究の目的と意義について論じた。

第 3 章では、小中学生のストレスを包括的に測定する尺度(ストレッサー、ストレス反応、コーピング、ソーシャルサポート、満足感)をそれぞれ作成し、その信頼性を確認する。第 4 章では中国の小学生のストレス状況について検討する。具体的には①ストレスの 5 つの変数の下位尺度の性差、学年差および平均値の比較、②規定要因としてのストレッサーとコーピングがストレス反応に与える影響、③軽減要因としてのソーシャルサポートと満足感が与えるストレッサー評価、コーピング、ストレス反応への影響、④ストレスの 5 変数のパターン、⑤ストレスモデルの構成について検討する。第 5 章では中国の中学生のストレス状況について小学生と同様の方法で検討する。第 6 章では小中学生の発達的変化をみる。

　第 7 章では中国の小学生に行ったのと同様の方法を用いて、日本の小学生のストレス状況について理解する。第 8 章では日本の中学生のストレス状況について理解する。第 9 章では日本の小中学生のストレスの発達的変化について検討する。

　第 10 章では、中国と日本の小学生のストレスについて比較を行い、異同をみつける。具体的には①ストレスの 5 つの変数の尺度と下位尺度の性差、学年差および得点順位、②ストレスの規定要因と軽減要因がストレス反応に与える影響、③ソーシャルサポートと満足感がストレッサー評価とコーピングに与える影響、④ストレスの 5 つの変数のクラスター分析によるパターンの特徴、⑤ストレスモデルでの変数間の関連である。第 11 章では中国と日本の中学生のストレス状況について前章と同様の手法で比較検討する。第 12 章では両国で小学校から中学校までのストレスの関連項目の発達的変化について比較する。

　第 13 章では、半構造化面接による質的分析を行い、量的調査の結果を検証すると同時に、質問調査に含まれていないストレス状況や児童生徒の生活状況について理解する。第 14 章では、前述した量的調査と質的調査による中日ストレスの比較結果に基づき、社会的・文化的・教育的背景から全体的考察を行う。第 15 章では、両国の小中学校における心理健康教育の実態について比較検討する。

　第 16 章では本論文の結論や意義を述べたうえで、小中学生のストレス予防という視点から関連対策や方法について中日両国に向けて提言を行う。本研究の構成を図示したものが、Figure2-3-1 である。

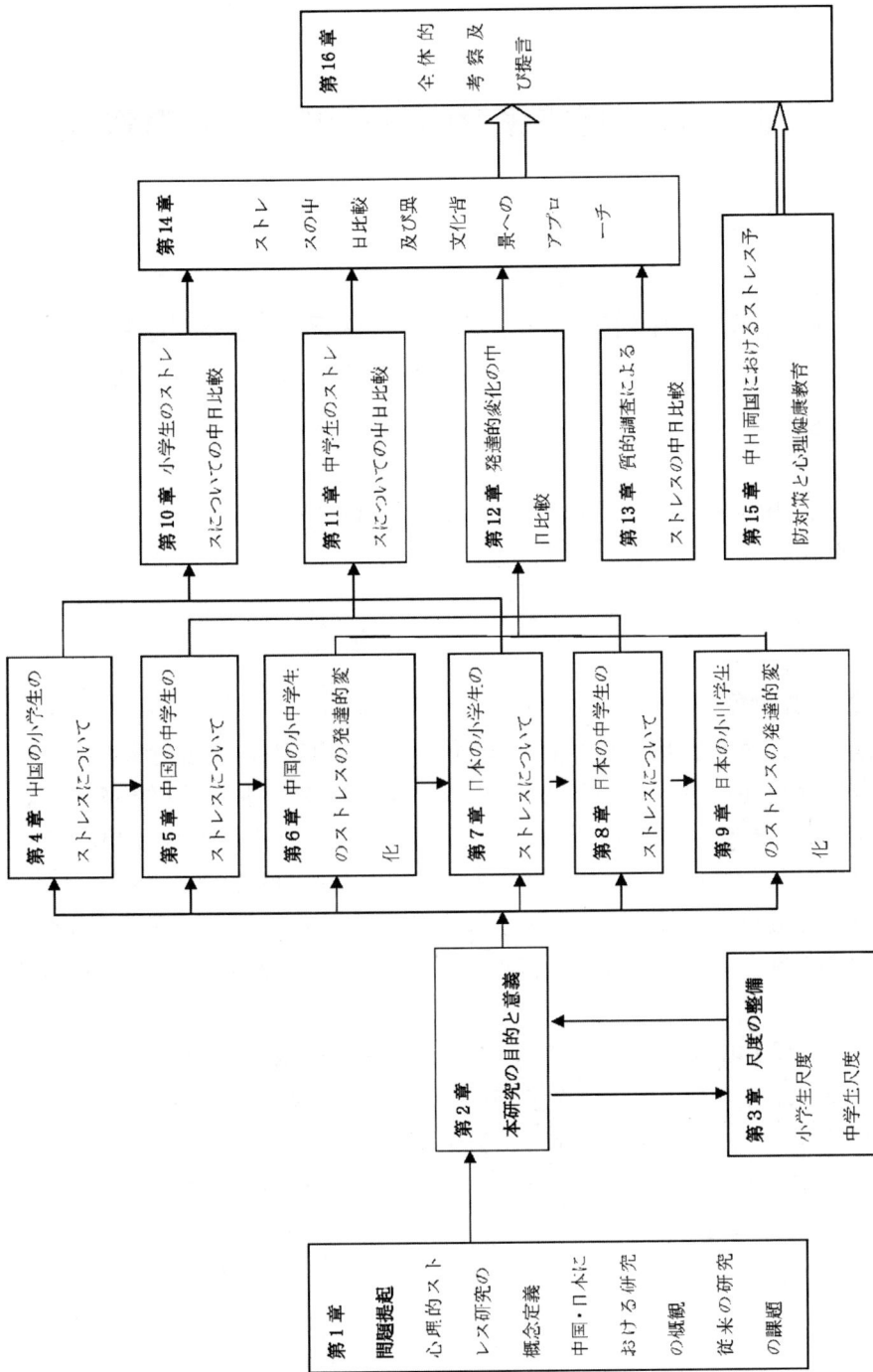

Figure2-3-1 本研究の構成

第1章
問題提起
心理的スト
レス研究の
概念定義
中国・日本に
おける研究
の概観
従来の研究
の課題

第2章
本研究の目的と意義

第3章 尺度の整備
小学生尺度
中学生尺度

第4章 中国の小学生の
ストレスについて

第5章 中国の中学生の
ストレスについて

第6章 中国の小中学生
のストレスの発達的変
化

第7章 日本の小学生の
ストレスについて

第8章 日本の中学生の
ストレスについて

第9章 日本の小中学生
のストレスの発達的変
化

第10章 小学生のスト
 レスについての中日比較

第11章 中学生のスト
レスについての中日比較

第12章 発達的変化の中
日比較

第13章 質的調査による
ストレスの中日比較

第14章
ストレ
スの中
日比較
及び異
文化背
景への
アプロ
ーチ

第15章 中日両国におけるストレス予
防対策と心理健康教育

第16章
全体的
考察及
び提言

第 3 章　本研究で使用する測定尺度の作成

第 1 節　小学生向けのストレス測定の尺度

【目的】

　両国で、小学生向けのストレッサー、ストレス反応、コーピング、ソーシャルサポートと満足感の尺度作成を試みる。

【方法】

（1）調査対象

　中国では、広東省広州市天河区普通小学校 1 校の児童を対象とした。対象者は 4 年生 153 人（男子 92 人、女子 61 人）、5 年生 92 人（男子 45 人、女子 47 人）、6 年生 198 人（男子 117 人、女子 81 人）、性別不明 14 人の合計 457 人（男子 254 人、女子 189 人、不明 14 人）である。対象者のうち、一人っ子は 329 人で 72.0％である。広州市は中国国内で経済レベルがもっとも高い都市の一つである（2007 年調査時点で個人の GDP は国内都市中 2 位）。

　日本では愛知県名古屋市近郊 N 町の公立小学校 2 校の児童を対象とした。対象者は 4 年生 193 人（男子 99 人、女子 94 人）、5 年生 176 人（男子 90 人、女子 86 人）、6 年生 151 人（男子 79 人、女子 72 人）、無記入 15 人で、合計 535 人（男子 268 人、女子 252 人、無記入 15 人）である。一人っ子は 45 人で 8.4％である。

(2) 調査地域と学校

	中国広東省	日本愛知県
	広州市天河区	名古屋市近郊N町
人口（単位：万人）	111.85	48.05
1学年におけるクラスの数(本研究の学校に限る)	4クラス	2〜4クラス
1クラスの人数(本研究の学校に限る)	47〜50人	30〜37人

　(3) **調査時期**：中国では2007年9月下旬で、新学年が始まって約1ヶ月経った時期である。日本では2007年9月下旬で、第2学期が始まって約1ヶ月経った時期である。日本では新学年に入るときにクラス変えがあるが、中国ではクラス変えが行われていない。

　(4) **質問紙**：フェイスシートでは性別、年齢、学年、きょうだいについてたずねた。筆者が、両国の小学生で共通に存在していると思われる尺度を先行研究から引用し、質問紙を作成した。日本語の質問紙を筆者が中国語に翻訳し、それを中国人留学生(翻訳専門の大学院生)によって確認してもらい、表現を適切なものとした。

1. ストレッサーについて

【質問紙内容】

　中日両国の小学生が経験すると思われるストレッサーを先行研究から引用した。学校、家庭、自分という側面を念頭においたストレッサーの質問紙の作成を試みた。嶋田(1998)によるストレッサー尺度から「先生との関係」「友だちとの関係」「学業」の3側面から14項目を引用した。そして、内閣府政策統括官(2001)での青少年の「家庭の悩みや心配事」から4項目を引用した。発達加速現象で小学校高学年から思春期に入るとされているが(菅、2006)、思春期における身体的変化が心理的側面に大きな影響を及ぼすものと考えられる(斉藤、1987)。そこで、本研究では身体に関する項目を山本(2004)の3項目に1項目補足して4項目にし、合計22項目にした。

最近 6 ヶ月の間に各項目についての経験頻度(3－よくあった～0－ぜんぜんなかった)と嫌悪性(3－とても嫌であった～0－ぜんぜん嫌でなかった)を 4 件法で回答を求めた。

【結果】

ストレッサーに関する 22 項目について、経験頻度と嫌悪性を掛け合わせて得られた値を認知されたストレッサーの得点とした。範囲は 0～9 点である。

(1) 中国

ストレッサー22 項目について、主因子法・プロマックス回転による因子分析を行った結果、固有値 1 以上で 5 因子が得られた。因子負荷量が.35 以下だった 4 項目をはずして、再度因子分析を行った結果、Table3-1-1 のような 5 因子が得られた。第 1 因子は「2. 先生がよくわけを聞いてくれずに、おこった」などの 3 項目を含んでおり、「教師」因子と命名した。第 2 因子は「15. 友だちに、いやなあだ名や、わるぐちを言われた」などの 5 項目を含んでおり「友人」因子と命名した。第 3 因子は「17. 親が自分に期待しすぎていると感じた」などの 4 項目を含んでおり、「親」因子と命名した。第 4 因子は「11. じゅぎょうが、よくわからなかった」などの 3 項目を含んでおり、「学業」因子と命名した。第 5 因子は「13. 自分の身長が気になった」などの 3 項目を含んでおり、「身体」因子と命名した。α 係数はすべて.60 以上である。

経験率が高い出来事は「1. 親から勉強しなさいとうるさく言われた」(84.7%)、「15. 友だちに、いやなあだ名や、わるぐちを言われた」(82.7%)、「4. テストの点数が悪かった」(82.7%)であり、80％以上の児童が経験している。認知されたストレッサーの得点が高い 3 項目は「15. 友だちに、いやなあだ名や、わるぐちを言われた」(M=3.54)、「9. 人にものをとられたり、こわされたりした」(M=2.52)、「19. 親が自分のきもちを分かってくれなかった」(M=2.50)である。これから友人と親に関するストレッサーの得点が高いことがわかる。

Table3-1-1　小学生ストレッサーの因子分析、経験率及び平均値（中国）

	I	II	III	IV	V	経験率(%)	M	SD
I　教師　α=.74								
2. 先生がよくわけを聞いてくれずに、おこった	.78	.00	.02	−.02	−.07	48.4	1.26	2.14
7. 先生があいてにしてくれなかった	.75	−.14	.02	.09	−.02	37.4	0.84	1.81
21. 先生がえこひいきをした	.70	.03	.05	.00	−.02	46.4	1.77	3.02
II　友人　α=.70								
15. 友だちに、いやなあだ名や、わるぐちを言われた	−.24	.69	.17	.11	−.10	*82.7*	*3.54*	3.42
5. だれかに、いじめられた	−.04	.65	−.11	−.01	.02	55.1	1.96	2.64
16. 友だちに、なかまはずれにされた	.05	.64	−.04	−.01	−.05	50.1	1.58	2.48
9. 人に、ものをとられたり、こわされたりした	.26	.42	.18	−.13	.05	69.4	*2.52*	2.85
8. 友だちとけんかをした	.22	.35	−.26	.11	.15	42.5	0.67	1.37
III　親　α=.70								
17. 親が自分に期待しすぎていると感じた	−.02	−.17	.71	.12	−.05	74.8	1.70	2.63
19. 親が自分のきもちを分かってくれなかった	.12	.07	.60	.04	.00	70.2	*2.50*	3.16
1. 親から勉強しなさいとうるさく言われた	.04	.04	.58	−.11	.07	*84.7*	2.15	2.44
10. 親から行きたくない塾に通わさせられたり、習い事をさせられたりした	−.01	.03	.44	−.05	.16	48.6	1.82	2.88
IV　学業　α=.63								
11. じゅぎょうが、よくわからなかった	.00	−.03	−.07	.69	.08	53.0	0.81	1.44
20. じゅぎょう中、分からない問題をあてられた	.06	.06	.10	.55	−.09	72.0	1.31	1.93
4. テストの点数が悪かった	.03	.09	.02	.47	.06	*82.7*	2.23	2.33
V　身体　α=.60								
13. 自分の身長が気になった	−.02	−.04	.04	−.03	.72	51.6	1.61	2.81
6. 自分の体重が気になった	−.11	−.01	.04	.05	.55	41.8	1.26	2.51
18. 自分の顔が気にいらない	.04	.01	.15	.15	.35	28.2	0.78	2.04
因子間相関　II	.47							
III	.57	.48						
IV	.41	.45	.47					
V	.32	.38	.52	.57				

（2）日本

ストレッサー22項目について、主因子法・プロマックス回転による因子分析を行った（Table3-1-2）。初期解における因子の固有値が1以上であることを基準に4因子を抽出した。因子負荷量が.35以下であった項目と2つ以上の因子に高い負荷量を示した項目（7項目）をはずして再度因子分析を行った結果、4因子が得られた。第1因子は「16.友だちに、なかまはずれにされた」「5.だれかに、いじめられた」などの友だちに関する4項目を含んでおり、「友人」因子と命名した。第2因子は「11.じゅぎょうが、よくわからなかった」「4.テストの点数が悪かった」などの学業に関する4項目を含んでおり、「学業」因子と命名した。第3因子は「7.先生があいてにしてくれなかった」「2.先生がよくわけを聞いてくれずに、おこった」などの教師に関する3項目を含んでおり、「教師」因子と命名した。第4因子は「1.親から勉強しなさいとうるさく言われた」「10.親から行きたくない塾に通わさせられたり、習い事をさせられたりした」などの3項目を含んでおり、「親」因子と命名した。身体的ストレッサーは抽出できなかった。α係数は.47～.80である。

経験率が高い出来事は「4.テストの点数が悪かった」（90.9%）、「12.きらいな科目のじゅぎょうがあった」（88.5%）、「1.親から勉強しなさいとうるさく言われた」（80.9%）であり、80%以上の児童が経験している。認知されたストレッサーの得点（経験頻度×嫌悪性）が高い3項目は「12.きらいな科目のじゅぎょうがあった」（M=3.96）、「4.テストの点数が悪かった」（M=3.35）、「19.親が自分のきもちを分かってくれなかった」（M=2.81）である。この結果から児童が学業と親に関する出来事を多く経験しており、またそれをストレッサーとして感じることが多いことがわかる。

Table3-1-2　小学生ストレッサーの因子分析、経験率及び平均値（日本）

項目	I	II	III	IV	経験率（%）	M	SD
I　友人（α=.80）							
16.友だちに、なかまはずれにされた	.76	-.07	.11	-.05	45.2	1.97	2.92
5.だれかに、いじめられた	.75	-.04	-.04	-.01	38.9	1.48	2.47
15.友だちに、いやなあだ名や、わるぐちを言わ	.73	.01	-.08	-.02	57.1	2.77	3.37

項目	I	II	III	IV	経験率 (%)	M	SD
れた							
8.友だちとけんかをした	.55	.19	-.07	-.02	59.1	2.28	2.75
9.人に、ものをとられたり、こわされたりした	.55	.02	.07	.10	46.4	1.82	2.50
II 学業（α=.73）							
11.じゅぎょうが、よくわからなかった	.01	.74	.11	-.12	71.4	2.25	2.67
4.テストの点数が悪かった	.01	.69	-.24	.01	*90.9*	*3.35*	2.84
12.きらいな科目のじゅぎょうがあった	-.02	.58	.08	.06	*88.5*	*3.96*	3.22
20.じゅぎょう中、分からない問題をあてられた	.03	.55	.16	.01	62.7	2.22	2.80
III 教師（α=.72）							
7.先生があいてにしてくれなかった	.06	-.12	.78	-.05	26.6	.71	1.91
2.先生がよくわけを聞いてくれずに、おこった	-.09	.06	.74	.02	28.6	.84	1.82
21.先生がえこひいきをした	.00	.03	.63	.02	26.2	.81	1.98
IV 親（α=.47）							
1.親から勉強しなさいとうるさく言われた	-.07	.04	.01	.67	*80.9*	2.47	2.68
10.親から行きたくない塾に通わさせられたり、習い事をさせられたりした	.01	-.08	-.04	.43	11.5	.35	1.34
19.親が自分のきもちを分かってくれなかった	.22	.03	.05	.38	62.7	*2.81*	3.40
因子間相関 II	.49						
III	.50	.45					
IV	.41	.33	.32				

2. ストレス反応について

【質問紙内容】

　嶋田(1998)での小学生のストレス反応尺度から、16項目を引用した。嫌なことを経験した時、どのような状況になるかについて「4－まったくそのとおり」から「1－まったくちがう」の4件法で回答を求めた。

【結果】

(1) 中国

ストレス反応に関する 16 項目について主因子法・プロマックス回転による因子分析を行った(Table3-1-3)。固有値 1 以上を示す 2 因子が抽出された。第 1 因子は「15. ふきげんで、おこりっぽい」「6. だれかに、いかりをぶつけたい」などの 12 項目を含んでおり、「情動・認知的反応」と命名した。第 2 因子は「9. ずつうがある」「1. 頭がくらくらする」などの 4 項目を含んでおり、「身体的反応」と命名した。α 係数はそれぞれ.91 と.79 であった。

平均値が高かったストレス反応は「6. だれかに、いかりをぶつけたい」(M=2.03)、「4. いらいらする」(M=2.41)、「2. かなしい」(M=2.04)である。

Table3-1-3　小学生ストレス反応の因子分析、平均値(中国)

ストレス反応	I	II	M	SD
I 情動・認知的反応　　α =.91				
15. ふきげんで、おこりっぽい	.81	−.08	1.96	1.05
6. だれかに、いかりをぶつけたい	.80	−.17	*2.03*	1.05
12. なにもかも、いやだと思う	.74	−.01	1.68	0.96
4. いらいらする	.73	−.01	*2.41*	1.07
7. 気持ちがしずむ	.70	−.03	1.91	1.04
14. 勉強が手につかない	.69	.01	1.65	0.90
8. なにかに集中できない	.66	.08	1.84	1.00
11. なんとなく、しんぱいである	.57	.20	1.74	0.95
5. さびしい	.56	.06	1.96	1.07
16. なにもやる気がしない	.52	.07	1.73	1.01
2. かなしい	.50	.19	*2.04*	0.98
10. あまりがんばれない	.49	.29	1.73	0.94
II 身体的反応　　α =.79				
9. ずつうがある	−.13	.87	1.62	0.91
1. 頭がくらくらする	−.09	.83	1.71	0.86
13. きもちが悪い	.19	.46	1.58	0.90
3. 体がだるい	.31	.46	1.78	0.97
相関 II	.64			

（2）日本

　ストレス反応 16 項目について、主因子法・プロマックス回転による因子分析を行った（Table3-1-4）。固有値 1 以上であることを基準とすると 4 因子が得られた。第 1 因子は「16. なにもやる気がしない」「14. 勉強が手につかない」のような 5 項目を含んでおり、「無気力」と命名した。第 2 因子は「9. ずつうがある」「1. 頭がくらくらする」のような 4 項目を含んでおり、「身体的反応」と命名した。第 3 因子は「5. さびしい」「2. かなしい」などの 4 項目を含んでおり、「抑うつ・不安」と命名した。第 4 因子は「6. だれかに、いかりをぶつけたい」「4. いらいらする」などの 3 項目を含んでおり、「不機嫌・怒り」と命名した。各因子のα係数は .80 以上であり、内的整合性がみられた。これは嶋田（1998）の結果と一致している。

　平均値が高かったストレス反応は「8. なにかに集中できない」（M=2.32）、「4. いらいらする」（M=2.52）、「15. ふきげんで、おこりっぽい」（M=2.17）である。

Table3-1-4　小学生ストレス反応の因子分析、平均値（日本）

項　目	I	II	III	IV	M	SD
I　無気力　（α=.87）						
16. なにもやる気がしない	.85	-.05	-.08	.02	2.03	1.19
14. 勉強が手につかない	.80	.14	-.13	-.06	1.98	1.15
10. あまりがんばれない	.76	.03	.12	-.11	2.00	1.10
8. なにかに集中できない	.70	-.07	.10	.01	*2.32*	1.22
12. なにもかも、いやだと思う	.67	-.04	.01	.17	1.96	1.18
II　身体的反応　（α=.81）						
9. ずつうがある	-.05	.89	-.10	.07	1.41	0.83
1. 頭がくらくらする	.01	.75	.04	-.04	1.57	0.89
13. きもちが悪い	.05	.61	.07	.00	1.39	0.83
3. 体がだるい	-.01	.58	.13	.06	1.65	1.00
III　抑うつ・不安　（α=.81）						
5. さびしい	-.10	-.03	.90	-.04	1.65	1.01
2. かなしい	-.01	-.04	.76	.10	2.09	1.15

項　　目	I	II	III	IV	*M*	*SD*
11. なんとなく、しんぱいである	.05	.12	.62	−.08	1.80	1.04
7. 気持ちがしずむ	.15	.13	.50	−.03	1.75	1.04
IV　不機嫌・怒り（α =.81）						
6. だれかに、いかりをぶつけたい	.01	.10	−.11	.79	2.05	1.25
4. いらいらする	.09	−.04	.11	.69	*2.52*	1.25
15. ふきげんで、おこりっぽい	.39	−.05	.04	.46	*2.17*	1.24
因子間相関 II	.47					
III	.59	.51				
IV	.71	.28	.44			

3.　コーピング

【質問紙内容】

　大竹・島井・嶋田（1998）の簡略化されたコーピング尺度 12 項目中、11 項目を使用した。コーピング 11 項目について「1－まったくしない」から「4－いつもする」の 4 件法で回答を求めた。

【結果】

（1）中国

　コーピング 11 項目について因子分析（主因子法・プロマックス回転）の結果、固有値 1 以上であることを基準としたところ、3 因子が得られた（Table3-1-5）。第 1 因子は「9.ひとりで泣く」「8.どうしようもないのであきらめる」のような 5 項目を含んでおり、「回避的対処」と命名した。第 2 因子は「4.その原因がなにかをみつける」「2.自分を変えようと努力する」という積極的に頑張ろうとする項目で構成されており、「積極的対処」と命名した。第 3 因子は「1.だれかにどうしたらよいかを聞く」「10.だれかにたのんで解決してもらう」という人にサポートを求める 2 項目で構成されており、「サポート希求」と命名した。α 係数は.52〜.57 である。

Table3-1-5　小学生コーピングの因子分析（中国）

項　目	I	II	III
I 回避的対処　α=.57			
9. ひとりで泣く	.52	.04	−.07
8. どうしようもないのであきらめる	.52	−.18	−.09
3. 大声をあげてどなる	.50	−.08	.10
7. だれかに言いつける	.41	.15	.19
6. そのことをあまり考えないようにする	.39	.22	−.06
II 積極的対処　α=.52			
4. その原因がなにかをみつける	−.13	.72	−.06
2. 自分を変えようと努力する	.09	.50	.03
5. 友だちと遊ぶ	.03	.37	.11
III サポート希求　α=.53			
1. だれかにどうしたらよいかを聞く	−.07	−.05	.81
10. だれかにたのんで解決してもらう	.02	.11	.46
因子間相関 II	.12		
III	.41	.35	

（2）日本

　コーピング 11 項目について主因子法・プロマックス回転による因子分析を行った（Table3-1-6）。固有値 1 以上であることを基準としたところ 3 因子が得られた。第 1 因子は「4. その原因がなにかをみつける」「2. 自分を変えようと努力する」などの積極的に問題を解決しようとする 3 項目で構成され、「積極的対処」と命名した。第 2 因子は「7. だれかに言いつける」「9. ひとりで泣く」のような問題を回避しようとする 4 項目で構成され、「回避的対処」と命名した。第 3 因子は「5. 友だちと遊ぶ」「11. ゲームをする」のような気分を変えようとする 2 項目で構成され、「気分転換」と命名した。α係数は.50～.61 である。

Table3-1-6　小学生コーピングの因子分析（日本）

項　目	I	II	III
I 積極的対処　α=.61			
4. その原因がなにかをみつける	.69	.04	-.22
2. 自分を変えようと努力する	.66	-.08	.01
1. だれかにどうしたらよいかを聞く	.42	.17	.19
II 回避的対処　α=.58			
7. だれかに言いつける	-.05	.65	-.01
9. ひとりで泣く	.07	.48	-.06
3. 大声をあげてどなる	-.05	.47	.03
10. だれかにたのんで解決してもらう	.14	.43	.11
III 気分転換　α=.50			
5. 友だちと遊ぶ	.15	-.13	.71
11. ゲームをする	-.22	.12	.53
因子間相関 II	.43		
III	.36	.12	

　　両国で「積極的対処」と「回避的対処」はほぼ一致している。中国では「サポート希求」が一つの因子としてまとまったが、日本では「気分転換」が一つの因子としてまとまった点は異なっている。

4．サポート源とソーシャルサポート尺度

【質問紙内容】

　　サポート源は父親、母親、教師、友だち、きょうだいの5つにした。サポート尺度は金子・胡（2000）の4項目を用いて、5つのサポート源について「4－いつもそうである」から「1－まったくそうでない」の4件法で回答を求めた。父親、母親、きょうだいなどのいない人はその部分の回答を求めなかった。

【結果】

(1) 中国

サポート源別に主因子法・バリマックス回転による因子分析の結果（Table3-1-7）、1因子であることが確認された。また、高い信頼性が得られた（α =.85～.91）。

Table3-1-7　小学生サポート源ごとの因子分析（中国）

サポート項目	父親	母親	先生	友だち	きょうだい
1. あなたが落ち込んでいると元気づけてくれる	.81	.83	.81	.79	.84
2. ふだんからあなたの気持ちをよくわかってくれる	.77	.79	.86	.84	.87
3. あなたがどうしてよいか分からなくなった時、なんとかしてくれる	.79	.79	.81	.82	.90
4. あなたがする話をいつもよく聞いてくれる	.71	.75	.78	.72	.76
寄与率(%)	59.45	62.64	66.66	62.90	71.52
α 係数	.85	.87	.89	.87	.91

(2) 日本

5つのサポート源のサポートについて、主因子法・バリマックス回転による因子分析を行った（Table3-1-8）。各サポート源で1因子が得られ、尺度の信頼性は高い（α =.85～.90）。

Table3-1-8　小学生サポート源ごとの因子分析（日本）

サポート項目	父親	母親	先生	友だち	きょうだい
1. あなたが落ち込んでいると元気づけてくれる	.84	.79	.84	.80	.89
2. ふだんからあなたの気持ちをよくわかってくれる	.84	.86	.90	.88	.90
3. あなたがどうしてよいか分からなくなった時、なんとかしてくれる	.81	.78	.82	.77	.81
4. あなたがする話をいつもよく聞いてくれる	.69	.64	.77	.74	.72
寄与率(%)	63.25	59.30	69.02	63.78	69.45
α 係数	.87	.85	.90	.87	.90

5. 満足感尺度

【質問紙内容】

自分と学校についての満足感7項目を作成し、「3－満足」「2－普通」「1－不満」の3件法で回答を求めた。

【結果】

(1) 中国

自分と学校に対する満足感7項目について主因子法・プロマックス回転による因子分析を行ない、固有値1以上を示す2因子が得られた（Table3-1-9）。2つの因子に高い負荷量を示した1項目をはずし、再度因子分析を行った。第1因子は「3.部活動（課外活動）」「2.学校の規則」などの学校に関する項目を含んでおり「学校満足感」と命名した。第2因子は「6.友だちとの付き合い」「5.今の自分の生活」などの3項目を含んでおり、「自分満足感」と命名した。α係数はそれぞれ.64と.52である。

Table3-1-9　小学生満足感の因子分析（中国）

項　目	I	II
I　学校への満足感　（α=.64）		
3. 部活動	.76	-.09
2. 学校の規則	.61	.08
4. 心の相談（カウンセリング）	.40	.12
II　自分への満足感　（α=.52）		
6. 友だちとの付き合い	-.08	.67
5. 今の自分の生活	.12	.51
1. 自分の成績	.06	.36
相関II	.51	

(2) 日本

満足感7項目について、主因子法・プロマックス回転による因子分析を行ったが因子が抽出できず、主成分分析を行った（Talbe3-1-10）。その結

果、固有値をみると第1成分(2.15)と第2成分(1.08)のあいだに大きな減衰がみられ、すべての項目が第1成分に.35以上で負荷していたことから、1成分構造が妥当であると判断された。α係数を算出したところ.62で、内的整合性を備えていることが示唆された。

Table3-1-10　小学生満足感尺度の主成分分析と記述統計（日本）

満足感項目	負荷量	M	SD
$\alpha = .62$			
7. じゅぎょうの内容のやり方、進み方	.63	2.03	0.55
5. 今の自分の生活	.61	2.10	0.53
2. 学校の規則	.60	2.37	0.65
4. 心の相談（カウンセリング）	.57	2.23	0.58
3. 部活動	.47	2.37	0.63
1. 自分の成績	.39	2.55	0.63
6. 友だちとの付き合い	.57	2.22	0.63
		固有値:2.15,　寄与率(%):30.76	

第2節　中学生向けのストレス測定の尺度

【目的】

　両国で、中学生向けのストレッサー、ストレス反応、コーピング、ソーシャルサポートと満足感の尺度作成を試みる。

【方法】

　（1）**調査協力者**：中国では浙江省義烏市の普通中学校の生徒で、有効回答人数は1年生126人（男子73人、女子53人）、2年生102人（男子54人、女子48人）、3年生131人（男子70人、女子61人）、不明8人の合計367人（男197人、女162人、不明8人）である。対象者のうち、一人っ子

は114人で31.1%である。義烏市は中国国内で経済水準がもっとも高い都市の一つである(2005年調査時点で個人GDPは国内都市中15位以内)。本研究の対象者は90%以上の生徒が学校で寮生活をしている。現在中国都市部では寮生活をしている生徒が増えている傾向にある。

日本では愛知県名古屋市近郊G市の公立中学校の生徒に対して調査を行った。有効回答人数は1年生142人(男子81人、女子61人)、2年生138人(男子75人、女子63人)、3年生116人(男子60人、女子56人)、不明2人で、合計398人(男子216人、女子180人、不明2人)である。一人っ子は31人(7.8%)である。

（2）調査地域と学校

	中国浙江省	日本愛知県
	義烏市	名古屋市近郊G市
人口（単位：万人）	70.67	80.26
1学年におけるクラスの数(本研究の学校に限る)	7クラス	3クラス
1クラスの人数(本研究の学校に限る)	44〜54人	31〜37人

（3）調査時期：中国では2005年3月下旬、2学期が始まって約1ヶ月経った時期である。日本では2005年9月下旬、2学期が始まって約1ヶ月半経った時期である。

（4）質問紙：フェイスシートでは性別、年齢、学年、きょうだいについてたずねた。質問紙内容は両国の中学生において共通であろうと思われる項目を先行研究から引用した。

日本語の質問紙を筆者が中国語に翻訳し、それを中国人留学生(大学院生)によって確認してもらい、表現を適切なものとした。

1. ストレッサー尺度について

【質問紙内容】

岡安・嶋田・丹羽ら(1992)によるストレッサー尺度から中国には存在しない「部活動」をはずして、「教師との関係」「学業」「友人との関係」の3側面

から因子負荷量が高い4項目ずつを引用して計12項目にした。そして、「内閣府政策統括官」(2001)での青少年の「家庭の悩みや心配事」から4項目を引用した。また、思春期における身体的変化は少なからず心理的側面に影響がある（上長，2007）。そこで本研究では身体に関する項目を山本(2004)の3項目に1項目補足して4項目にした。以上の合計20項目にし、項目の語尾に「〜たこと」をつけ加えた。

　各項目について最近6ヶ月の間に経験頻度(4−よくあった〜1−ぜんぜんなかった)と嫌悪性(4−とても嫌であった〜1−ぜんぜん嫌でなかった)について4件法で回答を求めた。

【結果】

　まず、質問紙での1〜4点を0〜3点に切り替えた。経験頻度が「ぜんぜんなかった」または嫌悪性が「ぜんぜん嫌でなかった」と評価された項目については、その出来事の衝撃性が0であり、つまりその出来事はストレッサーになっていないと考えることができる（岡安・嶋田・丹羽ら，1992）。本研究では経験頻度と嫌悪性を掛け合わせた値を認知されたストレッサーの得点とした。得点の範囲は0〜9点となる。

　（1）中国

　ストレッサー20項目について、主因子法・プロマックス回転による因子分析を行った(Table3-2-1)。固有値1以上であることを基準としたところ5因子が抽出された。因子負荷量が.30以下だった1項目をはずして再度因子分析を行った。その結果、先行研究とほぼ同じような5因子が得られた。

　14項目の出来事を50％以上の生徒が経験している。経験率が高かった3項目は「12. 親から勉強しなさいとうるさく言われたこと」(94.9％)、「11. 試験や通知表の成績が悪かったこと」(94.1％)、「6. 人が簡単にできる問題でも自分にはできなかったこと」(93.9％)である。ストレッサーの得点が高かった3項目は「11. 試験や通知表の成績が悪かったこと」(M=3.06)、「5. 先生や両親から期待されるような成績が取れなかったこと」(M=2.92)、「6. 人が簡単にできる問題でも自分にはできなかったこと」(M=2.61)である。これらのことから学業に関する出来事を多く経験し、またそれをストレッサー

として感じることが多いことがわかる。

Table3-2-1　中学生ストレッサーの因子分析、経験率および平均値(中国)

項目	因子					経験率(%)	ストレッサー	
	Ⅰ	Ⅱ	Ⅲ	Ⅳ	Ⅴ		M	(SD)
Ⅰ　教師　4項目　α=.76								
2. 先生から自分と他人を比べるような言い方をされたこと	.81	-.07	-.10	.04	-.05	74.9	1.09	(1.79)
8. 先生のやり方やものの言い方が気にいらなかったこと	.65	.15	.14	-.03	-.16	65.9	1.04	(1.53)
4. 先生が自分を理解してくれなかったこと	.54	-.05	.00	.05	.29	65.6	1.22	(1.77)
Ⅱ　学業　4項目　α=.72								
11. 試験や通知表の成績が悪かったこと	-.19	.78	.07	.01	.02	**94.1**	**3.06**	(2.63)
6. 人が簡単にできる問題でも自分にはできなかったこと	.03	.59	-.11	-.04	.16	**93.9**	**2.61**	(2.37)
5. 先生や両親から期待されるような成績が取れなかったこと	.13	.55	-.08	.08	.05	92.2	**2.92**	(2.70)
16. 授業中、指名されても答えることができなかったこと	.26	.45	.05	.02	-.15	91.6	1.49	(1.76)
Ⅲ　身体　4項目　α=.60								
19. 自分の体重が気になったこと	.03	.06	.73	-.04	.00	39.1	1.01	(2.15)
18. 自分の顔が気にいってないと思ったこと	-.06	-.21	.57	.15	.00	28.1	0.50	(1.43)
20. 自分の身長が気になったこと	.03	.04	.46	.00	.14	57.0	1.58	(2.67)
15. 二次性徴(初潮、精通現象)の出現で悩んだこと	-.02	.04	.40	-.03	.04	41.6	0.74	(1.54)
Ⅳ　親　3項目　α=.67								
13. 親がきびしすぎたこと	.02	-.09	-.06	.95	.01	63.7	1.02	(1.77)
12. 親から勉強しなさいとうるさく言われたこと	-.05	.14	.13	.46	-.07	**94.9**	1.68	(2.26)
14. 親が自分の気持ちをわかってくれないと思ったこと	-.02	.17	.13	.44	.04	78.6	1.83	(2.27)
Ⅴ　友人　4項目　α=.56								
3. 自分の性格のことや自分のしたことに	.06	-.03	.12	.03	.49	75.0	1.76	(2.20)

項目	因子					経験率(%)	ストレッサー	
	I	II	III	IV	V		M	(SD)
ついて、友だちから悪口をいわれたこと								
10. 顔やスタイルのことで、友だちにからかわれたり、ばかにされたこと	.03	−.07	.17	−.09	.48	35.8	0.71	(1.55)
1. 誰かにいじめられたこと	−.07	.27	−.05	−.07	.41	60.8	1.22	(1.72)
7. クラスの友だちから仲間はずれにされたこと	−.03	.17	−.12	.13	.39	43.9	0.84	(1.56)
因子間相関 I	—	.33	.42	.29	.29			
II		—	.45	.36	.43			
III			—	.42	.34			
IV				—	.30			

（2）日本

　ストレッサー20項目について、主因子法・プロマックス回転による因子分析を行った（Table3-2-2）。固有値1以上の基準で5因子を抽出した。因子負荷量が.30以下であった項目と2つ以上の因子に高い負荷量を示した項目（4項目）をはずして再度因子分析を行った結果、5因子が得られた。第1因子は「8. 先生のやり方やものの言い方が気にいらなかった」などの教師に関する4項目で構成されており、「教師」因子と命名した。第2因子は「13. 親がきびしすぎたこと」などの親に関する3項目から構成されており、「親」因子と命名した。第3因子は「7. クラスの友だちから仲間はずれにされたこと」などの友人に関する3項目で構成されており、「友人」因子と命名した。第4因子は「19. 自分の体重が気になったこと」などの3項目からなっており、「身体」因子と名づけた。第5因子は「5. 先生や両親から期待されるような成績が取れなかったこと」などの学業に関する3項目で構成されており、「学業」因子と名づけた。

　50%以上の生徒が経験している出来事は4項目ある。経験率が高かった項目は「11. 試験や通知表の成績が悪かったこと」（82.5%）、「12. 親から勉強しなさいとうるさく言われたこと」（72.6%）、「5. 先生や両親から期待されるような成績が取れなかったこと」（68.5%）である。ストレッサーの得点が高かった3項目は「11. 試験や通知表の成績が悪かったこと」（M=2.85）、「12.

親から勉強しなさいとうるさく言われたこと」(M=2.52)、「5. 先生や両親から期待されるような成績が取れなかったこと」(M=2.10)である。以上のことから学業に関する出来事を多く経験し、またそれをストレッサーとして感じることが多いことがわかる。

Table3-2-2　中学生ストレッサーの因子分析、経験率および平均値(日本)

項目	因子					経験率(%)	ストレッサー	
	I	II	III	IV	V		M	(SD)
I　教師　4項目　α=.80								
8. 先生のやり方やものの言い方が気にいらなかったこと	.82	-.04	-.06	.01	.01	48.2	1.57	(2.79)
9. 先生がえこひいきをしたこと	.78	-.03	.05	-.02	.03	28.8	1.05	(2.51)
4. 先生が自分を理解してくれなかったこと	.74	.02	.07	.00	-.05	29.9	0.65	(1.77)
2. 先生から自分と他人を比べるような言い方をされたこと	.54	.03	-.08	.00	.05	27.7	0.63	(1.74)
II　親　3項目　α=.83								
13. 親がきびしすぎたこと	-.05	.86	.08	.01	-.10	41.8	1.51	(2.76)
12. 親から勉強しなさいとうるさく言われたこと	-.07	.78	-.07	-.09	.14	*72.6*	*2.52*	(3.18)
14. 親が自分の気持ちをわかってくれないと思ったこと	.15	.70	-.02	.09	-.01	48.3	1.88	(3.07)
III　友人　3項目　α=.78								
7. クラスの友だちから仲間はずれにされたこと	.03	.01	.80	.03	-.08	18.4	0.46	(1.33)
3. 自分の性格のことや自分のしたことについて、友だちから悪口をいわれたこと	-.05	.01	.76	.03	.07	43.5	0.93	(1.81)
1. 誰かにいじめられたこと	.00	-.01	.76	-.07	.04	27.2	0.65	(1.58)
IV　身体　3項目　α=.75								
19. 自分の体重が気になったこと	-.01	.01	-.05	.94	-.09	48.2	1.72	(2.98)
18. 自分の顔が気にいってないと思ったこと	.06	-.01	.03	.63	.04	46.8	1.44	(2.77)
20. 自分の身長が気になったこと	-.06	-.02	.01	.53	.20	43.5	1.51	(2.98)

項目	因子					経験率(%)	ストレッサー	
	I	II	III	IV	V		M	(SD)
V　学業　3項目　α=.73								
5. 先生や両親から期待されるような成績が取れなかったこと	.02	.00	-.03	-.03	.85	**68.5**	**2.10**	(2.86)
11. 試験や通知表の成績が悪かったこと	.04	.05	.02	.00	.76	**82.5**	**2.85**	(3.15)
6. 人が簡単にできる問題でも自分にはできなかったこと	-.05	-.04	.07	.21	.40	62.5	0.94	(1.72)
因子間相関 I	—	.28	.26	.34	.26			
II		—	.25	.27	.43			
III			—	.37	.35			
IV				—	.38			

2. ストレス反応尺度について

【質問紙内容】

　岡田(2002)での情動的反応(怒り、悲哀、不安)から6項目、二次的反応(攻撃、ひきこもり、無気力)から6項目を用いた。金子・胡(2000)から身体的反応4項目を用い、合計16項目にした。

　嫌なことを経験した時どのような状況になるかについて「4－まったくそのとおり」から「1－まったくちがう」の4件法で回答を求めた。

【結果】

　両国で因子分析の結果が先行研究とまったく異なり、因子が抽出できなかった。理論的分類と統計的分析結果の分類が一致しない場合、理論的分類に基づいてもよいとする考え方がある。因子間に強い相関がない限り、理論的分類や解釈可能性に従って分類したほうが、より実際的な情報が得られると考えられる(川原，1994；服部・島田，2003)。本研究ではこれに従って、ストレス反応を先行研究に基づいて分類した。

（1）中国

ストレス反応の因子は先行研究（岡田, 2002 ; 金子・胡, 2000）のとおり、「不機嫌・怒り」「抑うつ・不安」「無力的認知・思考」「身体的反応」の4因子である。ストレス反応の各側面のα係数は.48～.67である（Table3-2-3）。平均値が高いストレス反応は「15. 人が信じられない」（M=2.89）、「2. 心配な気持ちになっている」（M=2.65）、「10. ひとりきりになりたいと思う」（M=2.50）である。平均値の低いストレス反応は「3. あばれだしたくなる」（M=1.62）、「9. ものをけとばしたり、こわしたくなる」（M=1.68）である。

Table3-2-3　中学生ストレス反応の分類（中国）

ストレス反応項目	平均値	標準偏差
Ⅰ 不機嫌・怒り　α=.62		
1. いらいらする	*2.42*	.74
3. あばれだしたくなる	1.62	.85
6. むしゃくしゃする	2.35	.91
9. ものをけとばしたり、こわしたりしたくなる	1.68	1.00
Ⅱ 抑うつ・不安　α=.64		
2. 心配な気持ちになっている	2.65	.91
7. かなしい	2.27	.93
8. 不安を感じる	2.07	.96
14. さみしい気持ちになる	2.11	1.04
Ⅲ 無力的認知・思考　α=.48		
4. やる気が起こらない	2.06	.91
10. ひとりきりになりたいと思う	*2.50*	1.15
11. 何をするのもめんどうくさくて、気がすすまない	2.05	1.02
15. 人が信じられない	*2.89*	1.06
Ⅳ 身体的反応　α=.67		
5. 頭がくらくらする	1.88	.92
13. 頭痛がある	1.87	.93
17. よく眠れない	1.89	1.01
18. 食欲がない	1.80	.88

（2）日本

　ストレス反応の因子は先行研究（岡田, 2002；金子・胡, 2000）のとおり、「不機嫌・怒り」「抑うつ・不安」「無力的認知・思考」「身体的反応」の４因子である。ストレス反応の各側面の α 係数は.76〜.89 である（Table3-2-4）。平均値が高いストレス反応は「1. いらいらする」（M=2.82）「6. むしゃくしゃする」（M=2.60）「4. やる気が起こらない」（M=2.66）である。平均値が低いストレス反応は「18. 食欲がない」（M=1.44）、「5. 頭がくらくらする」（M=1.52）、「13. 頭痛がある」（M=1.67）であり、身体的反応である。

Table3-2-4　中学生ストレス反応の分類（日本）

ストレス反応項目	平均値	標準偏差
Ⅰ 不機嫌・怒り　α=.85		
1. いらいらする	*2.82*	1.01
3. あばれだしたくなる	1.97	1.15
6. むしゃくしゃする	*2.60*	1.18
9. ものをけとばしたり、こわしたりしたくなる	2.15	1.23
Ⅱ 抑うつ・不安　α=.89		
2. 心配な気持ちになっている	2.22	1.09
7. かなしい	1.83	1.08
8. 不安を感じる	2.05	1.11
14. さみしい気持ちになる	1.72	1.04
Ⅲ 無力的認知・思考　α=.76		
4. やる気が起こらない	*2.66*	1.08
10. ひとりきりになりたいと思う	2.20	1.22
11. 何をするのもめんどうくさくて、気がすすまない	2.51	1.19
15. 人が信じられない	1.65	1.02
Ⅳ 身体的反応　α=.76		
5. 頭がくらくらする	1.52	0.93
13. 頭痛がある	1.56	0.98
17. よく眠れない	1.60	1.03
18. 食欲がない	1.44	0.86

3. コーピング尺度について

【質問紙の内容】

尾関（1993）の「問題焦点型」「情動焦点型」「回避・逃避」から中学生に適用しやすい項目を各3項目ずつ引用した。計9項目について「4—いつもする」から「1—まったくしない」の4件法で回答を求めた。

【結果】

（1）中国

コーピング9項目について因子分析の結果、固有値1以上であることを基準にしたところ2因子が得られた（Table3-2-5）。2因子間の相関が低かったため、バリマックス回転を行った。第1因子は「8.問題の原因を見つけようとする」「3.自分で自分を励ます」などの4目を含んでおり、「積極的対処」と命名した。第2因子は「7.大した問題ではないと考える」「4.なるようになれと思う」のような4項目で構成されており、「回避的対処」と命名した。α係数は.55と.69である。

Table3-2-5　中学生コーピングの因子分析（中国）

項目	I	II
I 積極的対処　α=.69		
8. 問題の原因を見つけようとする	.65	−.03
3. 自分で自分を励ます	.62	.07
1. 現在の状況を変えよう努力する	.54	.07
9. 今の経験から得られるものを探す	.54	.01
5. 物事の明るい面を見ようとする	.44	.25
II 回避的対処　α=.55		
7. 大した問題ではないと考える	.03	.60
4. なるようになれと思う	−.02	.50
2. 先のことをあまり考えないようにする	.04	.48

項目	I	II
6. 誰かに問題解決に協力してくれるよう頼む	.14	.37
固有値	2.39	1.66
因子寄与率(%)	17.99	29.64

（2）日本

　コーピング9項目について主因子法・プロマックス回転による因子分析を行った。「6. 誰かに問題解決に協力してくれるよう頼む」は2因子に高い負荷量を示したために、除外して再度因子分析を行った（Table3-2-6）。その結果、2因子が得られた。第1因子は「8. 問題の原因を見つけようとする」などの5項目を含んでおり、「積極的対処」と命名した。第2因子は「4. なるようになれと思う」などの3項目を含んでおり、「回避的対処」と命名した。α係数は.78と.51である。

Table3-2-6　中学生コーピングの因子分析（日本）

項目	I	II
I 積極的対処　α=.78		
8. 問題の原因を見つけようとする	.89	−.19
9. 今の経験から得られるものを探す	.70	−.07
1. 現在の状況を変えよう努力する	.61	.07
5. 物事の明るい面を見ようとする	.53	.32
3. 自分で自分を励ます	.37	.22
II 回避的対処　α=.51		
4. なるようになれと思う	−.07	.68
2. 先のことをあまり考えないようにする	−.07	.49
7. 大した問題ではないと考える	.09	.39
相関II	.45	

4. ソーシャルサポートについて

【質問紙の内容】

　サポート源は岡安・嶋田・坂野(1993)と金子・胡(2000)を参考にし、父親、母親、教師、友だち、きょうだいの5つにした。サポート尺度は金子・胡(2000)から4項目を引用して、5つのサポート源について「4—いつもそうである」から「1—まったくそうでない」の4件法で回答を求めた。父親、母親、きょうだいなどのいない人はその部分の回答を求めなかった。

【結果】

（1）中国
　各サポート源のサポートについて、主因子法・バリマックス回転による因子分析を行った(Table3-2-7)。サポート源ごとにサポート尺度は1因子であり、高い信頼性(α=.84〜.89)が得られた。

Table3-2-7　中学生サポート源ごとの因子分析(中国)

サポート項目	父親	母親	先生	友だち	きょうだい
1. あなたが落ち込んでいると元気づけてくれる	.79	.83	.77	.76	.83
2. ふだんからあなたの気持ちをよくわかってくれる	.73	.78	.85	.86	.88
3. あなたがどうしてよいかわからなくなったとき、なんとかしてくれる	.79	.76	.82	.86	.79
4. あなたがする話をいつもよく聞いてくれる	.70	.73	.71	.78	.76
寄与率(%)	56.85	60.16	62.61	66.43	66.93
α 係数	.84	.86	.87	.89	.89

（2）日本
　各サポート源のサポートについて、主因子法・バリマックス回転による因子分析を行った(Table3-2-8)。各サポート源においてサポート尺度は1因子であり、高い信頼性(α=.87〜.92)が得られた。

Table3-2-8　中学生サポート源ごとの因子分析（日本）

サポート項目	父親	母親	先生	友だち	きょうだい
1. あなたが落ち込んでいると元気づけてくれる	.83	.86	.86	.84	.87
2. ふだんからあなたの気持ちをよくわかってくれる	.87	.86	.89	.88	.91
3. あなたがどうしてよいかわからなくなったとき、なんとかしてくれる	.79	.81	.83	.83	.87
4. あなたがする話をいつもよく聞いてくれる	.71	.75	.79	.83	.79
寄与率(%)	64.28	67.78	71.01	71.56	74.56
α 係数	.87	.89	.90	.91	.92

5. 満足感について

【質問紙内容】

　自分と学校についての満足感 11 項目について、「4－満足」から「1－不満」、「0－わからない」の 5 件法で回答を求めた。「0－わからない」と回答したものは欠損値扱いとした。

【結果】

（1）中国

　満足感 11 項目について因子分析の結果、2 因子が得られた。「自分の成績」は 2 つの因子に高い負荷量を示したため除外し、再度因子分析を行った（Table3-2-9）。第 1 因子は「8. 学校の施設や設備のこと」「15. 保健室のあり方」などの学校に関する項目（7 項目）で構成されており、「学校満足感」と命名した。第 2 因子は「6. 今の自分の生き方」「7. 今の自分の人間関係」などの自分に関する項目（3 項目）で構成されており、「自分満足感」と命名した。 α 係数は.80 と.66 である。

Table3-2-9　中学生満足感の因子分析（中国）

項目	I	II
I 学校満足感　α＝.80		
9. 部活動、クラブ活動やサークル活動	.75	-.04
14. 心の相談（カウンセリング）	.66	.00
15. 保健室のあり方	.66	-.04
10. 学校の規則	.65	-.01
8. 学校の施設や設備のこと	.56	.07
12. 授業の内容のやり方、進み方	.46	.02
13. クラスの人数	.46	.13
II 自分満足感　α＝.66		
6. 今の自分の生き方	-.07	.82
5. 今の自分の生活程度	.03	.65
7. 今の自分の人間関係	.12	.41
相関II	.42	

（2）日本

　「14. 心の相談」については半数以上の生徒が「0-わからない」と答えたため、分析から除外して因子分析を行った（Table3-2-10）。第1因子は「8. 学校の施設や設備のこと」などの学校に関連する5項目から構成され、「学校満足感」と命名した。第2因子は「6. 今の自分の生き方」などの自分に関する3項目で構成され、「自分満足感」と命名した。α係数は.72と.75である。

Table3-2-10　中学生満足感の因子分析（日本）

項目	I	II
I 学校満足感　α＝.72		
8. 学校の施設や設備のこと	.91	-.03
10. 学校の規則	.63	-.07

項目	I	II
15. 保健室のあり方	.51	−.01
9. 部活動、クラブ活動やサークル活動	.47	.06
12. 授業の内容のやり方、進み方	.43	.17
II 自分満足感　$\alpha =.75$		
6. 今の自分の生き方	−.08	.79
5. 今の自分の生活程度	.09	.62
7. 今の自分の人間関係	.03	.61
相関 II	.43	

第3節　本章のまとめ

　本章においては、両国でそれぞれ小学生用、中学生用の尺度が作成され、その信頼性が確認された。これらの結果をまとめたものが Table3-3-1 と Table3-3-2 である。

Table3-3-1　小学生向けの測定尺度の一覧

		中国			日本	
尺度名	総項目数	下位尺度名	項目数	総項目数	下位尺度名	項目数
ストレッサー	18	教師	3	15	友人	5
		友人	5		学業	4
		親	4		教師	3
		学業	3		親	3
		身体	3			
ストレス反応	16	情動・認知的反応	12	16	無気力	5
		身体的反応	4		身体的反応	4
					抑うつ・不安	4
					不機嫌・怒り	3

	中国			日本		
尺度名	総項目数	下位尺度名	項目数	総項目数	下位尺度名	項目数
コーピング	10	回避的対処	5	9	積極的対処	3
		積極的対処	3		回避的対処	4
		サポート希求	2		気分転換	2
ソーシャルサポート	4	ソーシャルサポート	4	4	ソーシャルサポート	4
満足感	6	学校	3	7	全体的満足感	7
		自分	3			

Table3-3-2　中学生向けの測定尺度の一覧

	中国			日本		
尺度名	総項目数	下位尺度名	項目数	総項目数	下位尺度名	項目数
ストレッサー	19	教師	4	16	教師	4
		学業	4		親	3
		身体	4		友人	3
		親	3		身体	3
		友人	4		学業	3
ストレス反応	16	不機嫌・怒り	4	16	不機嫌・怒り	4
		抑うつ・不安	4		抑うつ・不安	4
		無力的認知・思考	4		無力的認知・思考	4
		身体的反応	4		身体的反応	4
コーピング	9	積極的対処	5	8	積極的対処	5
		回避的対処	4		回避的対処	3
ソーシャルサポート	4	ソーシャルサポート	4	4	ソーシャルサポート	4
満足感	10	学校	7	8	学校	5
		自分	3		自分	3

第Ⅱ部
中国の小中学生のストレスについて

第4章　中国の小学生のストレスについて

第1節　ストレスの諸変数における下位尺度の性差、学年差および平均値の比較

　中国の小学生のストレッサー、ストレス反応、コーピング、ソーシャルサポートと満足感の下位尺度得点における性差、学年差及び平均値順位について検討する。

1．ストレッサー

（1）性差と学年差
　ストレッサー因子分析で得られた5因子の下位尺度得点について、性別と学年による2要因分散分析を行った（Table4-1-1）。「教師」と「友人」ストレッサーにおいて性差がみられ、女子より男子の得点が高かった。「教師」ストレッサーにおいては6年生の得点がもっとも高く、「親」ストレッサーにおいては上級生に比べて4年生の得点が低かった。「身体」ストレッサーの得点は4年生より6年生が高かった。交互作用はみられなかった。

　以上のことから女子より男子がストレッサーを強く感じていることがわかる。余・鄭・宛（2007）の研究では中国の小学生の男子は教師と学業からのストレッサーを女子より感じることが多いという結果が出ており、教師ストレッサーを男子が感じることが多いのは本研究の結果と類似している。学年差に関しては6年生がストレッサーを強く感じており、6年生は中学進学を目前にし、教師と親からの期待に相当プレッシャーを感じていることがわかる。また、6年生は下級生より身体のことを気にしていることがわかる。

Table4-1-1　小学生ストレッサーの2要因分散分析(中国)

ストレッサー		4年生		5年生		6年生		性差	学年差	交互作用
		M	SD	M	SD	M	SD			
教師	男	0.91	1.52	1.11	1.91	2.17	2.39	男>女**	6>4≒5***	n.s.
	女	0.54	1.06	0.94	1.32	1.10	1.67			
友人	男	2.07	1.83	2.18	1.85	2.34	1.75	男>女*	n.s.	n.s.
	女	1.20	1.21	2.10	1.76	1.93	1.77			
親	男	1.44	1.78	2.50	2.50	2.51	1.96	n.s.	6≒5>4***	n.s.
	女	1.40	1.47	2.22	2.18	2.01	2.03			
学業	男	1.17	1.28	1.59	1.84	1.55	1.28	n.s.	n.s.	n.s.
	女	1.24	1.38	1.51	1.86	1.61	1.35			
身体	男	0.74	1.34	1.44	1.33	1.48	1.25	n.s.	6>4*	n.s.
	女	1.01	1.55	2.26	1.93	2.02	1.86			

*$p<.05$ **$p<.01$ ***$p<.001$

(2) 平均値の比較

どのストレッサーを感じることが多いのかを調べるため、5つのストレッサーの下位尺度得点について1要因分散分析を行った(Table4-1-2)。その結果、友人と親からのストレッサーは教師、学業と身体ストレッサーより得点が高かった。このことから小学生が友人と親からのストレッサーを感じることが多いことがわかる。

Table4-1-2　小学生ストレッサー下位尺度の1要因分散分析(中国)

ストレッサー	教師	友人	親	学業	身体	F値
平均値	1.30	1.97	2.03	1.34	1.20	25.34
SD	1.98	1.76	2.06	1.42	1.88	

友人≒親>教師≒学業≒身体***

***$p<.001$

2. ストレス反応

(1) 性差と学年差

　ストレス反応の因子分析で得られた2因子の下位尺度得点を出し、性別と学年による2要因分散分析を行った（Table4-1-3）。「情動・認知的反応」と「身体的反応」の2因子において学年差がみられ、4年生の得点がもっとも低かった。性差、交互作用はみられなかった。

　これらのことからストレス反応の表出には男女差がないことがわかる。小学生（4～6年生）1018人の抑うつ情緒についての研究でも性差がみられていない（斉, 2006）。上級生になるほどストレス反応を表出することが多いという結果は先行研究（張・陳, 2001）でも得られている。4年生のストレス反応の表出がもっとも少ないことがわかる。

Table4-1-3　小学生ストレス反応の2要因分散分析（中国）

ストレス反応		4年生		5年生		6年生		性差	学年差	交互作用
		M	SD	M	SD	M	SD			
情動・認知的反応	男	1.74	0.65	2.00	0.74	1.98	0.73	n.s.	6>4*	n.s.
	女	1.75	0.74	1.93	0.69	1.87	0.68			
身体的反応	男	1.47	0.56	1.76	0.72	1.80	0.79	n.s.	5≒6>4*	n.s.
	女	1.63	0.70	1.76	0.72	1.59	0.59			
										*$p<.05$

(2) 平均値の比較

　ストレス反応の2側面について、t検定を行った（Table4-1-4）。その結果、「情動・認知的反応」の得点が高かった。このことから小学生が日ごろ「情動・認知的反応」を「身体的反応」より頻繁に表出していることがわかる。

Table4-1-4　小学生ストレス反応下位尺度のt検定（中国）

ストレス反応	情動・認知的反応	身体的反応	t値
平均値	1.88	1.66	7.61
SD	0.71	0.70	
		情動・認知的反応>身体的反応***	
			***$p<.001$

3．コーピング

（1）性差と学年差

コーピング3因子の下位尺度得点について性別と学年による2要因分散分析を行った（Table4-1-5）。その結果、「回避的対処」において6年生と5年生の得点が4年生より高かった。性差と交互作用はみられなかった。

このことからコーピングには男女差がないことがわかる。また、4年生より上級生の方が「回避的対処」を頻繁に行っていることがわかる。

Table4-1-5　小学生コーピングの2要因分散分析（中国）

コーピング		4年生		5年生		6年生		性差	学年差	交互作用
		M	*SD*	*M*	*SD*	*M*	*SD*			
回避的対処	男	1.64	0.55	1.85	0.64	1.91	0.62	n.s.	6≒5>4**	n.s.
	女	1.76	0.61	1.97	0.62	1.99	0.56			
積極的対処	男	2.81	0.80	2.60	0.80	2.78	0.80	n.s.	n.s.	n.s.
	女	2.71	0.73	2.65	0.83	2.74	0.79			
サポート希求	男	1.91	0.76	2.01	0.77	1.95	0.83	n.s.	n.s.	n.s.
	女	1.86	0.74	1.87	0.70	1.93	0.82			

$**p<.01$

（2）平均値の比較

コーピング3因子の下位尺度得点について、1要因分散分析を行った（Table4-1-6）。その結果、「積極的対処」の得点がもっとも高かった。このことから小学生は「積極的対処」を比較的に頻繁に行っていることがわかる。

Table4-1-6　小学生コーピング下位尺度の1要因分散分析（中国）

コーピング	回避的対処	積極的対処	サポート希求	*F*値
平均値	1.85	2.74	1.94	233.24

コーピング	回避的対処	積極的対処	サポート希求	F値
SD	0.61	0.80	0.80	
	積極的対処>回避的対処≒サポート希求***			
				***p<.001

4．ソーシャルサポート

(1) 性差と学年差

「父親」「母親」「先生」「友だち」「きょうだい」の５つのサポート源ごとに得点を出して、性(2)×学年(3)の２要因分散分析を行った(Table4-1-7)。「友だち」において性差がみられ、男子より女子の得点が高かった。「父親」と「先生」サポートにおいて学年差がみられ、４年生のサポート得点が６年生より高かった。

周りからのサポートを６年生より４年生の方が受けることが多く、友だちからのサポートは男子より女子の方が受けることが多い。

Table4-1-7　小学生ソーシャルサポートの２要因分散分析(中国)

サポート源		4年生		5年生		6年生		性差	学年差	交互作用
		M	SD	M	SD	M	SD			
父親	男	2.82	0.92	2.63	1.05	2.58	0.95	n.s.	4>6**	n.s.
	女	2.93	0.89	2.59	0.98	2.52	0.96			
母親	男	2.99	0.93	2.88	1.00	2.92	0.96	n.s.	n.s.	n.s.
	女	3.14	0.79	2.93	0.97	3.02	0.99			
先生	男	2.63	0.99	2.72	1.03	2.73	1.03	n.s.	4>6***	n.s.
	女	2.78	0.92	2.39	1.02	2.75	1.03			
友だち	男	2.71	1.00	2.28	0.90	2.85	0.98	女>男*	n.s.	n.s.
	女	3.07	0.81	2.27	0.90	3.09	0.96			
きょうだい	男	2.46	1.11	2.23	1.09	2.56	1.03	n.s.	n.s.	n.s.
	女	2.64	1.08	2.19	1.09	2.43	1.17			
						*p<.05 **p<.01 ***p<.001				

（2）平均値の比較

　各サポート源によるサポートの得点に差があるのかを調べるため、各サポート源のサポートについて1要因分散分析を行った（Table4-1-8）。その結果、母親からのサポート得点がもっとも高く、次いで父親と友人で、先生ときょうだいからの得点はもっとも低かった。このことから小学生が日常母親からのサポートを多く受けていることがわかる。

Table4-1-8　小学生サポート源別のサポートの1要因分散分析（中国）

サポート源	父親	母親	先生	友人	きょうだい	F値
平均値	2.69	2.95	2.57	2.84	2.45	18.68
SD	0.96	0.93	0.97	0.97	1.08	
					母親>父親≒友人>先生≒きょうだい***	
						***$p<.001$

5．満足感

（1）性差と学年差

　満足感の2下位尺度について、性別と学年による2要因分散分析を行った（Table4-1-9）。「学校満足感」においては上級生より4年生の得点が高かった。「自分満足感」においては性差、学年差がみられなかった。

　以上のことから「学校満足感」は4年生がもっとも高く、上級生になると満足感が下がることがわかる。上級生になると学校への評価が厳しくなっていることが原因として考えられる。

Table4-1-9　小学生満足感の2要因分散分析（中国）

満足感		4年生		5年生		6年生		性差	学年差	交互作用
		M	SD	M	SD	M	SD			
学校	男	2.64	0.35	2.43	0.52	2.34	2.39	n.s.	4>5≒6***	n.s.
	女	2.57	0.45	2.41	0.52	0.52	0.46			
自分	男	2.48	0.44	2.42	0.45	2.38	0.37	n.s.	n.s.	n.s.
	女	2.48	0.40	2.54	0.34	2.49	0.43			
								*$p<.05$ **$p<.01$ ***$p<.001$		

(2) 平均値の比較

　満足感の 2 側面の下位尺度得点について、 t 検定を行った
(Table4-1-10)。その結果、学校と自分への満足感には有意差がみられ
なかった。これから学校と自分への満足感は同じ程度であることがわか
る。

Table4-1-10　小学生満足感下位尺度の t 検定（中国）

満足感	学校	自分	t値
平均値	2.46	2.45	0.52n.s.
SD	0.48	0.41	

第 2 節　ストレス反応の規定要因と軽減要因

　ストレス反応の規定要因としてのストレッサーとコーピングがストレ
ス反応に与える影響、軽減要因としてのソーシャルサポートと満足感がス
トレス反応に与える影響について検討する。

1. ストレッサーがストレス反応に与える影響

(1)ストレッサーとストレス反応の重回帰分析

　小学生のストレッサーがストレス反応に与える影響を調べるために、ス
トレス反応を従属変数、ストレッサーを独立変数とする重回帰分析を行っ
た(Table4-2-1)。ストレッサーの 5 つの側面は「情動・認知的反応」に正の
関連を示した。「友人」「親」「身体」ストレッサーは「身体的反応」にも正の関
連を示した。

　このことから日常の些細な出来事が児童のストレス反応を生じさせて
おり、β 係数の値から特に「友人」と「親」ストレッサーからの影響が大きい
ことがわかる。学業、教師と身体からのストレッサーはストレス反応に与
える影響が小さい。

Table4-2-1　小学生ストレッサーとストレス反応の重回帰分析(中国)

ストレッサー	情動・認知的反応	身体的反応
教師	.14 **	.10
友人	.29 ***	.21 ***
親	.28 ***	.18 **
学業	.10 *	.04
身体	.13 **	.14 **
R^2	.47	.24

*p<.05 **p<.01 ***p<.001

(2) ストレッサーの組み合わせによるストレス反応表出の差異

児童生徒の実際の生活を考えてみた時に、さまざまな種類のストレッサーを感じているのが一般的であり、ある特定のストレッサーだけを感じている児童生徒は少ないことが予想される。実際にどれだけの割合の児童がどのようにストレッサーを感じているかを調べるために、ストレッサーの各下位尺度の標準得点をもとにして、ward 法によるクラスター分析を行った。その結果、クラスター数は 3 と判断された。各クラスターの特徴(Figure4-2-1)と全被調査者に対する割合は以下のとおりである。

クラスター1(CL1):すべてのストレッサーに対する評価が高い(38 人、10.95%)

クラスター2(CL2):すべてのストレッサーに対する評価が低い(166 人、47.84%)

クラスター3(CL3):すべてのストレッサーに対する評価が中程度(143 人、41.21%)

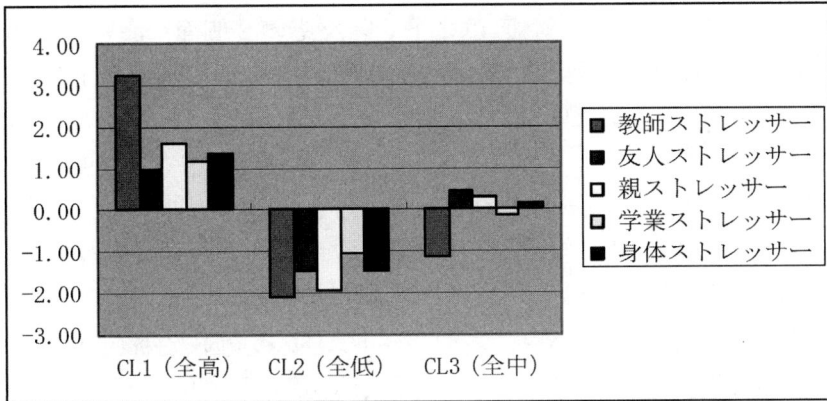

Figure4-2-1　小学生ストレッサークラスターの特徴(中国)

　ストレス反応の下位尺度得点を従属変数として、ストレッサーのクラスターを要因とする1要因の分散分析を行った(Table4-2-2)。ストレッサーの3つのクラスターにおける「情動・認知的反応」と「身体的反応」の得点に有意差がみられた。CL1(全体高)はいずれのストレス反応においてもっとも高い得点を示し、CL2(全体低)はもっとも低い得点を示した。

　このことからストレッサーを感じるパターンはストレス反応に大きく関連しており、全体的にストレッサーを強く感じている児童は各種のストレス反応を表出することが多いことがわかる。

Table4-2-2　小学生ストレッサーのクラスター別のストレス反応得点(中国)

ストレッサー	CL1(全高)		CL2(全低)		CL3(全中)		F検定	
	M	SD	M	SD	M	SD	F値	多重比較
情動・認知的反応	2.60	0.88	1.47	0.39	2.11	0.68	74.16	CL1>CL3>CL2***
身体的反応	2.20	0.97	1.40	0.48	1.83	0.73	30.81	CL1>CL3>CL2***
								*p<.05 **p<.01 ***p<.001

2.　コーピングの影響

(1)　コーピングとストレス反応の重回帰分析

　小学生のコーピングがストレス反応に与える影響を調べるために、ストレス反応を従属変数とし、コーピングを独立変数とする重回帰分析を行っ

た（Table4-2-3）。「回避的対処」はストレス反応の2側面に高い正の関連を示しており、「積極的対処」は「情動・認知的反応」に負の関連を示した。「サポート希求」は「身体的反応」に正の関連を示した。

これらのことからストレスに直面した時、回避したり、誰かにサポートを求めるようなコーピングはストレス反応を増加させていることがわかる。また、「積極的対処」は積極的に問題を考えたり解決しようとするので、「情動・認知的反応」を軽減させていることがわかる。

Table4-2-3　小学生コーピングとストレス反応の重回帰分析（中国）

コーピング	情動・認知的反応	身体反応
回避的対処	.50 ***	.34 ***
積極的対処	-.12 **	.04
サポート希求	.06	.11 *
R^2	.27	.15

*p<.05 **p<.01 ***p<.001

（2）コーピングの組み合わせによるストレス反応表出の差異

実際に児童がストレスに直面した時、どのような組み合わせでコーピングを行っているかを調べるために、コーピング尺度の各下位尺度の標準得点をもとにして、ward法によるクラスター分析を行った。その結果、クラスター数は3と判断された。各クラスターの特徴（Figure4-2-2）と全被調査者に対する割合は以下のとおりである。

クラスター1（CL1）：「積極的対処」の得点が比較的高い（110人、25.6%）

クラスター2（CL2）：「サポート希求」の得点が比較的高い（189人、44.0%）

クラスター3（CL3）：全体的にコーピングの得点が低い（131人、30.4%）

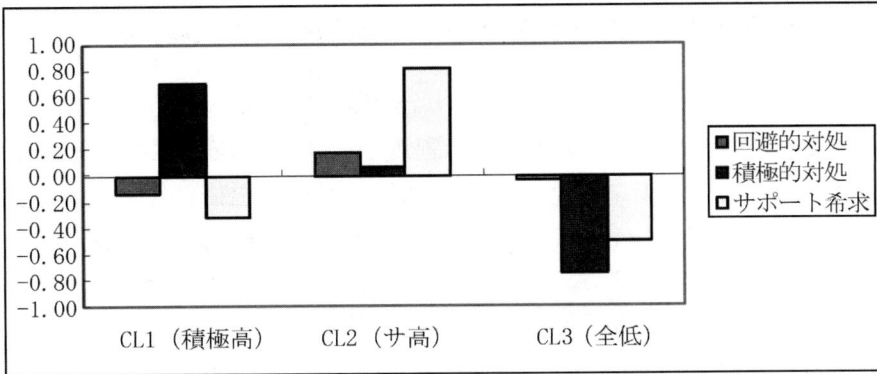

Figure4-2-2　小学生コーピングクラスターの特徴（中国）

　コーピングの実行がストレス反応に与える影響を調べるため、ストレス反応の得点を従属変数とし、コーピングのクラスターを要因とする1要因分散分析を行った(Table4-2-4)。「サポート希求」を多く行うタイプ(CL2)は「積極的対処」を多く行うタイプ(CL1)より「情動・認知的反応」の得点が高かった。また、CL2(サ高)はCL3(全低)より「身体的反応」を多く生じている。

　これらのことから「サポート希求」を多く行っているタイプの児童がストレス反応も多く表出していることがわかった。つまり、誰かにサポートを求めるコーピングを多く使うタイプの児童は「積極的対処」を多く使うタイプの児童より「情動・認知的反応」を多く表出し、コーピングを全体的にあまり行わないタイプの児童より「身体的反応」を多く表出している。常に誰かに頼んで問題を解決しようとする態度はストレス反応を生じやすいことがうかがわれる。

Table4-2-4　小学生コーピングのクラスター別のストレス反応得点(中国)

コーピング	CL1(積高)		CL2(サ高)		CL3(全低)		F検定	
	M	SD	M	SD	M	SD	F値	多重比較
情動・認知的反応	1.71	0.63	1.98	0.73	1.88	0.71	5.10	CL2>CL1**
身体的反応	1.68	0.70	1.80	0.77	1.51	0.61	6.33	CL2>CL3**
							*p<.05 **p<.01 ***p<.001	

3. ソーシャルサポートがストレス反応に与える影響

（1）ソーシャルサポートとストレス反応の重回帰分析

　周りからのサポートを受けている程度がストレス反応に与える影響を調べるために、ストレス反応を従属変数、サポートを独立変数とする重回帰分析を行った（Table4-2-5）。母親サポートが「情動・認知的反応」に負の関連を示した。友だちサポートは「身体的反応」に正の関連、きょうだいからのサポートは「身体的反応」に負の関連を示した。

　β係数の値は小さく、サポートからストレス反応への直接影響は小さいことがうかがわれる。

Table4-2-5　小学生サポートとストレス反応の重回帰分析（中国）

サポート源	情動・認知的反応	身体反応
父親	-.02	.05
母親	-.17 *	-.05
先生	-.09	-.11
友だち	.06	.14 *
きょうだい	-.07	-.15 *
R^2	.06	.04
	*p<.05 **p<.01 ***p<.001	

（2）サポートの組み合わせによるストレス反応得点の差異

　中国と日本できょうだいのいる人の割合が異なるため、きょうだいからのサポートは扱っていない。サポート源におけるサポート尺度の得点に基づいて、ward 法によるクラスター分析を行った。クラスターの特徴を Figure4-2-3 で示す。

　クラスター1（CL1）：全体的にサポートの得点が高い（109 人、25.5%）

　クラスター2（CL2）：全体的にサポート得点が中程度である（241 人、56.3%）

　クラスター3（CL3）：全体的にサポートの得点が低い（78 人、18.2%）

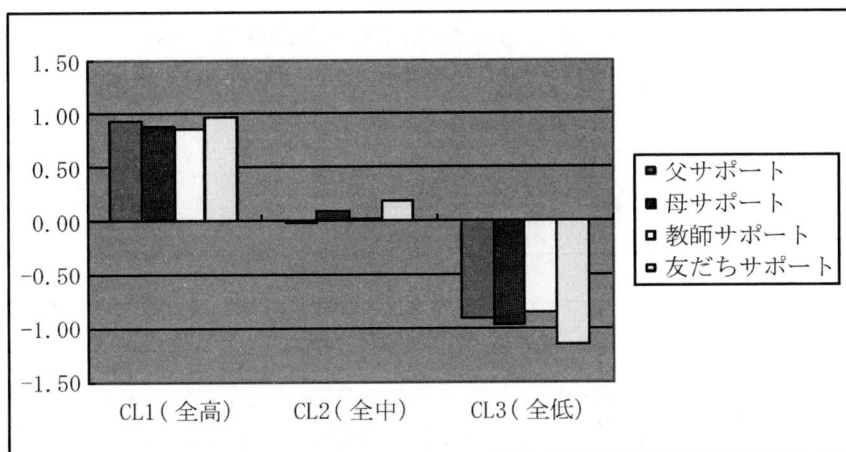

Figure4-2-3　小学生サポートのクラスター特徴(中国)

　サポートのクラスターを要因とし、ストレス反応を従属変数とする１要因分散分析を行った(Table4-2-6)。その結果、サポート低群と中群は高群より「情動・認知的反応」を表出することが多く、サポート中群は高群より「身体的反応」を表出することが多い。

　これらのことからサポートを受けている程度はストレス反応の表出に関連しており、サポートを受けることが多い児童の方が各ストレス反応の表出が少ないことがわかる。

Table4-2-6　小学生サポートクラスター別のストレス反応(中国)

サポート	CL1(高群)		CL2(中群)		CL3(低群)		F検定	
	M	SD	M	SD	M	SD	F値	多重比較
情動・認知的反応	1.58	0.56	1.95	0.71	2.02	0.82	12.15	CL2≒CL3>CL1***
身体的反応	1.50	0.56	1.75	0.74	1.62	0.69	4.92	CL2>CL1**
								*p<.05 **p<.01 ***p<.001

4.　満足感がストレス反応に与える影響

(1) 満足感とストレス反応の重回帰分析

　満足感とストレス反応の関連を調べるために、ストレス反応を従属変数、満足感を独立変数とする重回帰分析を行った(Table4-2-7)。学校と自

分への満足感はストレス反応の各側面に高い負の関連を示した。

このことから学校と自分について満足している児童ほどストレス反応を表出することが少ないことがわかる。

Table4-2-7　小学生満足感とストレス反応の重回帰分析(中国)

満足感	情動・認知的反応	身体的反応
学校	-.24 ***	-.25 ***
自分	-.36 ***	-.17 ***
R^2	.24	.12

*p<.05 **p<.01 ***p<.001

(2) 満足感の組み合わせによるストレス反応の差異

満足感の 2 下位尺度得点について ward 法によるクラスター分析を行った(Figure4-2-4)。その特徴は以下のようである。

クラスター1(CL1)：全体的に満足感の得点が高い(194 人、43.4%)

クラスター2(CL2)：全体的に満足感の得点が低い(169 人、37.8%)

クラスター3(CL3)：自分への満足感が低い(84 人、18.8%)

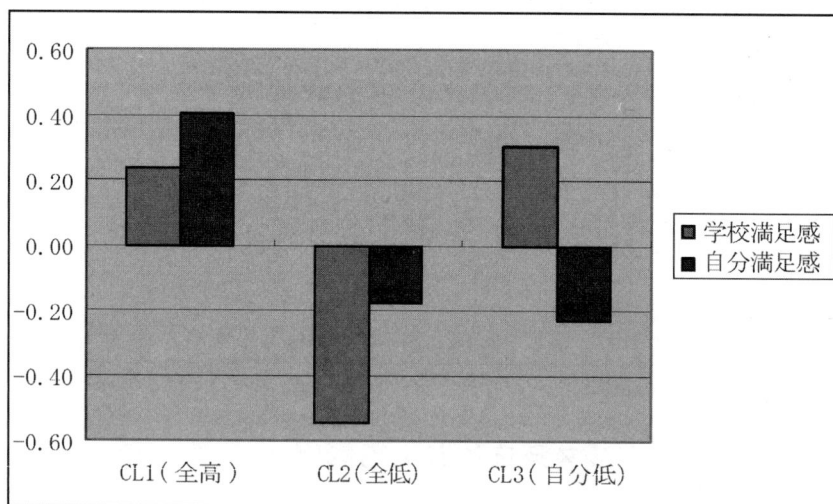

Figure4-2-4　小学生満足感のクラスター特徴(中国)

満足感のクラスターを要因とし、ストレス反応を従属変数とする 1 要因

分散分析を行った（Table4-2-8）。満足感低群（CL2）がストレス反応の 2 側面において高い得点を示し、満足感の高い群（CL1）はストレス反応の表出がもっとも少なかった。

　このことから満足感の程度はストレス反応の表出に関連しており、満足感の高い児童がストレス反応を表出することが少ないことがわかる。

Table4-2-8　小学生満足感のクラスター別のストレス反応得点（中国）

満足感	CL1(全高)		CL2(全低)		CL3(自分低)		F検定	
	M	SD	M	SD	M	SD	F値	多重比較
情動・認知的反応	1.58	0.55	2.17	0.74	2.01	0.72	35.37	CL2≒CL3>CL1***
身体的反応	1.48	0.63	1.91	0.78	1.59	0.55	18.14	CL2>CL1≒CL3***
								*p<.05 **p<.01 ***p<.001

第3節　ソーシャルサポートがストレッサー評価とコーピングに与える影響

　ソーシャルサポートがストレッサー評価とコーピングに与える影響について検討する。

1.　サポートがストレッサー評価に与える影響

（1）サポートとストレッサーの重回帰分析

　サポートがストレッサー評価に与える影響を調べるために、ストレッサーを従属変数、サポートを独立変数とする重回帰分析を行った（Table4-3-1）。母親サポートは教師と親ストレッサーに負の関連を示した。先生サポートは教師ストレッサーに負の関連を示した。友だちサポートは教師と親ストレッサーに正の関連を示した。

　これらのことからサポートはストレッサー評価に影響しており、母親と先生からのサポートを多く受けている児童はストレッサーを認知することが少ないことがわかる。友だちサポートはストレッサーの評価を増加させているが、その影響は小さい。

Table4-3-1　小学生サポートとストレッサーの重回帰分析（中国）

ストレッサー	教師	友人	親	学業	身体
父親サポート	.03	−.05	−.08	−.08	.02
母親サポート	−.16 *	−.05	−.19 *	−.02	−.12
先生サポート	−.28 ***	−.09	−.13	−.13	−.12
友だちサポート	.15 *	−.03	.16 *	−.01	.11
きょうだいサポート	.04	−.04	−.11	.00	.01
R^2	.11	.04	.12	.04	.03

*p<.05 **p<.01 ***p<.001

（2）サポートの組み合わせによるストレッサー評価の差異

　前節で得られたサポートのクラスターを要因とし、ストレッサーを従属変数とする1要因の分散分析を行った（Table4-3-2）。全体的にサポートを受けることが多い児童は教師、友人、親、学業からのストレッサーを評価することが少ない。しかし、サポートの各クラスターにおける「身体」ストレッサーの得点には差がみられなかった。

　これらのことからサポートはストレッサー評価に関連しており、サポートを全体的に多く受けている児童は教師、友人、親と学業によるストレッサーを感じることが少ないことがわかる。そして、「身体」ストレッサーはサポートの影響を受けていないことがわかる。

Table4-3-2　小学生サポートのクラスター別のストレッサー得点（中国）

サポート	CL1(高群)		CL2(中群)		CL3(低群)		F検定	
	M	SD	M	SD	M	SD	F値	多重比較
教師ストレッサー	0.86	1.50	1.48	2.07	1.29	1.92	3.80	CL2>CL1*
友人ストレッサー	1.66	1.77	2.08	1.68	2.39	1.89	3.86	CL3>CL1*
親ストレッサー	1.45	1.58	2.07	2.00	2.61	2.39	7.25	CL2≒CL3>CL1**
学業ストレッサー	1.18	1.24	1.42	1.41	1.81	1.70	4.03	CL3>CL1*
身体ストレッサー	0.90	1.57	1.30	1.96	1.21	1.77	1.65	n.s.

*p<.05 **p<.01 ***p<.001

2. サポートがコーピングに与える影響

(1) サポートとコーピングの重回帰分析

　サポートがコーピングに与える影響を調べるため、コーピングを従属変数、サポートを独立変数とする重回帰分析を行った（Table4-3-3）。父親サポートは「回避的対処」に負の関連を示した。母親サポートは「積極的対処」に、先生サポートは「サポート希求」に正の関連を示した。友だちからのサポートは「回避的対処」と「積極的対処」に正の関連を示した。

　父親サポートは「回避的対処」を軽減し、母親サポートは「積極的対処」を促進している。先生からのサポートは「サポート希求」のコーピングを増加させている。友だちからのサポートは「積極的対処」と「回避的対処」の実行を促進している。これらのことからサポートは一般的にコーピングの実行を増加させていることがわかる。

Table4-3-3　小学生サポートとコーピングの重回帰分析（中国）

サポート源	回避的対処	積極的対処	サポート希求
父親	-.16 *	.11	-.01
母親	.11	.16 *	.06
先生	-.11	.03	.17 *
友だち	.20 **	.14 *	.08
きょうだい	-.04	-.01	.01
R^2	.05	.11	.06

*p<.05 **p<.01 ***p<.001

(2) サポートの組み合わせによるコーピングの違い

　サポートのクラスターによるコーピングの違いを調べるため、サポートのクラスターを要因としてコーピングを従属変数とする1要因分散分析を行った（Table4-3-4）。サポート高群と中群は低群より「積極的対処」と「サポート希求」の得点が高かった。

　このことから日ごろ周りの人からのサポートを受けることが多い児童はストレスに積極的に対処しており、サポートを求めることが多い傾向にあることがわかる。また、サポートの高群と中群におけるコーピングの得

点には有意差がみられなかった。

Table4-3-4　小学生サポートクラスター別のコーピング得点（中国）

サポート	CL1(全高)		CL2(全中)		CL3(全低)		F検定	
	M	SD	M	SD	M	SD	F値	多重比較
回避的対処	1.81	0.63	1.86	0.58	1.85	0.66	0.30	n.s.
積極的対処	2.95	0.74	2.78	0.77	2.28	0.73	18.51	CL1≒CL2>CL3***
サポート希求	2.09	0.80	1.96	0.81	1.68	0.69	6.25	CL1≒CL2>CL3**

$*p<.05$ $**p<.01$ $***p<.001$

第4節　満足感がストレッサー評価とコーピングに与える影響

　軽減要因としての満足感がストレッサー評価とコーピングに与える影響について検討する。

1.　満足感がストレッサー評価に与える影響

（1）満足感とストレッサーの重回帰分析

　満足感とストレッサー評価の関連を調べるため、ストレッサーを従属変数、満足感を独立変数とする重回帰分析を行った（Table4-4-1）。「学校満足感」は「教師」「親」「身体」ストレッサーに負の関連を示した。「自分満足感」は身体ストレッサーを除くストレッサーの各側面に負の関連を示した。

　このことから満足感を高めることはストレッサーを感じることが少なくなるように働くと考えられる。満足感が教師と親ストレッサーに与える影響は大きい。

Table4-4-1　小学生満足感とストレッサーの重回帰分析（中国）

ストレッサー	教師	友人	親	学業	身体
学校満足感	-.30 ***	-.04	-.22 ***	-.09	-.16 **

ストレッサー	教師	友人	親	学業	身体
自分満足感	-.12 *	-.28 ***	-.28 ***	-.28 ***	-.10
R^2	.13	.09	.17	.10	.05

*p<.05 **p<.01 ***p<.001

(2) 満足感の組み合わせによるストレッサー得点の差異

前節で得られた満足感のクラスターを要因とし、ストレッサーの下位尺度得点について 1 要因の分散分析を行った(Table4-4-2)。「教師」「友人」「親」「学業」「身体」ストレッサーにおいて満足感低群の得点がもっとも高かった。満足感低群(CL2)と自分への満足感の低いタイプ(CL3)は、満足感高群(CL1)より友人、親と学業によるストレッサーを感じることが多い。

以上のことから満足感を全体的に高く感じている児童はストレッサーを低く評価していることがわかる。

Table4-4-2　小学生満足感のクラスター別のストレッサー得点(中国)

満足感	CL1(全高)		CL2(全低)		CL3(自分低)		F検定	
	M	SD	M	SD	M	SD	F値	多重比較
教師ストレッサー	0.81	1.63	1.91	2.25	1.10	1.47	15.29	CL2>CL1≒CL3***
友人ストレッサー	1.50	1.45	2.33	1.82	2.70	1.94	16.63	CL2≒CL3>CL1***
親ストレッサー	1.35	1.50	2.75	2.33	2.12	1.77	22.26	CL2≒CL3>CL1***
学業ストレッサー	0.98	1.16	1.83	1.60	1.86	1.46	19.02	CL2≒CL3>CL1***
身体ストレッサー	0.85	1.51	1.54	2.11	1.34	1.73	6.38	CL2>CL1**

*p<.05 **p<.01 ***p<.001

2. 満足感がコーピングに与える影響

(1) 満足感とコーピングの重回帰分析

満足感とコーピングの関連を調べるため、コーピングを従属変数、満足感を独立変数とする重回帰分析を行った(Table4-4-3)。学校と自分への満足感は「回避的対処」に負の関連を示した。満足感と「積極的対処」、「サポート希求」の関連はみられなかった。

これらのことから満足感を高めることは児童の「回避的対処」を軽減していることがわかる。

Table4-4-3　小学生満足感とコーピングの重回帰分析（中国）

	回避的対処	積極的対処	サポート希求
学校満足感	-.17 **	.09 n.s.	.02 n.s.
自分満足感	-.12 *	.02 n.s.	-.03 n.s.
R2	.06	.01	.00

*p<.05 **p<.01 ***p<.001

(2) 満足感の組み合わせによるコーピング得点の差異

満足感のクラスターを要因とし、コーピングの下位尺度得点について 1要因分散分析を行った（Table4-4-4）。「回避的対処」を満足感低群が高群より多く行っている。「積極的対処」は満足感高群が低群より多く行っている。

これらのことから満足感の高い児童は「回避的対処」を行うことが少なく、「積極的対処」を行うことが多いことがわかる。

Table4-4-4　小学生満足感のクラスター別のコーピング得点（中国）

満足感	CL1(全高)		CL2(全低)		CL3(自分低)		F検定	
	M	SD	M	SD	M	SD	F値	多重比較
回避的対処	1.73	0.55	1.97	0.65	1.90	0.60	7.27	CL2>CL1**
積極的対処	2.82	0.79	2.60	0.80	2.80	0.73	3.78	CL1>CL2*
サポート希求	1.93	0.79	1.95	0.81	1.93	0.81	0.03	n.s.

*p<.05 **p<.01 ***p<.001

第5節　ストレスの諸変数におけるクラスターパターンの人数分布の特徴

本節ではまず、ストレスの諸変数のパターンの人数分布特徴を調べる。

1. ストレス反応のクラスター分析

ストレス反応の 2 下位尺度の得点について ward 法によるクラスター分析を行った。クラスターの特徴を Figure4-5-1 に示す。

クラスター1(CL1)：全体的にストレス反応の得点が低い(289 人、66.9%)

クラスター2(CL2)：全体的にストレス反応の得点が中程度(87 人、20.1%)

クラスター3(CL3)：全体的にストレス反応の得点が高い(56 人、13.0%)

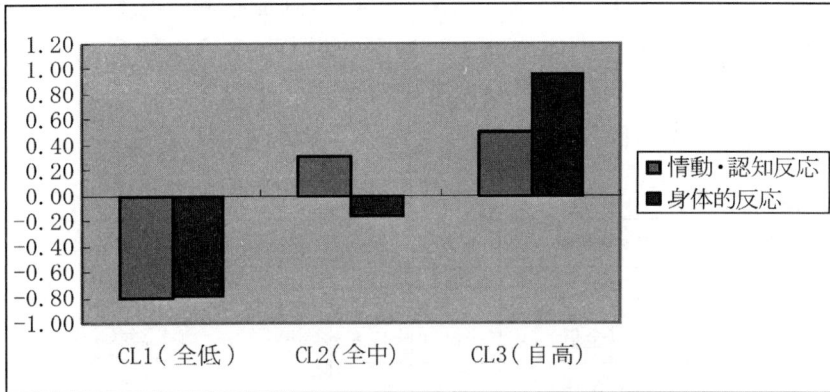

Figure4-5-1　小学生ストレス反応のクラスター分析(中国)

2. ストレスの諸変数におけるクラスターの人数分布特徴

ストレスの諸変数についてクラスター分析による各パターンの人数分布特徴を調べるため、χ² 検定を行った(Table4-5-1)。ストレッサーに関しては CL2(47.84%)と CL3(41.21%)の割合が CL1 (10.95%)より有意に大きく、ストレッサーを全体的に高く評価している児童は 10%程度いることがわかる。

ストレス反応では全体的にストレス反応をあまり表出しないタイプ(CL1)が 66.9%で、全体的に表出することが多いタイプ (CL3：13%)より有意に割合が高く、ストレス反応の表出が多い児童は 1 割程度であることがわかる。

コーピングでは「サポート希求」を頻繁に行うタイプ (CL2)の児童が CL1 (25.6%) と CL3 (30.4%)より有意に多く、44%である。誰かにサポートを求めるコーピングを取る小学生が多いことがわかる。

サポート中群（CL2）の人数が多く 56.3％で、周りからのサポートが少ないと認知しているタイプ（CL3）は 18.2％である。20％近くの小学生が周りからのサポートが少ないと認知していることがわかる。

満足感の高群と低群の人数に有意差がみられていない。そして、自分への満足感が低いタイプの児童がもっとも少なく、18.8％である。

以上のことから中国の小学生のストレス諸変数におけるパターンの特徴がわかる。つまり、全般的ストレッサーを強く感じている割合は1割程度、各種のストレス反応を頻繁に表出している割合も1割程度である。44％の小学生はサポートを求めるコーピングを中心にストレスに対処している。18.2％の小学生は自分が受けているサポートは少ないと認知している。小学生が学校と自分に満足している割合は約4割しかない。

Table4-5-1　小学生ストレス諸変数のクラスター人数(中国)

	クラスター	度数	％	χ^2値	多重比較
ストレッサー	CL1(全高)	38	11.0	80.5	CL2≒CL3>CL1**
	CL2(全低)	166	47.8		
	CL3(全中)	143	41.2		
ストレス反応	CL1(全低)	289	66.9	49.34	CL1>CL2≒CL3**
	CL2(全中)	87	20.1		
	CL3(全高)	56	13.0		
コーピング	CL1(積高)	110	25.6	23.36	CL2>CL1≒CL3**
	CL2(サ高)	189	44.0		
	CL3(全低)	131	30.4		
サポート	CL1(全高)	109	25.5	105.03	CL2>CL1>CL3**
	CL2(全中)	241	56.3		
	CL3(全低)	78	18.2		
満足感	CL1(全高)	194	43.4	44.63	CL1≒CL2>CL3**
	CL2(全低)	169	37.8		
	CL3(自分低)	84	18.8		

*p<.05 **p<.01 ***p<.001

第6節　ストレスモデルの構成

　本研究でのストレスの仮説モデルにしたがって、中国の小学生における
ストレスモデルの構成を試みる。

　まず、ストレスの5つの変数において各項目の合計得点を出すことがで
きるかを検証するために α 係数を確認した結果、ストレッサー（α =.84,
18項目）、ストレス反応（α =.92, 16項目）、コーピング（α =.61, 10項目）、
ソーシャルサポート（α =.77, 20項目）、満足感（α =.66, 6項目）において、
内的整合性がみられた。5つの変数における各項目の合計得点を観測変数
として、共分散構造分析を行った。その結果、Figure4-6-1 のようなモデ
ルが得られ、適合度も確認された(CFI=1.000, RMSEA=.000)。ストレッサー
とコーピングからストレス反応へのパス係数はそれぞれ.47 と.14 である。
しかし、コーピングからストレス反応への直接的な影響は小さいことがわ
かる。ストレッサーはコーピングにも正の関連(.43)を示した。サポート
はストレッサー評価に弱い負の関連(-.14)を示した。そして、サポートは
コーピングに正の関連(パス係数.41)を示し、サポートを受けることが多
い児童はコーピングも多く行っていることがわかる。サポートと満足感の
間に高い正の相関(.36)がみられた。満足感はストレッサーとストレス反
応にそれぞれ負の関連(パス係数は-.39 と-.25)を示した。満足感からコー
ピングへの直接的な影響はみられなかった。

　これらの結果からストレッサーの経験は直接的にストレス反応を生じ
させていることが確認された。また、ストレッサーはコーピングの実行を
促進していることがわかる。さらに、コーピングからストレス反応への影
響が小さく、小学生にとってコーピングを経てからのストレス反応の表出
は少ないことがうかがわれる。また、サポートがストレス反応を直接的に
軽減することはなく、満足感を通しての間接効果が大きいことが確認され
た。そして、満足感はストレッサー評価を少なくし、ストレス反応の表出
を軽減しており、満足感を高めることの必要性が示された。

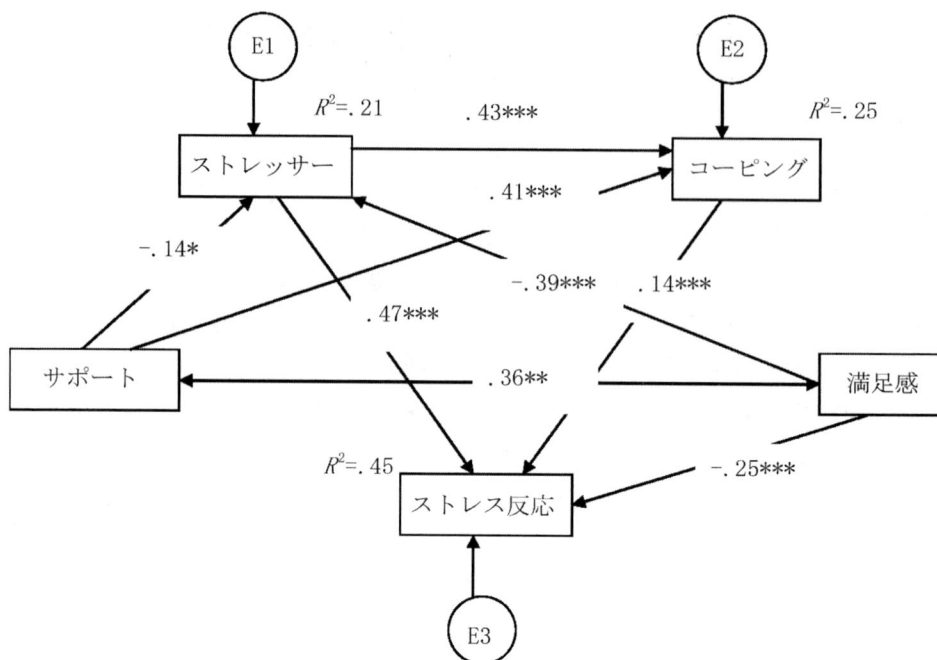

Figure4-6-1 小学生ストレスモデル(中国)

$\chi^2(2)=.121$　$p=.942$　$CFI=1.000$　$RMSEA=.000$　$*p<.05$　$***p<.001$

第7節　本章のまとめ

　本章においては、第1節でストレッサー、ストレス反応、コーピング、ソーシャルサポートと満足感の下位尺度における性差と学年差および平均値順位について検討した。その結果は以下のとおりである。①ストレッサーにおいて男子が女子より「教師」と「友人」ストレッサーを感じることが多く、6年生が下級生より教師、親と身体からのストレッサーを感じることが多い。そして、中国の小学生は友人と親からのストレッサーを学業、教師、身体からのストレッサーより強く感じている。②ストレス反応は4年生の表出が少ない。そして、「情動・認知的反応」を「身体的反応」より表出することが多い。③コーピングにおいては性差がみられていない。4年生が「回避的対処」を行うことは上級生より少ない。また、「積極的対処」を「回避的対処」と「サポート希求」より行うことが多い。④ソーシャルサポー

トでは女子が男子より友だちからのサポートを受けることが多く、4 年生は上級生よりも父親と先生からのサポートを受けることが多い。そして、母親からのサポートをその他の人からのサポートより多く受けている。⑤満足感においては4年生が上級生より学校に満足している。また、学校と自分について同じ程度満足している。

　第2節では、ストレッサー、コーピング、ソーシャルサポートと満足感がストレス反応の表出に与える影響について検討が行われた。その結果を以下に示す。①「友人」「親」と「身体」ストレッサーは「情動・認知的反応」と「身体的反応」に正の関連を示し、「教師」と「学業」ストレッサーは「情動・認知的反応」に正の関連を示している。また、ストレッサー低群のストレス反応の表出がもっとも少ない。②「回避的対処」は「情動・認知的反応」に正の関連を示し、「積極的対処」は「情動・認知的反応」に負の関連を示した。「回避的対処」と「サポート希求」は「身体的反応」に正の関連を示した。また、「サポート希求」を多く行うタイプの児童はストレス反応を頻繁に表出している。③母親サポートは「情動・認知的反応」に負の関連を示し、きょうだいからのサポートは「身体的反応」に負の関連を示した。友だちサポートは「身体的反応」に正の関連を示している。また、サポート高群は低群よりストレス反応の表出が少ない。④学校と自分への満足感は「情動・認知的反応」と「身体的反応」に負の関連を示した。また、満足感低群のストレス反応の表出がもっとも多かった。

　第3節では、ソーシャルサポートがストレッサー評価とコーピングに及ぼす影響について検討した。その結果は以下のとおりである。①母親サポートは「教師」と「親」ストレッサーに負の関連を示し、先生サポートは「教師」ストレッサーに負の関連を示した。友だちサポートは「教師」と「親」ストレッサーに正の関連を示した。また、サポート高群は教師、友人、親と学業からのストレッサーを感じることがもっとも少ない。②父親サポートは「回避的対処」に負の関連を示した。母親サポートは「積極的対処」に、先生サポートは「サポート希求」に、友だちサポートは「回避的対処」と「積極的対処」に正の関連を示した。また、サポート低群は「積極的対処」と「サポート希求」のコーピングを行うことが少ない。

　第4節では、満足感がストレッサー評価とコーピングに及ぼす影響について検討した。その結果を以下に示す。①学校満足感は「教師」「親」と「身

体」ストレッサーに負の関連を示し、自分満足感は「教師」「友人」「親」と「学業」ストレッサーに負の関連を示した。満足感高群は各ストレッサーを感じることがもっとも少ない。②学校と自分への満足感は「回避的対処」に負の関連を示した。また、満足感低群は「回避的対処」を行うことが多く、「積極的対処」を行うことが少ない。

　第5節では、ストレスの諸変数について、パターンによる人数分布の特徴を検討した。その結果は以下のとおりである。①ストレッサーを強く感じるタイプの児童がもっとも少なかった。②ストレス反応を全体的に表出することが多いタイプの児童が少なかった。③コーピングでは「サポート希求」を多く行うタイプがもっとも多かった。④ソーシャルサポートを中程度で受けている児童が多かった。⑤満足感の高群と低群の人数に有意差がなかった。

　第6節ではストレスモデルで諸変数間の因果関係を明らかにした。つまり、ストレッサーがストレス反応とコーピングに影響すること、コーピングからストレス反応への影響は小さいこと、サポートのストレス軽減効果は直接効果より満足感を通しての間接効果が大きいこと、満足感がストレス軽減に役立つことなどが確認された。

　以上の結果から中国の小学生におけるストレス状況が明らかになり、ストレスを軽減するために必要な方途が示された。

第5章　中国の中学生のストレスについて

第1節　ストレスの諸変数における下位尺度の性差、学年差および平均値の比較

　中国の中学生のストレッサー、ストレス反応、コーピング、ソーシャルサポートと満足感の性差と学年差および下位尺度の平均値について検討する。

1. ストレッサー

（1）性差と学年差
　ストレッサー因子分析で得られた5因子の下位尺度得点について、性別と学年による2要因分散分析を行った（Table5-1-1）。その結果、3年生より2年生の「親」ストレッサーの得点が高かった。中学2年生は親への反抗心がもっとも強い時期であると言われているため、親からのストレッサーが多くみられたと思う。刘（2005）の研究でも中学2年生のストレッサー得点が高いという結果が得られている。性差と交互作用はみられなかった。

　性差と学年差があまりみられなかった原因として、現在中国都市部では一人っ子が多くなるにつれて、男女・学年に関係なく親が子どもの教育に精力と財力を投入し、子どもは常にストレスにさらされている状況にあることが考えられる。また、本研究の調査対象者になった中学生はほとんどの生徒が寮生活をしており、学校のスケジュールに従う自由時間の少ない生活を送っていることも原因として考えられる。刘（2005）の研究でも中学生のストレッサー評価に性差がみられなかった。

Table5-1-1　中学生ストレッサーの2要因分散分析（中国）

ストレッサー		1年生		2年生		3年生		主効果		
		M	SD	M	SD	M	SD	性差	学年差	交互作用
教師	男	1.05	1.13	1.47	1.82	1.42	1.55	n.s.	n.s.	n.s.
	女	0.69	0.87	1.07	1.48	1.26	1.10			
学業	男	2.48	1.64	2.66	2.13	2.42	1.50	n.s.	n.s.	n.s.
	女	2.01	1.31	2.56	1.71	2.81	2.12			
身体	男	0.87	1.21	0.92	1.49	0.81	1.19	n.s.	n.s.	n.s.
	女	0.77	1.08	1.25	1.48	1.50	1.70			
親	男	1.66	1.91	1.71	2.00	1.24	1.09	n.s.	2年>3年	n.s.
	女	1.15	1.37	2.08	1.70	1.41	1.45			
友人	男	1.29	1.23	1.02	0.95	1.19	1.30	n.s.	n.s.	n.s.
	女	0.89	0.79	0.88	1.18	1.27	1.28			

*p<.05 **p<.01 ***p<.001

（2）平均値の比較

　ストレッサーの5つの側面の下位尺度得点について、1要因分散分析を行った（Table5-1-2）。その結果、「学業」ストレッサーの得点がもっとも高かった。このことから中国の中学生は「学業」ストレッサーを強く感じていることがわかる。このことは多くの先行研究で指摘されており、本研究でも確かめられたといえる。

Table5-1-2　中学生ストレッサー下位尺度の1要因分散分析（中国）

ストレッサー	教師	学業	身体	親	友人	F値
平均値	1.22	2.51	0.98	1.52	1.15	68.01
SD	1.40	1.70	1.35	1.61	1.17	

学業>教師、身体、親、友人***，親>身体≒友人**

**p<.01 ***p<.001

2. ストレス反応

(1) 性差と学年差

ストレス反応4側面の下位尺度得点について性別と学年による2要因分散分析を行った（Table5-1-3）。いずれのストレス反応においても性差と学年差はみられなかった。

中国の中学生は男女、学年によるストレス反応の表出に差がないことがわかる。

Table5-1-3　中学生ストレス反応の2要因分散分析（中国）

ストレス反応		1年生		2年生		3年生		主効果		
		M	SD	M	SD	M	SD	性差	学年差	交互作用
不機嫌・怒り	男	2.07	0.64	1.97	0.68	2.00	0.50	n.s.	n.s.	n.s.
	女	2.02	0.53	1.87	0.53	2.08	0.66			
抑うつ・不安	男	2.25	0.64	2.20	0.67	2.23	0.59	n.s.	n.s.	n.s.
	女	2.30	0.67	2.21	0.65	2.40	0.72			
無力的認知・思考	男	2.36	0.56	2.31	0.78	2.47	0.70	n.s.	n.s.	n.s.
	女	2.34	0.60	2.25	0.63	2.46	0.63			
身体的反応	男	1.88	0.62	1.80	0.72	1.81	0.62	n.s.	n.s.	n.s.
	女	1.83	0.68	1.77	0.62	1.94	0.72			

(2) 平均値の比較

どのようなストレス反応を頻繁に表出するのかを調べるため、ストレス反応の4側面の下位尺度得点について1要因分散分析を行った（Table5-1-4）。その結果、得点は順に「無力的認知・思考」「抑うつ・不安」「不機嫌・怒り」「身体的反応」である。この結果から「無力的認知・思考」の反応を多く表出していることがわかる。

Table5-1-4　中学生ストレス反応下位尺度の1要因分散分析（中国）

ストレス反応	不機嫌・怒り	抑うつ・不安	無力的認知・思考	身体的反応	F値
平均値	2.00	2.26	2.37	1.85	88.33
SD	0.60	0.66	0.66	0.66	
無力的認知・思考＞抑うつ・不安＞不機嫌・怒り＞身体的反応***					
***p<.001					

3. コーピング

(1) 性差と学年差

コーピングの2下位尺度の得点について性別と学年による2要因分散分析を行った(Table5-1-5)。「回避的対処」において女子より男子の得点が高かった。学年差と交互作用はみられなかった。

これから「回避的対処」は女子より男子の方が多く行っていることがわかる。

Table5-1-5　中学生コーピングの2要因分散分析(中国)

コーピング	性	1年生 M	1年生 SD	2年生 M	2年生 SD	3年生 M	3年生 SD	主効果 性差	主効果 学年差	主効果 交互作用
積極的対処	男	2.95	0.56	2.92	0.65	2.76	0.57	n.s.	n.s.	n.s.
	女	3.01	0.61	2.87	0.61	2.89	0.53			
回避的対処	男	2.16	0.57	2.16	0.68	2.26	0.60	男>女*	n.s.	n.s.
	女	1.99	0.58	2.05	0.66	2.09	0.54			

*$p<.05$

(2) 平均値の比較

コーピングの2下位尺度の得点について、1要因分散分析を行った(Table5-1-6)。その結果、「積極的対処」の得点が高かった。これからストレスに直面したときに「積極的対処」を「回避的対処」より多く行っていることがわかる。

Table5-1-6　中学生コーピング下位尺度の t 検定(中国)

コーピング	積極的対処	回避的対処	t値
平均値	2.89	2.13	18.11***
SD	0.60	0.60	積極的対処>回避的対処

***$p<.001$

4. ソーシャルサポート

(1) 性差と学年差

5つのサポート源からのサポート得点について性と学年による2要因分

散分析を行った（Table5-1-7）。母親と先生からのサポートは女子より男子の方の得点が高かった。友だちからのサポートは男子より女子の方が多く受けている。学年では、3年生より1年生が父親、きょうだいからのサポートを多く得ている。先生からのサポートも3年生より1年生や2年生が受けることが多い。

Table5-1-7　中学生サポートの2要因分散分析（中国）

サポート源		1年生		2年生		3年生		主効果		
		M	SD	M	SD	M	SD	性差	学年差	交互作用
父親	男	2.94	0.70	2.88	0.85	2.60	0.85	n.s.	1>3*	n.s.
	女	2.83	0.74	2.54	0.92	2.52	0.84			
母親	男	3.29	0.73	2.97	0.89	3.05	0.74	男>女*	n.s.	n.s.
	女	2.98	0.85	2.84	0.92	2.90	0.86			
先生	男	3.14	0.66	2.83	0.77	2.50	0.93	男>女*	1≒2>3***	n.s.
	女	2.87	0.76	2.76	0.81	2.26	0.81			
親しい友たち	男	2.88	0.86	2.97	0.80	2.84	0.87	女>男**	n.s.	n.s.
	女	3.07	0.77	3.21	0.74	3.19	0.81			
きょうだい	男	2.96	0.87	2.99	0.93	2.74	0.93	n.s.	1>3*	n.s.
	女	2.91	0.83	2.74	1.02	2.50	0.96			

*$p<.05$ **$p<.01$ ***$p<.001$

　中国で女子より男子が母親からのサポートを多く得ているという結果は、金子・胡（2000）の研究でも得られている。中学校段階において女子は母親、先生からのサポートを男子より求めなくなり、友人にサポートを求める傾向が強くなっているといえる。上級生になるとサポートを求めなくなるという結果は先行研究（李・邹ら，2003）でも得られている。

(2) 平均値の比較

　各サポート源によるサポートの得点について1要因分散分析を行った（Table5-1-8）。その結果、母親と友だちから受けているサポート得点がもっとも高かった。このことから中学生は日頃母親と友だちからのサポートを頻繁に受けていることがわかる。邹（1999）によると中学生は母親からの

サポートを最も多く受けており、その次の順で父親、友だち、教師である。中学生になると友だちからのサポートが多くなるものの、母親からのサポートが依然多いことがわかる。

Table5-1-8　中学生サポート源別のサポートの1要因分散分析（中国）

サポート源	父親	母親	先生	友人	きょうだい	F値
平均値	2.68	3.02	2.72	3.03	2.81	15.00
SD	0.85	0.83	0.82	0.81	0.93	
					母親≒友人>父親≒先生≒きょうだい***	
						***p<.001

5.　満足感

（1）性差と学年差

満足感の2下位尺度の得点について性別と学年による2要因分散分析を行った（Table5-1-9）。3年生より1年生と2年生の方が学校への満足感が高かった。「自分満足感」においては性差、学年差がみられなかった。このことから高学年になると学校生活への満足度が低くなっていることがうかがわれる。

Table5-1-9　中学生満足感の2要因分散分析（中国）

満足感		1年生		2年生		3年生		主効果		
	性	M	SD	M	SD	M	SD	性差	学年差	交互作用
学校満足感	男	3.31	0.55	3.06	0.64	2.88	0.69	n.s.	1≒2>3***	n.s.
	女	3.31	0.46	3.20	0.56	3.28	0.58			
自分満足感	男	3.33	0.62	3.18	0.73	2.77	0.57	n.s.	n.s.	n.s.
	女	3.45	0.51	3.25	0.59	3.18	0.60			
										***p<.001

（2）平均値の比較

学校と自分への満足感について t 検定を行った（Table5-1-10）。その結果、自分への満足感の得点が高かった。このことから自分への満足感が学校満足感より高いことがわかる。

Table5-1-10　中学生満足感下位尺度の t 検定（中国）

満足感	学校	自分	t値
平均値	3.08	3.32	5.5
SD	0.62	0.60	自分>学校***
			***p<.001

第2節　ストレス反応の規定要因と軽減要因

ストレス反応の規定要因としてのストレッサーとコーピングがストレス反応に与える影響を検討する。

1. ストレッサーがストレス反応に与える影響

（1）ストレッサーとストレス反応の重回帰分析

ストレッサーがストレス反応に与える影響を調べるため、ストレス反応を従属変数、ストレッサーを独立変数とする重回帰分析を行った（Table5-2-1）。教師からのストレッサーは「無力的認知・思考」に正の関連を示した。「学業」ストレッサーはすべてのストレス反応に正の関連を示した。「身体」ストレッサーは「不機嫌・怒り」「抑うつ・不安」「身体的反応」に正の関連を示した。「親」ストレッサーは「不機嫌・怒り」と「抑うつ・不安」反応に正の関連を示した。「友人」ストレッサーは「抑うつ・不安」反応に正の関連を示した。

以上のことからストレッサーはストレス反応の原因になっており、「学業」ストレッサーの影響が大きいことがわかる。「身体」ストレッサーからの影響も「学業」ストレッサーに続き、ストレス反応を多く生じさせている。「学業」ストレッサーがストレス反応への影響がもっとも大きいという

結果は申（2006）の研究でも得られている。これは中国の激しい進学競争のために児童生徒への学業負担が大きいことが原因として考えられる。中国教育部では児童生徒の学業負担を軽減するために重点学校、重点クラスをなくしたり、成績の順位をつけることを控えるなどの措置を取らせている。しかし、このような対策は形式的に過ぎず実行力を持っていない。激しい競争に勝ち抜くために、親、学校そして社会から中学生に与えられるプレッシャーは増すばかりである。また、調査結果から思春期において身体的特徴を気にしていることがわかる。先行研究（斉藤，1987）でも指摘されているように、身体的変化は心理的側面に大きな影響を及ぼすことが確認できた。

Table5-2-1　中学生ストレッサーとストレス反応の重回帰分析（中国）

	不機嫌・怒り	抑うつ・不安	無力的認知・思考	身体的反応
教師ストレッサー	-.03 n.s.	-.01 n.s.	.17 *	.04 n.s.
学業ストレッサー	.25 ***	.20 **	.22 **	.15 *
身体ストレッサー	.14 *	.26 ***	.10 n.s.	.21 **
親ストレッサー	.16 *	.14 *	.05 n.s.	.08 n.s.
友人ストレッサー	.09 n.s.	.13 *	.01 n.s.	.11 n.s.
R^2	.21	.28	.17	.17

*$p<.05$　　**$p<.01$　　***$p<.001$

（2）ストレッサーの組み合わせによるストレス反応表出の差異

ストレッサー尺度の下位尺度得点について ward 法によるクラスター分析を行った。その結果、クラスターは3と判断された。各クラスターの特徴を Figure5-2-1 で示す。

クラスター1（CL1）：全ストレッサーに対する評価が低い（140 人、53.6%）

クラスター2（CL2）：全ストレッサーに対する評価が中程度である（92 人、35.2%）

クラスター3（CL3）：全ストレッサーに対する評価が高い（29 人、11.2%）

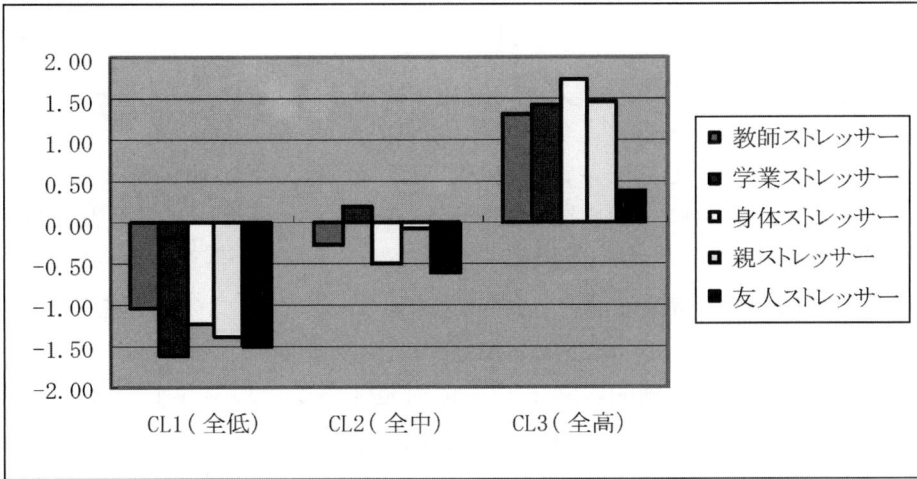

Figure5-2-1　中学生ストレッサークラスターの特徴（中国）

　　ストレス反応の下位尺度得点を従属変数とし、ストレッサーのクラスターを要因とする1要因の分散分析を行った（Table5-2-2）。すべてのストレス反応においてクラスターの主効果がみられた。「不機嫌・怒り」「抑うつ・不安」「身体的反応」において、CL3（全高）は CL2（全中）より、CL2（全中）はCL1（全低）より得点が高かった。「無力的認知・思考」においてはCL3（全高）と CL2（全中）の得点が CL1（全低）より高かった。

　　これらのことから全体的にストレッサーを高く評価している生徒が各ストレス反応を表出することが多く、全体的にストレッサーを低く評価している生徒はストレス反応を表出することが少ないことがわかる。以上のことからある特定のストレッサーとストレス反応の因果関係だけでなく、全体的にストレッサーを感じるパターンとストレス反応の関係が示された。

Table5-2-2　中学生ストレッサーのクラスター別のストレス反応得点（中国）

ストレッサー	CL1(全低)		CL2(全中)		CL3(全高)		F検定	
	M	SD	M	SD	M	SD	F値	
不機嫌・怒り	1.81	0.46	2.24	0.67	2.53	0.75	24.83	CL3>CL2>CL1***
抑うつ・不安	2.02	0.58	2.51	0.63	2.81	0.63	27.73	CL3>CL2>CL1***
無力的認知・思考	2.19	0.63	2.60	0.61	2.73	0.60	15.45	CL3≒CL2>CL1***
身体的反応	1.68	0.52	1.90	0.59	2.36	0.87	15.27	CL3>CL2>CL1***
								*p<.05 **p<.01 ***p<.001

2. コーピングがストレス反応に与える影響

(1) コーピングとストレス反応の重回帰分析

コーピングがストレス反応への影響を調べるため、コーピングを独立変数とし、ストレス反応を従属変数とする重回帰分析を行った(Table5-2-3)。「積極的対処」は「不機嫌・怒り」と「無力的認知・思考」に負の関連を示した。「回避的対処」はすべてのストレス反応に正の関連を示した。

以上のことから積極的にストレスに対処することはストレス反応を軽減できるが、「回避的対処」はストレス反応を増加させていることがわかる。中学生のストレス反応を軽減させるには積極的にストレスに対処するように指導することが大切であることが示された。

Table5-2-3　中学生のコーピングとストレス反応の重回帰分析(中国)

コーピング	不機嫌、怒り	抑うつ・不安	無力的認知・思考	身体的反応
積極的対処	-.22 ***	-.04	-.11 *	.02
回避的対処	.17 **	.18 **	.17 **	.12 *
R^2	.07	.03	.04	.02

*p<.05　　**p<.01　　***p<.001

(2) コーピングの組み合わせによるストレス反応表出の差異

コーピングの下位尺度得点について、ward法によるクラスター分析を行った(Figure5-2-2)。各クラスターの特徴は以下のとおりである。

クラスター1(CL1):「積極的対処」の得点が高い(115人、33.0%)。

クラスター2(CL2):全体的にコーピングの得点が低い(137人、39.4%)

クラスター3(CL3):「回避的対処」の得点が高い(96人、27.6%)

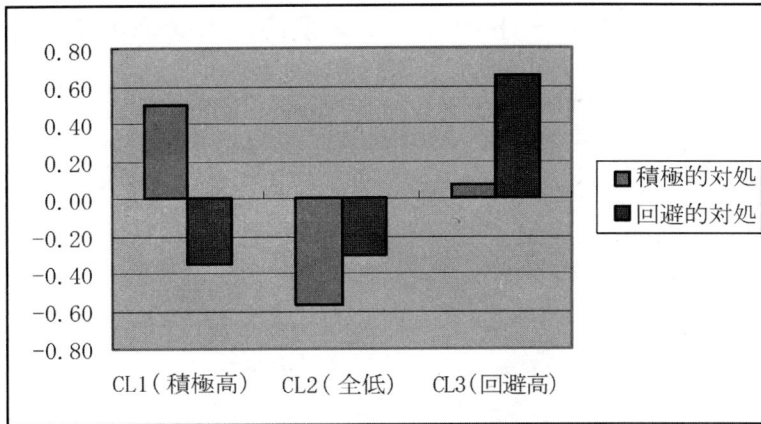

Figure5-2-2 中学生コーピングクラスターの特徴（中国）

　ストレス反応の下位尺度得点を従属変数とし、コーピングのクラスター
を要因とする1要因分散分析を行った（Table5-2-4）。「不機嫌・怒り」と「抑
うつ・不安」においてクラスターの主効果がみられ、いずれも「積極的対
処」を多く行うタイプ（CL1）の得点がもっとも低く、「回避的対処」を多く行
うタイプ（CL3）の得点が高かった。

　以上のことから「積極的対処」を中心にストレスに対処するタイプの生
徒は「不機嫌・怒り」と「抑うつ・不安」反応を表出することが少ないことが
わかる。

Table5-2-4　中学生コーピングのクラスター別のストレス反応得点（中国）

コーピング	CL1(積極的高)		CL2(全低)		CL3(回避的高)		F検定	
	M	SD	M	SD	M	SD	F値	多重比較
不機嫌・怒り	1.83	0.51	2.09	0.67	2.11	0.57	7.05	CL3≒CL2>CL1**
抑うつ・不安	2.19	0.63	2.22	0.67	2.42	0.71	3.39	CL3>CL1*
無力的認知・思考	2.33	0.59	2.34	0.65	2.48	0.72	1.54	n.s.
身体的反応	1.78	0.58	1.80	0.61	2.00	0.78	3.23	n.s.

$*p<.05$ $**p<.01$ $***p<.001$

3. ソーシャルサポートがストレス反応に与える影響

(1) ソーシャルサポートとストレス反応の重回帰分析

中学生の周りの人からのサポートがストレス反応に与える影響を調べるため、サポートを独立変数とし、ストレス反応を従属変数とする重回帰分析を行った(Table5-2-5)。父親サポートは「抑うつ・不安」（$\beta = -.26$ $p < .01$）と「無力的認知・思考」（$\beta = -.24$ $p < .05$）に負の関連を示した。そして、きょうだいサポートは「抑うつ・不安」（$\beta = .20$ $p < .05$）と「身体的反応」（$\beta = .17$ $p < .05$）に正の関連を示した。

このことから父親からのサポートはストレス反応を軽減することができ、父親サポートの重要性が示された。また、きょうだいからのサポートはストレス反応を増加させている。

Table5-2-5 中学生サポートとストレス反応の重回帰分析（中国）

	不機嫌、怒り	抑うつ・不安	無力的認知・思考	身体的反応
父親サポート	-.16	-.26 **	-.24 *	-.16
母親サポート	.02	.03	.14	.01
先生サポート	-.04	-.08	-.06	.05
友だちサポート	.01	.06	-.04	-.02
きょうだいサポート	-.02	.20 *	.05	.17 *
R^2	.03	.06	.05	.03

$*p < .05$　　$**p < .01$

(2) ソーシャルサポートの組み合わせによるストレス反応の得点

ソーシャルサポートの5つのサポート源による得点についてward法によるクラスター分析を行った。各クラスターの特徴を Figure5-2-3 に示す。

クラスター1(CL1)：全体的にサポートの得点が中程度である(135 人、44.7%)

クラスター2(CL2)：全体的にサポートの得点が低い(81 人、26.8%)

クラスター3(CL3)：全体的にサポートの得点が高い(86 人、28.5%)

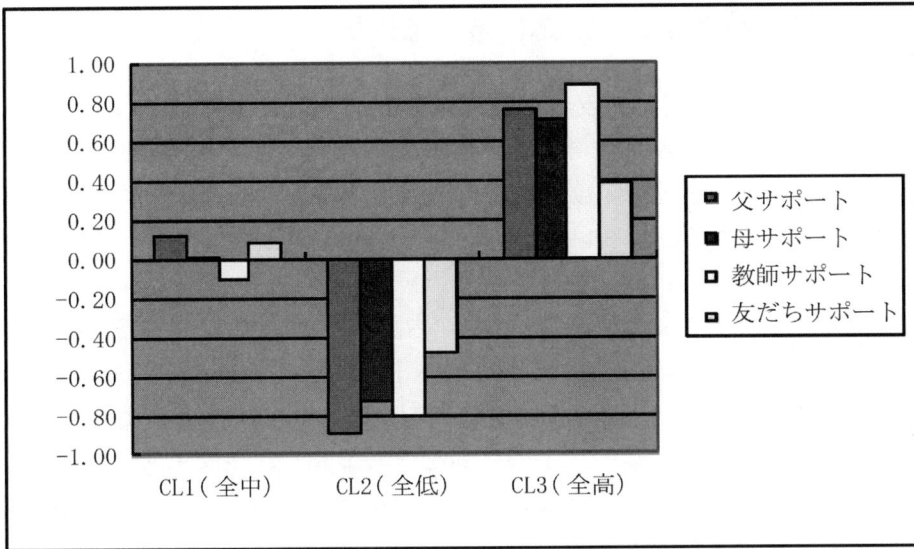

Figure5-2-3　中学生サポートのクラスター特徴（中国）

　ストレス反応の下位尺度得点を従属変数、サポートのクラスターを要因とする 1 要因分散分析を行った（Table5-2-6）。「不機嫌・怒り」と「無力的認知・思考」において有意差がみられ、CL2（全低）の得点は CL3（全高）より高かった。

　このことから全体的にサポートを受けることが多いタイプの生徒は「不機嫌・怒り」反応と「無力的認知・思考」反応を生じることが少ないことがわかる。

Table5-2-6　中学サポートのクラスター別のストレス反応得点（中国）

サポート	CL1(全中)		CL2(全低)		CL3(全高)		F検定	
	M	SD	M	SD	M	SD	F値	多重比較
不機嫌・怒り	1.99	0.51	2.14	0.70	1.91	0.60	3.14	CL2>CL3*
抑うつ・不安	2.29	0.65	2.36	0.67	2.15	0.70	2.03	n.s.
無力的認知・思考	2.39	0.62	2.55	0.71	2.23	0.64	4.55	CL2>CL3**
身体的反応	1.88	0.67	1.84	0.69	1.84	0.63	0.11	n.s.

$*p<.05$ $**p<.01$ $***p<.001$

4．満足感がストレス反応に与える影響

（1）満足感とストレス反応の重回帰分析

　満足感がストレス反応に与える影響を調べるため、満足感を独立変数とし、ストレス反応を従属変数とする重回帰分析を行った(Table5-2-7)。「学校満足感」はすべてのストレス反応に負の関連を示した。「自分満足感」は「抑うつ・不安」反応に負の関連を示した。

　このことから「学校満足感」がストレス反応へ大きく影響することがうかがわれる。「学校満足感」はすべてのストレス反応の表出を抑制し、「自分満足感」は「抑うつ・不安」反応の表出を抑制していることがわかる。学校の生活が中学生の生活の大半の時間を占めており、学校生活への満足感を高めることがストレス反応の軽減につながっていることが示された。

Table5-2-7　中学生満足感とストレス反応の重回帰分析（中国）

満足感	不機嫌、怒り	抑うつ・不安	無力的認知・思考	身体的反応
学校満足感	-.28***	-.31 ***	-.31 ***	-.29 ***
自分満足感	-.12	-.14 *	-.09	.01
R^2	.12	.15	.12	.08

$*p < .05$　　$**p < .01$　　$***p < .001$

（2）満足感の組み合わせによるストレス反応の得点

　満足感の 2 下位尺度得点について ward 法によるクラスター分析を行った(Figure5-2-4)。

　クラスター1(CL1)：全体的に満足感が高い（117 人、45.9%）

　クラスター2(CL2)：全体的に満足感が低い（138 人、54.1%）

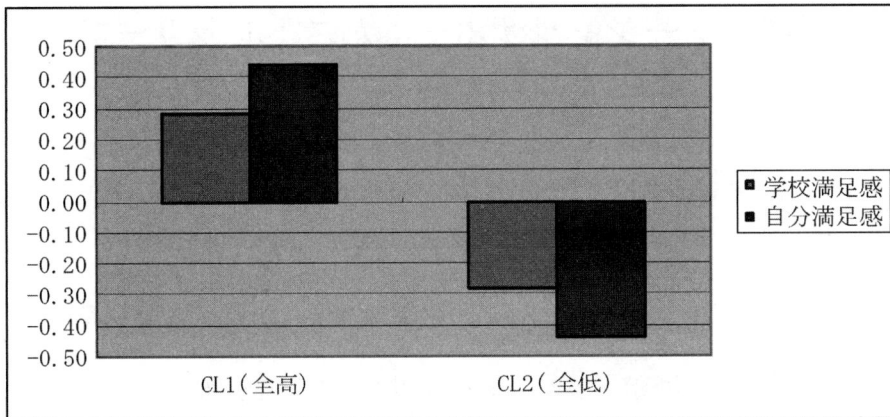

Figure5-2-4　中学生満足感のクラスター特徴（中国）

　満足感のクラスターを要因とし、ストレス反応の下位尺度得点を従属変数とする1要因分散分析を行った（Table5-2-8）。いずれのストレス反応においても満足感低群の得点が高かった。このことから自分と学校について満足感の高い生徒はストレス反応の表出が少ないことがわかる。田・刘・石（2007）では中学生の心理的ストレスと生活満足感の関係について研究が行われ、心理的ストレスと一般生活満足感は負の相関であることが示されており、本研究の結果と一致している。

Table5-2-8　中学生満足感クラスター別のストレス反応得点（中国）

満足感	CL1(全高)		CL2(全低)		t 検定	
	M	SD	M	SD	t 値	
不機嫌・怒り	1.85	0.58	2.09	0.63	-2.94	CL2>CL1**
抑うつ・不安	2.07	0.60	2.33	0.67	-3.11	CL2>CL1**
無力的認知・思考	2.18	0.67	2.47	0.63	-3.34	CL2>CL1**
身体的反応	1.73	0.59	1.90	0.68	-2.06	CL2>CL1*
					*p<.05 **p<.01 ***p<.001	

第3節　ソーシャルサポートがストレッサー評価とコーピングに与える影響

　ストレスの軽減要因としてのソーシャルサポートがストレッサー評価とコーピングに与える影響について検討する。

1.　ソーシャルサポートがストレッサー評価に与える影響

（1）ソーシャルサポートとストレッサーの重回帰分析

　サポートがストレッサー評価に与える影響を調べるために、ストレッサーを従属変数、周りからのサポートを独立変数とする重回帰分析を行った（Table5-3-1）。父親サポートは「身体」と「親」ストレッサーに高い負の関連を示した。先生からのサポートは「教師」と「学業」ストレッサーに負の関連を示した。友だちときょうだいからのサポートは「親」ストレッサーに正の関連を示した。

　父親と先生からのサポートはストレッサーを少なく感じさせているが、友だちときょうだいからのサポートは「親」ストレッサーを増加させている。サポートがかならずストレッサー評価の軽減になるとは限らないことがわかる。

Table5-3-1　中学生サポートとストレッサーの重回帰分析（中国）

ストレッサー	教師	学業	身体	親	友人
父親サポート	-.15	-.12	-.26 **	-.44 ***	-.12
母親サポート	.10	-.07	.11	-.12	.03
先生サポート	-.24 **	-.17 *	-.10	.10	-.07
友だちサポート	.07	-.01	.09	.18 **	-.14
きょうだいサポート	.07	.06	.08	.21 **	.13
R^2	.07	.07	.06	.17	.04

$*p<.05$　　$**p<.01$　　$***p<.001$

（2）サポートの組み合わせによるストレッサー得点の差異

　サポートのクラスターを要因とし、ストレッサーを従属変数とする1要

因分散分析を行った（Table5-3-2）。すべてのストレッサーにおいて有意差がみられ、いずれもCL2（全低）の得点がCL3（全高）より高かった。

　このことからサポートを受けている程度はストレッサーの評価に影響していることが確認された。サポートを全体的に多く受けている生徒は出来事をストレッサーとして評価しない傾向があるといえる。

Table5-3-2　中学生サポートのクラスター別のストレッサー得点（中国）

サポート	CL1(全中)		CL2(全低)		CL3(全高)		F検定	
	M	SD	M	SD	M	SD	F値	多重比較
教師ストレッサー	1.19	1.32	1.61	1.88	0.78	0.92	5.85	CL2>CL3**
学業ストレッサー	2.37	1.65	3.22	1.92	2.09	1.54	9.02	CL2>CL1≒CL3***
身体ストレッサー	1.02	1.38	1.31	1.56	0.77	1.24	2.88	CL2>CL3*
親ストレッサー	1.53	1.59	2.00	1.92	1.20	1.47	4.45	CL2>CL3**
友人ストレッサー	1.10	1.02	1.43	1.46	0.99	1.00	3.05	CL2>CL3*
								*p<.05　　**p<.01　　***p<.001

2.　ソーシャルサポートがコーピングに与える影響

(1)　ソーシャルサポートとコーピングの重回帰分析

　中学生の日頃受けているサポートがコーピングにどのような影響を与えるかについて調べるため、サポートとコーピングの重回帰分析を行った（Table5-3-3）。父親（β=.19　p<.05）、母親（β=.21　p<.01）、教師（β=.17　p<.01）からのサポートは「積極的対処」に正の関連を示した。周りのサポートから「回避的対処」への関連はみられなかった。

　このことから両親と先生からのサポートはストレスに積極的に対処するように作用していることがわかる。

Table5-3-3　中学生サポートとコーピングの重回帰分析（中国）

	積極的対処	回避的対処
父親サポート	.19 *	−.08
母親サポート	.21 **	.06
先生サポート	.17 **	.00

	積極的対処	回避的対処
友だちサポート	.09	-.02
きょうだいサポート	.04	.05
R^2	.28	.01

*$p<.05$ **$p<.01$ ***$p<.001$

（2）ソーシャルサポートの組み合わせによるコーピングの差異

コーピングを従属変数とし、サポートのクラスターを要因とする1要因分散分析を行った（Table5-3-4）。「積極的対処」において有意差がみられ、サポート高群は中群より、中群は低群より得点が高かった。

このことから日常生活でサポートを受けることが多い生徒は「積極的対処」を行うことが多いことが確認できた。

Table5-3-4　中学生サポートのクラスター別のコーピング得点（中国）

サポート	CL1(全中)		CL2(全低)		CL3(全高)		F検定	
	M	SD	M	SD	M	SD	F値	多重比較
積極的対処	2.93	0.53	2.56	0.54	3.26	0.55	34.65	CL3>CL1>CL2***
回避的対処	2.13	0.61	2.17	0.58	2.10	0.65	0.23	n.s.

*$p<.05$ **$p<.01$ ***$p<.001$

第4節　満足感がストレッサー評価と コーピングに与える影響

軽減要因としての満足感がストレッサー評価とコーピングの実行に与える影響を検討する。

1．満足感がストレッサー評価に与える影響

（1）満足感とストレッサーの重回帰分析

満足感を独立変数とし、ストレッサーを従属変数とする重回帰分析を行

った（Table5-4-1）。「学校満足感」はすべてのストレッサーに高い負の関連を示した。「自分満足感」は「学業」「親」「友人」ストレッサーに負の関連を示した。

　以上のことから生徒の満足感を高めることはストレッサーを少なく感じさせていることがわかる。特に学校への満足感はストレッサー評価と強く関連しているといえる。本研究の調査対象者の大部分の学生が寮生活をしており、ほとんどの時間を学校で過ごしていることが、学校満足感の影響が強くみられた要因と考えられる。

Table5-4-1　中学生ストレッサーと満足感の重回帰分析（中国）

	教師	学業	身体	親	友人
学校満足感	-.43 ***	-.30 ***	-.32 ***	-.27 ***	-.28 ***
自分満足感	-.05	-.13 *	.00	-.14 *	-.13 *
R^2	.20	.13	.11	.12	.12

*p<.05　**p<.01　***p<.001

(2)満足感の組み合わせによるストレッサー得点の差異

　満足感の2つのクラスターにおけるストレッサーの得点について t 検定を行った（Table5-4-2）。「教師」「学業」「身体」「親」ストレッサーにおいて満足感低群の得点が高群より高かった。満足感高低群における「友人」ストレッサーの差異はみられなかった。

　このことから満足感高群は低群より「教師」「学業」「身体」「親」ストレッサーを弱く感じていることがわかる。

Table5-4-2　中学生満足感クラスター別のストレッサー得点（中国）

満足感	CL1(全高)		CL2(全低)		t 検定	
	M	SD	M	SD	t 値	
教師ストレッサー	0.88	1.10	1.29	1.51	-2.28	CL2>CL1*
学業ストレッサー	2.01	1.55	2.65	1.77	-2.85	CL2>CL1**
身体ストレッサー	0.70	1.17	1.08	1.45	-2.20	CL2>CL1*
親ストレッサー	0.98	1.04	1.81	1.85	-4.24	CL2>CL1***
友人ストレッサー	0.99	1.17	1.27	1.16	-1.83	n.s.

*p<.05 **p<.01 ***p<.001

2．満足感がコーピングに与える影響

（1）満足感とコーピングの重回帰分析

満足感がコーピングに与える影響を調べるため、満足感を独立変数とし、コーピングを従属変数とする重回帰分析を行った（Table5-4-3）。学校と自分への満足感は「積極的対処」に正の関連を示した。このことから学校と自分に満足しているほど「積極的対処」を頻繁に行っていることがわかる。

Table5-4-3　中学生満足感とコーピングの重回帰分析（中国）

	積極的対処	回避的対処
学校満足感	.18 **	−.05
自分満足感	.22 **	.10
R^2	.11	.01

**$p<.01$

（2）満足感の組み合わせによるコーピング得点の差異

満足感のクラスターを要因とするコーピングの 1 要因分散分析を行った（Table5-4-4）。「積極的対処」において満足感高群の得点が高かった。このことから満足感高群が「積極的対処」を多く行っていることがわかる。

Table5-4-4　中学生満足感クラスター別のコーピング得点（中国）

満足感	CL1(全高)		CL2(全低)		t 検定	
	M	SD	M	SD	t 値	
積極的対処	3.05	0.60	2.81	0.58	3.29	CL1>CL2**
回避的対処	2.16	0.67	2.10	0.55	0.83	n.s.

*$p<.05$ **$p<.01$ ***$p<.001$

第5節　ストレスの諸変数におけるクラスター
パターンの人数分布の特徴

まず、ストレスの諸変数のパターンの人数分布を調べる。

1. ストレス反応のクラスター分析

ストレス反応尺度の下位尺度得点について ward 法によるクラスター分析を行った（Figure5-5-1）。クラスターは 3 と判断された。その特徴は以下のようである。

クラスター1(CL1)：全体的にストレス反応の得点が低い（166 人、54.6%）。

クラスター2(CL2)：全体的にストレス反応の得点が中程度（112 人、36.8%）。

クラスター3(CL3)：全体的にストレス反応の得点が高い（26 人、8.6%）。

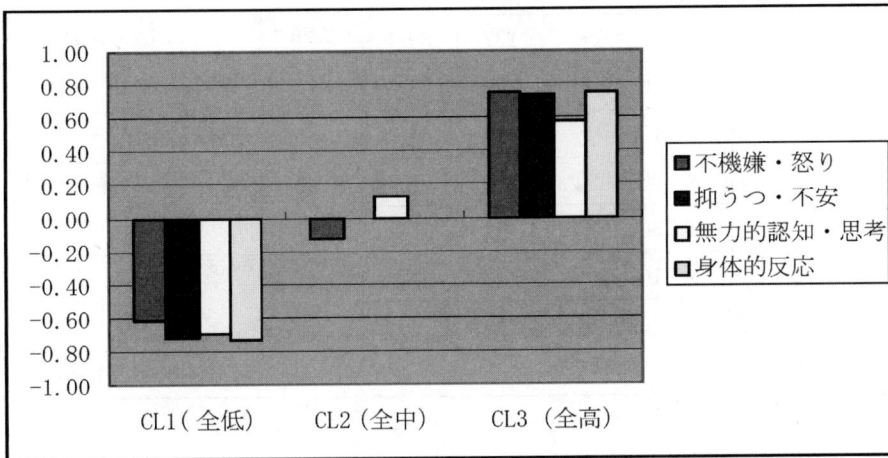

Figure5-5-1　中学生ストレス反応クラスターの特徴（中国）

2. ストレスの諸変数のクラスターによる人数分布の特徴

ストレスに関する 5 つの変数についてクラスター分析で得られたパターンの人数分布を調べる（Table5-5-1）。ストレッサーにおいて、全体的にス

トレッサーを低く感じる低群の割合（53.6%）が有意に多かった。ストレス反応でも低群の割合（54.6%）が有意に多かった。コーピングでは全般的に対処行動を行うことが少ないタイプ（39.4%）が有意に多かった。サポートにおいては周りの人からサポートを中程度で受けている割合（44.7%）が有意に多かった。満足感の高低群には人数分布の有意差がみられなかった。

Table5-5-1　中学生ストレス諸変数のクラスター人数（中国）

	クラスター	度数	%	χ^2	多重比較
ストレッサー	CL1(全低)	140	53.6	81.08	CL1>CL2>CL3***
	CL2(全中)	92	35.2		
	CL3(全高)	29	11.2		
ストレス反応	CL1(全低)	166	54.6	82.58	CL1>CL2>CL3***
	CL2(全中)	112	36.8		
	CL2(全高)	26	8.6		
コーピング	CL1(積高)	115	33.0	7.26	CL2>CL3*
	CL2(全低)	137	39.4		
	CL3(消高)	96	27.6		
サポート	CL1(全中)	135	44.7	17.69	CL1>CL2≒CL3**
	CL2(全低)	81	26.8		
	CL3(高群)	86	28.5		
満足感	CL1(全高)	117	45.9	1.73	n.s.
	CL2(全低)	138	54.1		

*p<.05　**p<.01　***p<.001

第6節　ストレスモデルの構成

本研究でのストレスの仮説モデルにしたがって、中国の中学生におけるモデルの適合性を検討する。

まず、ストレスの5つの変数における各項目の合計得点を算出することができるかを検証するためにα係数を確認した結果、ストレッサー（α=.82，19項目）、ストレス反応（α=.85，18項目）、コーピング（α=.63，9項目）、ソーシャルサポート（α=.76，20項目）、満足感（α=.80，10項目）において内的整合性がみられた。諸変数における各項目の合計得点を観測変数として、Spss15.0のAmos7.0による共分散構造分析を行った。その結果、Figure5-6-1のようなモデルが得られ、適合度も確認された（CFI=1.000，RMSEA=.000）。ストレッサーからストレス反応へのパス係数は.50であり、先行研究（三浦，2002；尾関・原口・津田，1994）と同様に両者の因果関係が確認された。また、ストレッサーはコーピングに正の関連（パス係数.25）を示した。コーピングからストレス反応への直接効果はみられなかった。刘（2005）の研究で示された中学生のストレスモデルでもコーピングからストレス反応への直接因果関係はみられていない。サポートはコーピングに正の関連（パス係数.29）を示し、サポートを多く受けている生徒はコーピングも頻繁に行っていることがわかる。

　サポートと満足感の間には高い正の相関（.50）がみられた。満足感はストレッサー評価とストレス反応にそれぞれ負の関連（パス係数−.46　と−.13）を示し、満足感を高めることの必要性が示された。満足感はコーピングに正の関連（パス係数.22）を示し、満足感が高いとコーピングの実行も多くなることがわかる。

　このことからストレッサーの経験は直接ストレス反応を生じさせるか、コーピングの実行を促していることがわかる。コーピングからストレス反応への影響はみられておらず、コーピングの実行中に問題が解決でき、ストレス反応の表出まで至ってないことがうかがわれる。そしてサポートのストレス軽減効果は、直接軽減効果より満足感を通しての間接効果が大きいことが示された。

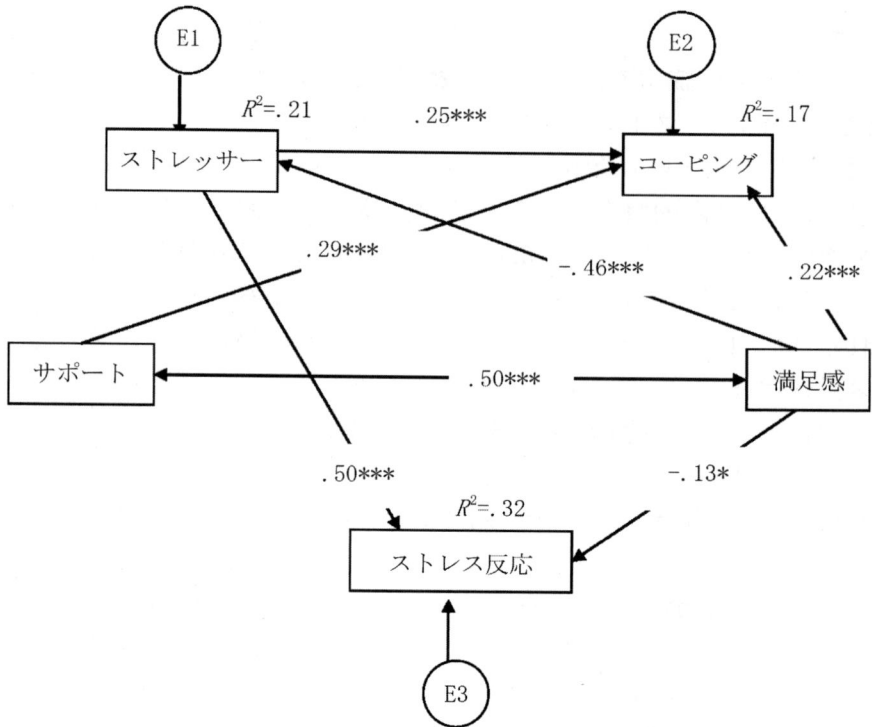

Figure5-6-1 中学生ストレスモデル（中国）

$\chi^2(3)=1.455$　$p=.693$　CFI=1.000　RMSEA=.000　$*p<.05$　$***p<.001$

第7節　本章のまとめ

　本章においては、第1節でストレッサー、ストレス反応、コーピング、ソーシャルサポートと満足感の下位尺度における性差、学年差および平均値について明らかにした。①ストレッサーにおいて性差がみられない。2年生が3年生より「親」ストレッサーを感じることが多い。そして、「学業」ストレッサーを「教師」「身体」「親」「友人」ストレッサーより強く感じている。②ストレス反応では、性差と学年差がみられなかった。そして、「無力的認知・思考」を「不機嫌・怒り」「抑うつ・不安」「身体的反応」より頻繁に表出している。③コーピングでは男子が女子より「回避的対処」を行うことが多い。そして、「積極的対処」を「回避的対処」より行うことが多い。④

中小学生心理压力的中日比较研究——基于比较文化心理学的视角

母親と先生からのサポートは男子が受けることが多く、友だちからのサポートは女子が受けることが多い。父親、先生ときょうだいからのサポートは上級生より1年生の方が受けることが多い。そして、母親と友人からのサポートを父親、先生、きょうだいからのサポートより受けることが多い。⑤「学校満足感」は3年生の得点が低い。そして、「自分満足感」が「学校満足感」より得点が高い。

第2節では、ストレッサー、コーピング、ソーシャルサポートと満足感がストレス反応の表出に及ぼす影響について明らかにした。①「学業」と「身体」ストレッサーからストレス反応への影響がもっとも大きい。また、ストレッサーの低群がストレス反応を表出することがもっとも少ない。②「積極的対処」は「不機嫌・怒り」反応と「無力的認知・思考」に負の関連を示した。「回避的対処」はすべてのストレス反応に正の関連を示している。また、「積極的対処」を頻繁に行うタイプの生徒は「不機嫌・怒り」と「抑うつ・不安」反応を表出することが少ない。③父親サポートは「抑うつ・不安」と「無力的認知・思考」に負の関連を示した。きょうだいサポートは「抑うつ・不安」と「身体的反応」に正の関連を示した。また、サポート低群は高群より「不機嫌・怒り」と「無力的認知・思考」を表出することが多い。④「学校満足感」はストレス反応に負の関連を示した。「自分満足感」は「抑うつ・不安」に負の関連を示した。満足感高群は低群より各ストレス反応を表出することが少ない。

第3節では、ソーシャルサポートがストレッサー評価とコーピングに及ぼす影響について検討し、以下の結果が得られた。①父親サポートは「身体」と「親」ストレッサーに、先生サポートは「教師」と「学業」ストレッサーに負の関連を示した。友だちときょうだいからのサポートは「親」ストレッサーに正の関連を示した。サポート低群は高群より各ストレッサーを強く感じている。②父親、母親と先生からのサポートは「積極的対処」に正の関連を示した。また、サポート高群は「積極的対処」を行うことが多い。

第4節では、満足感がストレッサー評価とコーピングに及ぼす影響について検討した。その結果は以下のとおりである。①「学校満足感」はすべてのストレッサーに負の関連を示した。「自分満足感」は「学業」「親」と「友人」ストレッサーに負の関連を示した。満足感低群は高群より教師、学業、身体と親からのストレッサーを感じることが多い。②学校と自分への満足感

は「積極的対処」に正の関連を示した。また、満足感の高群は低群より「積極的対処」を行うことが多い。

第5節では、ストレスの諸変数のパターンによる人数分布の特徴について検討した。その結果は以下のとおりである。①ストレッサー低群の割合（53.6%）がもっとも大きい。②ストレス反応で低群の割合（54.6%）が有意に大きい。③コーピングを全体的に行うことが少ないタイプ（39.4%）の割合が多い。④サポートを中程度で受けていると認知している生徒（44.7%）が多い。⑤満足感の高低群の人数が同じぐらいである。

第6節のモデル分析では、ストレッサーがストレス反応の表出とコーピングの実行に直接関連しているが、コーピングからストレス反応への影響はみられなかった。そしてサポートがストレスへの直接軽減効果より満足感を通しての間接効果が大きいことが示された。

以上の結果から中国の中学生のストレス状況が明らかになり、ストレスを軽減するための方途についての示唆が得られた。

第6章　中国の小学生と中学生における
ストレスの発達的変化

　小中学生向けの質問紙から同じ項目を取りだし、小学校から中学校にかけてのストレスの発達的変化を検討する。

1.　出来事の経験頻度について

　出来事 11 項目について性と小中学校による 2 要因分散分析を行った（Table6-1）。「16. 友だちに、なかまはずれにされた」において女子より男子の得点が高く、「22. 二次性徴の出現で悩んだ」ことについては男子より女子の方の得点が高かった。

　9 つの出来事について学校差がみられた。「1. 親から勉強しなさいとうるさく言われた」「4. テストの点数が悪かった」「22. 二次性徴の出現で悩んだ」ことにおいては中学生の方が頻繁に経験している。学業と二次性徴に関する出来事を中学生の方が頻繁に経験していることがうかがわれる。残り 6 つの出来事は小学生の方が頻繁に経験している。それは主に友人関係と身体的特徴に関することである。「6. 自分の体重が気になった」において交互作用がみられ、男子は中学校で経験頻度が少なかったが、女子はその経験頻度に変わりがなかった。「22. 二次性徴の出現で悩んだ」ことでも交互作用がみられ、男女とも小学生より中学生の方が頻繁に経験しているが、女子の変化が男子よりも大きかった。

2.　出来事の嫌悪性について

　経験した出来事の嫌悪性について性と学校段階による 2 要因分散分析を行った（Table6-2）。「4. テストの点数が悪かった」ことと「22. 二次性徴の出現で悩んだ」ことについて男子より女子の方が嫌であると評価している。「16. 友だちに、なかまはずれにされた」ことは女子より男子の方の嫌悪性が高かった。

Table6-1　小中学校における出来事の経験頻度(中国)

項目			小学校	中学校	性差	学校差	交互作用
1. 親から勉強しなさいとうるさく言われた	男子	M	1.77	2.07	n.s.	中>小***	n.s.
		SD	0.96	0.95			
	女子	M	1.52	2.16			
		SD	1.01	0.90			
4. テストの点数が悪かった	男子	M	1.30	1.56	n.s.	中>小**	n.s.
		SD	0.82	0.79			
	女子	M	1.30	1.38			
		SD	0.79	0.80			
5. だれかに、いじめられた	男子	M	0.92	0.69	n.s.	小>中*	n.s.
		SD	0.95	0.69			
	女子	M	0.86	0.78			
		SD	0.97	0.75			
6. 自分の体重が気になった	男子	M	0.85	0.49	n.s.	小>中*	*
		SD	1.12	0.83			
	女子	M	0.70	0.70			
		SD	1.00	0.89			
13. 自分の身長が気になった	男子	M	1.02	0.93	n.s.	n.s.	n.s.
		SD	1.18	1.04			
	女子	M	1.05	0.94			
		SD	1.19	0.98			
15. 友だちに、いやなあだ名や悪口を言われた	男子	M	1.66	1.04	n.s.	小>中***	n.s.
		SD	1.10	0.80			
	女子	M	1.62	0.94			
		SD	1.00	0.74			
16. 友だちに、なかまはずれにされた	男子	M	0.88	0.64	男>女**	小>中***	n.s.
		SD	0.99	0.79			
	女子	M	0.66	0.43			
		SD	0.92	0.62			

項目			小学校	中学校	性差	学校差	交互作用
18. 自分の顔が気にいらない	男子	M	0.42	0.34	n.s.	小>中*	n.s.
		SD	0.86	0.66			
	女子	M	0.55	0.37			
		SD	0.93	0.66			
19. 親が自分のきもちを分かってくれなかった	男子	M	1.34	1.03	n.s.	小>中***	n.s.
		SD	1.10	0.85			
	女子	M	1.38	1.16			
		SD	1.13	0.81			
21. 先生がえこひいきをした	男子	M	0.96	0.79	n.s.	n.s.	n.s.
		SD	1.15	0.78			
	女子	M	0.74	0.79			
		SD	1.02	0.88			
22. 二次性徴の出現で悩んだ	男子	M	0.13	0.38	女>男***	中>小***	**
		SD	0.48	0.58			
	女子	M	0.16	0.67			
		SD	0.53	0.80			

*p<.05 **p<.01 ***p<.001

　7 つの出来事について学校差がみられ、「4. テストの点数が悪かった」「22. 二次性徴の出現で悩んだ」ことについて小学生より中学生の方の嫌悪性が高く、残り 5 つの出来事（項目 1、5、15、16、18）については中学生より小学生の方の得点が高かった。それは主に友人に関する出来事である。これらのことから小学生は中学生より多くの出来事を経験し、その嫌悪性も高いことがわかる。「6. 自分の体重が気になった」においては交互作用がみられ、男子は中学校で嫌悪性が低くなったが、女子は中学校で嫌悪性が高くなっている。

Table6-2　小中学校における出来事の嫌悪性（中国）

項目			小学校	中学校	性差	学校差	交互作用
1. 親から勉強しなさいとうるさく言われた	男子	M	1.16	0.84	n.s.	小>中***	n.s.
		SD	0.99	0.90			
	女子	M	1.06	0.70			
		SD	0.97	0.84			
4. テストの点数が悪かった	男子	M	1.36	1.77	女>男*	中>小***	n.s.
		SD	1.15	1.07			
	女子	M	1.58	1.91			
		SD	1.12	1.04			
5. だれかに、いじめられた	男子	M	1.51	1.13	n.s.	小>中***	n.s.
		SD	1.30	1.11			
	女子	M	1.43	1.15			
		SD	1.25	1.07			
6. 自分の体重が気になった	男子	M	0.71	0.52	n.s.	n.s.	*
		SD	1.06	0.93			
	女子	M	0.66	0.79			
		SD	0.97	1.09			
13. 自分の身長が気になった	男子	M	0.79	0.88	n.s.	n.s.	n.s.
		SD	1.09	1.08			
	女子	M	0.79	0.86			
		SD	1.07	1.04			
15. 友だちに、いやなあだ名や悪口を言われた	男子	M	1.82	1.32	n.s.	小>中***	n.s.
		SD	1.24	1.11			
	女子	M	1.74	1.23			
		SD	1.20	1.15			
16. 友だちに、なかまはずれにされた	男子	M	1.33	0.85	男>女*	小>中***	n.s.
		SD	1.25	1.06			
	女子	M	1.18	0.63			
		SD	1.26	0.98			

項目			小学校	中学校	性差	学校差	交互作用
18. 自分の顔が気にいらない	男子	M	0.44	0.38	n.s.	小>中*	n.s.
		SD	0.90	0.76			
	女子	M	0.63	0.42			
		SD	1.04	0.83			
19. 親が自分のきもちを分かってくれなかった	男子	M	1.31	1.19	n.s.	n.s.	n.s.
		SD	1.20	1.10			
	女子	M	1.23	1.28			
		SD	1.18	1.03			
21. 先生がえこひいきをした	男子	M	1.05	0.96	n.s.	n.s.	n.s.
		SD	1.28	1.06			
	女子	M	0.90	0.86			
		SD	1.19	1.03			
22. 二次性徴の出現で悩んだ	男子	M	0.47	0.38	女>男**	中>小**	n.s.
		SD	1.00	0.76			
	女子	M	0.39	0.90			
		SD	0.86	1.10			

*$p<.05$ **$p<.01$ ***$p<.001$

3. ストレス反応について

7つのストレス反応について性差と学校差を確認した(Table6-3)。「16.なにもやる気がしない」において性差がみられ、男子の方が表出することが多い。また、5つの出来事において学校差がみられ、いずれも中学生の方の得点が高かった。それは「身体的反応」「抑うつ・不安」と「無気力」に関する反応である。このことから中学生が小学生よりストレス反応を頻繁に表出していることがわかる。

Table6-3　小中学校におけるストレス反応の発達的変化（中国）

項目			小学校	中学校	性差	学校差	交互作用
1. 頭がくらくらする	男子	M	1.70	1.91	n.s.	中>小*	n.s.
		SD	0.87	0.97			
	女子	M	1.71	1.83			
		SD	0.83	0.84			
2. かなしい	男子	M	2.02	2.23	n.s.	中>小**	n.s.
		SD	0.98	0.91			
	女子	M	2.06	2.31			
		SD	0.99	0.94			
4. いらいらする	男子	M	2.41	2.34	n.s.	n.s.	n.s.
		SD	1.07	0.74			
	女子	M	2.40	2.50			
		SD	1.07	0.72			
5. さびしい	男子	M	1.93	2.09	n.s.	n.s.	n.s.
		SD	1.08	1.04			
	女子	M	1.96	2.10			
		SD	1.05	1.03			
9. ずつうがある	男子	M	1.60	1.85	n.s.	中>小***	n.s.
		SD	0.91	0.93			
	女子	M	1.63	1.86			
		SD	0.89	0.92			
11. なんとなく、しんぱいである	男子	M	1.74	2.59	n.s.	中>小***	n.s.
		SD	0.91	0.91			
	女子	M	1.74	2.71			
		SD	1.00	0.90			
16. なにもやる気がしない	男子	M	1.82	2.12	男>女**	中>小***	n.s.
		SD	1.07	1.06			
	女子	M	1.56	1.97			
		SD	0.90	0.99			

*$p<.05$　　**$p<.01$　　***$p<.001$

4. コーピングについて

　コーピング3項目について性差と学校差を確認したところ（Table6-4）、性差はみられなかった。「6. そのことをあまり考えないようにする」というコーピングは小学生が多く行い、「10. だれかにたのんで解決してもらう」というコーピングは中学生が多く行っている。

　このことから小学生は中学生よりも回避的対処を行うことが多いが、中学生は小学生よりも問題解決ができるようにサポートを求めるコーピングを行うことが多いことがわかる。

Table6-4　小中学校におけるコーピングの発達的変化（中国）

項目			小学校	中学校	性差	学校差	交互作用
4. その原因がなにかをみつける	男子	M	2.67	2.73	n.s.	n.s.	n.s.
		SD	1.08	0.90			
	女子	M	2.74	2.75			
		SD	1.01	0.92			
6. そのことをあまり考えないようにする	男子	M	2.46	2.06	n.s.	小>中***	n.s.
		SD	1.16	0.96			
	女子	M	2.58	1.88			
		SD	1.14	1.02			
10. だれかにたのんで解決してもらう	男子	M	1.86	2.49	n.s.	中>小***	n.s.
		SD	0.99	0.88			
	女子	M	1.83	2.32			
		SD	0.97	0.83			

*$p<.05$ **$p<.01$ ***$p<.001$

5. サポートについて

　父親、母親、先生、友だち、きょうだいからのサポートの性差と学校差について2要因分散分析を行った（Table6-5）。友だちからのサポートは男子より女子の方が多く受けていた。教師、友だち、きょうだいでは学校差

がみられ、中学生がサポートを多く受けていると認知している。父親と母親からのサポートは小中学校で変化がみられなかった。

Table6-5　小中学校におけるサポートの発達的変化(中国)

サポート源			小学校	中学校	性差	学校差	交互作用
父親	男子	M	2.67	2.80	n.s.	n.s.	n.s.
		SD	0.96	0.81			
	女子	M	2.67	2.63			
		SD	0.96	0.84			
母親	男子	M	2.94	3.12	n.s.	n.s.	*
		SD	0.95	0.78			
	女子	M	3.03	2.91			
		SD	0.93	0.87			
先生	男子	M	2.49	2.82	n.s.	中>小**	n.s.
		SD	0.97	0.84			
	女子	M	2.46	2.60			
		SD	0.96	0.84			
友だち	男子	M	2.78	2.89	女>男***	中>小*	n.s.
		SD	0.99	0.85			
	女子	M	3.00	3.15			
		SD	0.94	0.77			
きょうだい	男子	M	2.45	2.89	n.s.	中>小***	n.s.
		SD	1.08	0.90			
	女子	M	2.46	2.70			
		SD	1.11	0.94			

*$p<.05$ **$p<.01$ ***$p<.001$

　本研究の対象者はほとんどの生徒が寮生活をしており、教師、友だちと接する時間が多いことからサポートを多く受けていることが考えられる。また、小学校できょうだいのいる者は28.0%しかいなかったが、中学生ではきょうだいのいる者が68.9%であることから、きょうだいサポートが中

学生において多くみられたと思われる。母親サポートには交互作用がみられ、男子は中学校で母親サポートを受けることが多く、女子は小学校で母親サポートを受けることが多い。

6. 満足感について

満足感 7 項目について性と学校を要因とする 2 要因分散分析を行った（Table6-6）。「6. 友だちとの付き合い」については男子より女子の方が満足している。満足感の 7 項目すべてにおいて学校差がみられた。「2. 学校の規則」については中学生の方が満足し、残り 6 つの項目においては小学生の方が満足している。

このことから中学生になると満足感が低くなることがうかがわれる。

Table6-6　小中学校における満足感の発達的変化（中国）

項目			小学校	中学校	性差	学校差	交互作用
1.自分の成績	男子	M	2.14	1.62	n.s.	小>中***	n.s.
		SD	0.57	0.56			
	女子	M	2.18	1.58			
		SD	0.57	0.54			
2. 学校の規則	男子	M	2.35	2.49	n.s.	中>小**	n.s.
		SD	0.67	0.55			
	女子	M	2.37	2.51			
		SD	0.63	0.58			
3. 部活動	男子	M	2.53	2.09	n.s.	小>中***	n.s.
		SD	0.65	0.67			
	女子	M	2.46	2.05			
		SD	0.63	0.66			
4. 心の相談	男子	M	2.52	2.25	n.s.	小>中***	n.s.
		SD	0.61	0.69			
	女子	M	2.53	2.18			
		SD	0.57	0.63			

項目			小学校	中学校	性差	学校差	交互作用
5. 今の自分の生活	男子	M	2.63	2.58	n.s.	小>中*	n.s.
		SD	0.55	0.52			
	女子	M	2.69	2.55			
		SD	0.54	0.52			
6. 友だちとの付き合い	男子	M	2.50	2.28	女>男*	小>中***	n.s.
		SD	0.62	0.58			
	女子	M	2.63	2.32			
		SD	0.53	0.55			
7. じゅぎょうの内容のやり方、進み方	男子	M	2.36	2.15	n.s.	小>中***	n.s.
		SD	0.60	0.52			
	女子	M	2.43	2.15			
		SD	0.58	0.51			
					*p<.05	**p<.01	***p<.001

第Ⅲ部
日本の小中学生のストレスについて

第7章　日本の小学生のストレスについて

第1節　ストレスの諸変数における下位尺度の性差、学年差および平均値の比較

　ストレッサー、ストレス反応、コーピング、ソーシャルサポートと満足感の5つの変数についての性差と学年差を明らかにし、各下位尺度の得点について比較を行う。

1.　ストレッサー

（1）性差と学年差

　ストレッサー因子分析で得られた4因子の下位尺度得点について、性別と学年による2要因分散分析を行った(Table7-1-1)。「学業」ストレッサーは男子より女子の方が感じることが多い。「友人」ストレッサーは上級生より4年生の方が感じることが多い。「学業」と「教師」ストレッサーは5年生より4年生と6年生の方が感じることが多い。

　小学生の女子が男子より「学業」ストレッサーを感じることが多いという結果は多くの先行研究(嶋田，1998；古守・大井，2008など)でも得られている。5年生のストレッサーの得点がもっとも低く、5年生は学校生活が一番安定している学年であることがわかる。

Table7-1-1　小学生ストレッサーの学年と性別による2要因分散分析（日本）

ストレッサー		4年生		5年生		6年生		性差	学年差	交互作用
		M	SD	M	SD	M	SD			
友人	男	2.42	2.42	1.48	1.55	1.44	2.19	n.s.	4>5≒6***	n.s.
	女	2.84	2.19	1.62	1.86	1.80	1.95			

ストレッサー		4年生		5年生		6年生				
		M	SD	M	SD	M	SD	性差	学年差	交互作用
学業	男	2.71	2.66	1.53	1.50	1.67	1.54	女>男**	4≒6>5**	n.s.
	女	3.02	2.28	2.48	1.76	3.54	2.04			
教師	男	1.22	2.08	0.61	1.35	0.86	1.51	n.s.	4≒6>5**	n.s.
	女	0.73	1.53	0.46	1.13	1.23	1.86			
親	男	1.97	2.11	2.11	2.07	2.42	2.43	n.s.	n.s.	n.s.
	女	1.86	1.63	1.80	1.72	2.05	1.74			

*p<.05 **p<.01 ***p<.001

（2）平均値の比較

いくつかのストレッサーのなかでどのようなストレッサーを強く感じているのかを調べるため、4つのストレッサーの下位尺度得点について1要因分散分析を行った（Table7-1-2）。その結果、「学業」ストレッサーの得点がもっとも高く、次いで「友人」と「親」ストレッサーで、得点が低かったのは「教師」ストレッサーである。これから小学校高学年の児童が4つのストレッサーのなかで、「学業」ストレッサーをもっとも強く感じていることがわかる。

Table7-1-2　小学生ストレッサー下位尺度の1要因分散分析（日本）

ストレッサー	友人	学業	教師	親	F値
平均値	1.97	2.47	0.87	1.97	90.85
SD	2.13	2.14	1.67	1.96	

学業>友人≒親>教師***

***p<.001

2．ストレス反応

（1）性差と学年差

ストレス反応の4下位尺度について、性別と学年による2要因分散分析を行った（Table7-1-3）。「無気力」「身体的反応」「抑うつ・不安」において性

差がみられ、男子より女子の方がストレス反応を表出することが多い。「無気力」「不機嫌・怒り」反応は上級生より4年生の方が表出することが多く、「身体的反応」は6年生が表出することがもっとも多い。

　嶋田（1998）では「身体的反応」と「抑うつ・不安感情」において女子の方の得点が高く、本研究の結果と類似している。嶋田（1998）では「抑うつ・不安感情」を4年生が上級生より生じることが多いという結果を得ており、4年生のストレス反応も無視できないと思われる。5年生のストレス反応がもっとも少なかった。

Table7-1-3　小学生ストレス反応の学年と性別による2要因分散分析（日本）

ストレス反応		4年生		5年生		6年生		性差	学年差	交互作用
		M	SD	M	SD	M	SD			
無気力	男	2.23	0.96	1.76	0.74	1.87	0.97	女>男*	4>5≒6***	n.s.
	女	2.31	0.95	1.98	0.97	2.20	0.97			
身体的反応	男	1.43	0.66	1.32	0.52	1.53	0.73	女>男**	6>4≒5**	n.s.
	女	1.49	0.71	1.53	0.73	1.79	0.85			
抑うつ・不安	男	1.64	0.71	1.51	0.72	1.64	0.80	女>男***	n.s.	n.s.
	女	2.09	0.84	1.96	0.97	2.17	0.89			
不機嫌・怒り	男	2.56	2.44	1.91	0.94	2.08	1.07	n.s.	4>5≒6***	n.s.
	女	1.05	1.08	2.11	1.08	2.37	1.00			

*$p<.05$ **$p<.01$ ***$p<.001$

（2）平均値の比較

　どのようなストレス反応を多く表出するのかを調べるため、ストレス反応の下位尺度得点について1要因分散分析を行った（Table7-1-4）。その結果、「不機嫌・怒り」反応の得点がもっとも高く、続いて「無気力」「抑うつ・不安」「身体的反応」の順であった。このことから「不機嫌・怒り」反応をもっとも頻繁に表出していることがわかる。

Table7-1-4　小学生ストレス反応下位尺度の1要因分散分析（日本）

ストレス反応	無気力	身体的反応	抑うつ・不安	不機嫌・怒り	F値
平均値	2.05	1.50	1.82	2.24	120.7
SD	0.95	0.71	0.85	1.07	

不機嫌・怒り＞無気力＞抑うつ・不安＞身体的反応＊＊＊

＊＊＊$p<.001$

3. コーピング

(1)性差と学年差

　コーピング3因子の下位尺度得点について、性別と学年による2要因分散分析を行った（Table7-1-5）。「積極的対処」と「回避的対処」において男子より女子の方の得点が高い。「気分転換」においては女子より男子の方の得点が高い。学年では「積極的対処」と「気分転換」において4年生より6年生の得点が高い。「回避的対処」は5年生より4年生の得点が高い。

　性差に着目すれば、女子が男子よりストレスに対処するために「積極的対処」と「回避的対処」を多く行っていることがわかる。男子は遊びをストレスの発散方法としていることが多い。大竹・島井・嶋田（1998）でも小学生男子は「気分転換」を多く行い、女子は「問題解決」や「サポート希求」「情動的回避」のコーピングを多く採用する傾向が指摘されている。学年差に着目すると、6年生になるとストレスに積極的に対処したり、気分転換したりするコーピングを4年生より多く行い、6年生のコーピングが4年生より成熟していることがわかる。4年生は「誰かに言いつける」「一人で泣く」のような情動的コーピングを多く行っている。

Table7-1-5　小学生コーピングの2要因分散分析（日本）

コーピング		4年生		5年生		6年生		性差	学年差	交互作用
		M	SD	M	SD	M	SD			
積極的対処	男	1.86	0.83	1.83	0.65	1.95	0.72	女＞男＊＊＊	6＞4＊	n.s.
	女	2.16	0.76	2.26	0.75	2.49	0.66			

コーピング		4年生		5年生		6年生				
		M	SD	M	SD	M	SD	性差	学年差	交互作用
回避的対処	男	1.62	0.69	1.36	0.42	1.48	0.65	女>男***	4>5*	n.s.
	女	1.69	0.58	1.62	0.58	1.77	0.62			
気分転換	男	2.44	1.11	2.54	1.03	2.74	1.05	男>女**	6>4*	n.s.
	女	2.13	0.97	2.34	0.90	2.36	0.75			

*p<.05 **p<.01 ***p<.001

(2) 平均値の比較

コーピングの下位尺度間の平均値を比較するため、下位尺度得点について1要因分散分析を行った（Talbe7-1-6）。その結果、「気分転換」の得点がもっとも高く、次いで「積極的対処」「回避的対処」の順であった。このことから小学生がストレスに直面したときには、気分転換できる対処行動を多く行っていることがわかる。

Table7-1-6　小学生コーピング下位尺度の1要因分散分析（日本）

コーピング	積極的対処	回避的対処	気分転換	F値
平均値	2.08	1.59	2.42	168.1
SD	0.77	0.61	1.00	

気分転換>積極的対処>回避的対処***

***p<.001

4. ソーシャルサポート

(1) 性差と学年差

「父親」「母親」「教師」「友だち」「きょうだい」の5つのサポート源ごとに得点を出して、性(2)×学年(3)の2要因分散分析を行った（Table7-1-7）。「母親」「先生」「友だち」「きょうだい」からのサポートに性差がみられ、いずれも男子より女子の受けているサポートの得点が高かった。学年差はみられなかった。「友だち」サポートにおいて交互作用がみられ、男子は学年の進行とともにサポートが少なくなっているが、女子は5年生でサポートの量が多い。

これらのことから女子は男子より日常生活でサポートを頻繁に受けていることがわかる。先行研究(嶋田, 1993)でも小学生の男子より女子の受けているサポート得点が高い。

Table7-1-7　小学生ソーシャルサポートの2要因分散分析(日本)

サポート		4年生		5年生		6年生		性差	学年差	交互作用
		M	*SD*	*M*	*SD*	*M*	*SD*			
父親	男	2.64	0.94	2.43	1.04	2.45	0.90	n.s.	n.s.	n.s.
	女	2.65	0.88	2.65	0.98	2.63	0.82			
母親	男	2.98	0.92	2.77	0.95	2.78	0.93	女>男***	n.s.	n.s.
	女	3.11	0.78	3.26	0.78	3.17	0.69			
先生	男	2.33	1.05	2.42	0.86	2.56	0.87	女>男**	n.s.	n.s.
	女	2.75	0.96	2.75	0.89	2.61	0.81			
友だち	男	3.02	0.99	2.83	0.95	2.81	0.83	女>男***	n.s.	*
	女	3.20	0.71	3.44	0.66	3.21	0.78			
きょうだい	男	1.88	1.12	1.98	0.93	2.07	0.91	女>男***	n.s.	n.s.
	女	2.12	1.00	2.45	1.02	2.36	0.93			

*p<.05 **p<.01 ***p<.001

(2) 平均値の比較

サポート源によるサポートの得点差を調べるため、5 つのサポート源の得点について 1 要因分散分析を行った(Table7-1-8)。その結果、母親と友だちからの得点が高く、次いで父親と先生となり、得点が低かったのはきょうだいからのサポートである。このことから小学生が日常母親と友だちからのサポートを多く受けていることがわかる。

Table7-1-8　小学生サポート源別のサポートの1要因分散分析(日本)

サポート源	父親	母親	先生	友だち	きょうだい	*F*値
平均値	2.60	3.04	2.57	3.12	2.16	122.7
SD	0.94	0.88	0.93	0.85	1.02	

母親≒友だち>父親≒先生>きょうだい***

***p<.001

5. 満足感

　全体的満足感について、性と学年による 2 要因分散分析を行った（Table7-1-9）。学年差がみられ、6 年生より 4、5 年生の得点が高かった。性差と交互作用はみられなかった。

　このことから小学生の全体的満足感に男女差がなく、6 年生で満足感がもっとも低いことがわかる。

Table7-1-9　小学生満足感の 2 要因分散分析（日本）

		4年生		5年生		6年生		性差	学年差	交互作用
		M	SD	M	SD	M	SD			
全体的満足感	男	2.31	0.37	2.26	0.33	2.20	0.32	n.s.	4≒5>6*	n.s.
	女	2.28	0.37	2.33	0.28	2.18	0.31			

*p<.05　　**p<.01　　***p<.001

第2節　ストレス反応の規定要因と軽減要因

　本節では規定要因としてのストレッサーとコーピングがストレス反応に与える影響について検討する。そして軽減要因としてのソーシャルサポートと満足感がストレス反応に及ぼす効果について検討する。

1. ストレッサーがストレス反応に与える影響

（1）ストレッサーとストレス反応の重回帰分析

　ストレス反応を従属変数、ストレッサーを独立変数とする重回帰分析を行った（Table7-2-1）。「友人」と「学業」ストレッサーがストレス反応の 4 側面に有意な正の関連を示した。「教師」ストレッサーは「不機嫌・怒り」反応に正の関連を示した。「親」ストレッサーは「無気力」「身体的反応」「不機嫌・怒り」の 3 側面に正の関連を示した。

　これらのことから「教師」ストレッサーの影響がもっとも少ないことが

わかる。嶋田(1998)でも「先生との関係」からのストレッサーはストレス反応への影響は少なく、児童にとって教師からのストレスはあまり存在しないことがうかがわれる。β係数の値から「友人」ストレッサーは主に「抑うつ・不安」に、「学業」ストレッサーは主に「無気力」反応に影響していることがわかる。これは嶋田(1998)の結果と一致している。また、親からのストレッサーも無視できない側面であることがわかる。第3章で「親が自分の気持ちを分かってくれない」「親から勉強しなさいとうるさく言われた」ことの嫌悪性が高いという結果が得られている。このような「親」ストレッサーが主に「無気力」と「不機嫌・怒り」反応を生起させていることがわかる。

Table7-2-1　小学生ストレッサーとストレス反応の重回帰分析(日本)

	無気力	身体的反応	抑うつ・不安	不機嫌・怒り
友人ストレッサー	.14 **	.17 **	.29 ***	.17 ***
学業ストレッサー	.20 ***	.12 *	.11 *	.11 *
教師ストレッサー	.05	.08	-.04	.14 **
親ストレッサー	.29 ***	.12 *	.09	.33 ***
R^2	.25	.12	.14	.29

$*p<.05$　$**p<.01$　$***p<.001$

(2) ストレッサーの組み合わせによるストレス反応表出の差異

　実際にどれだけの割合の児童がどのようにストレッサーを感じているかを調べるために、ストレッサー尺度の各下位尺度の標準得点をもとにして、ward法によるクラスター分析を行った。その結果、クラスター数は3と判断された。各クラスターの特徴(Figure7-2-1)と全被調査者に対する割合は以下のとおりである。

　クラスター1(CL1):学業ストレッサーに対する評価が比較的に高い(107人、23.6%)

　クラスター2(CL2):全体的にすべてのストレッサーに対する評価が低い(259人、57.2%)

　クラスター3(CL3):全体的にすべてのストレッサーに対する評価が高い(87人、19.2%)

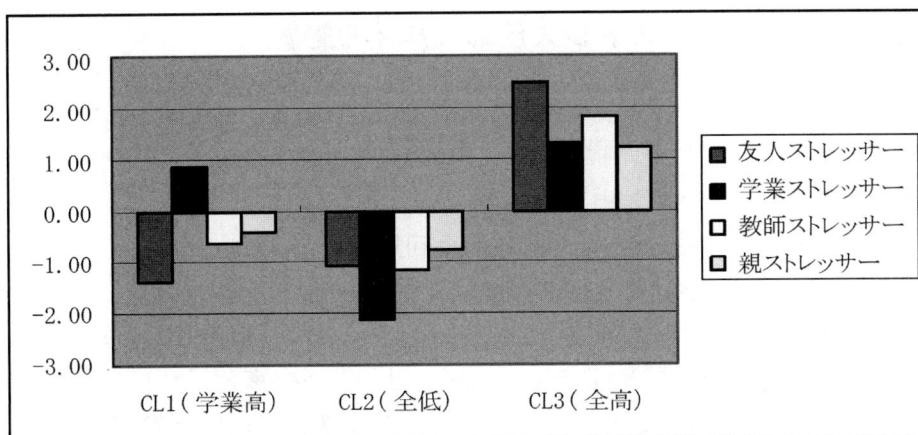

Figure7-2-1　小学生ストレッサークラスターの特徴（日本）

　ストレッサーの組み合わせによって、ストレス反応の表出にどのような違いがあるかを調べるため、ストレス反応尺度の下位尺度得点を従属変数として、ストレッサーのクラスターを要因とする 1 要因分散分析を行った（Table7-2-2）。すべてのストレス反応においてクラスターの主効果がみられ、CL3（全体高）はいずれのストレス反応においても最高得点を示した。「無気力」と「不機嫌・怒り」において CL1（学業高）は CL2（全体低）より得点が高かった。

　これらのことからストレッサーのパターンが異なるとストレス反応の表出が異なっており、ストレッサーを高く評価するタイプの生徒はストレス反応を頻繁に表出することがわかる。

Table7-2-2　小学生ストレッサーのクラスター別のストレス反応得点（日本）

ストレス反応	CL1(学業高)		CL2(全低)		CL3(全高)		F値	多重比較
	M	SD	M	SD	M	SD		
無気力	2.19	0.91	1.82	0.87	2.63	0.92	27.81	CL3>CL1>CL2***
身体的反応	1.50	0.68	1.38	0.63	1.89	0.84	17.20	CL3>CL1≒CL2***
抑うつ・不安	1.85	0.88	1.67	0.78	2.20	0.86	13.54	CL3>CL1≒CL2***
不機嫌・怒り	2.28	0.99	2.01	0.98	3.03	0.94	34.68	CL3>CL1>CL2***
								*p<.05 **p<.01 ***p<.001

2. コーピングがストレス反応に与える影響

コーピングもストレス反応の規定要因である(嶋田, 1998)。ここではストレッサーに直面した時に行うコーピングがストレス反応にどのように影響しているのかを検討する。

(1) コーピングとストレス反応の重回帰分析

ストレス反応の下位尺度得点を従属変数、コーピングの下位尺度得点を独立変数とする重回帰分析を行った(Table7-2-3)。「積極的対処」は「身体的反応」と「抑うつ・不安」に正の関連を示し、「不機嫌・怒り」には負の関連を示した。「回避的対処」はストレス反応の4側面に高い正の関連を示した。「気分転換」は「無気力」「抑うつ・不安」「不機嫌・怒り」反応に負の関連を示した。三浦・坂野(1996)は、学業ストレス場面と友人関係のストレス場面で、「積極的対処」がストレス反応を増加させているという結果を得ている。神藤 (1998) は学業場面で「気晴らし」がストレス反応低減に有効であること、「あきらめ」や「サポートを求める」対処がストレス反応を助長し、「積極的対処」はストレス反応の低減に効果がないことを示している。嶋田(1998)でも小学生の「積極的対処」が「身体的反応」と「抑うつ・不安」に正の関連を示し、「あきらめ」のような「回避的対処」がストレス反応への正の影響が大きいという結果を得ている。

以上のことから「回避的対処」はストレス反応を増加させていることがわかる。また、「積極的対処」は「不機嫌・怒り」を軽減させているが、「抑うつ・不安」と「身体的反応」を増加させ、積極的にストレスに対処することがかならずしもストレスの軽減にならないことが示された。小学生にとって遊んだり、ゲームをするような気分転換できる対処行動がストレス軽減に効果的であることがわかる。

Table7-2-3　小学生コーピングとストレス反応の重回帰分析(日本)

	無気力	身体的反応	抑うつ・不安	不機嫌・怒り
積極的対処	-.08	.10 *	.20 ***	-.10 *
回避的対処	.42 ***	.31 ***	.39 ***	.48 ***
気分転換	-.13 **	.01	-.13 **	-.15 ***
R^2	.17	.13	.24	.22

*p<.05 **p<.01 ***p<.001

（2）コーピングの組み合わせによるストレス反応表出の差異

コーピングの各下位尺度の得点をもとにして、ward法によるクラスター分析を行った。その結果、クラスター数は3と判断された。各クラスターの特徴(Figure7-2-2)とクラスターの人数、割合は以下のとおりである。

クラスター1(CL1)：気分転換の得点が比較的高い(148人、28.6％)

クラスター2(CL2)：全体的にすべてのコーピングの得点が低い(218人、42.2％)

クラスター3(CL3)：積極的、回避的対処の得点が高い(151人、29.2％)

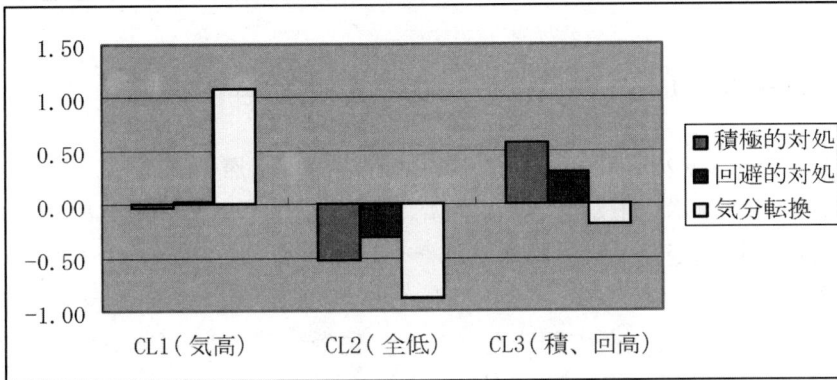

Figure7-2-2　小学生コーピングクラスターの特徴（日本）

ストレスに直面した場合、いくつかのコーピングを同時に扱うのが普通であるため、コーピングの組み合わせによるストレス反応の表出における差異を調べる必要がある。ストレス反応の下位尺度得点を従属変数として、各コーピングのクラスターを要因とする1要因の分散分析を行った(Table7-2-4)。すべてのストレス反応においてクラスターの主効果がみられ、CL3(積極的、回避的対処高)はいずれのストレス反応においても最高得点を示した。

「気分転換」を多く行うタイプか、コーピングを全体的に行うことが少ないタイプの児童はストレス反応の表出が少なく、「積極的対処」と「回避的対処」を同時に行うことが多いタイプの児童はストレス反応の表出が多い。よって、小学生にとって、「その原因がなにかをみつける」のような積極的対処や「だれかに言いつける」のような回避的対処を同時に行うことが多いタイプの児童はストレス反応の表出が多いことがうかがわれる。

Table7-2-4　小学生コーピングのクラスター別のストレス反応得点（日本）

	CL1(気高)		CL2(全低)		CL3(積、回高)		F値	多重比較
	M	SD	M	SD	M	SD		
無気力	2.00	0.98	1.97	0.90	2.27	0.98	4.89	CL3>CL2≒CL1**
身体的反応	1.52	0.73	1.36	0.59	1.70	0.81	10.68	CL3>CL2***
抑うつ・不安	1.67	0.79	1.62	0.72	2.27	0.92	32.38	CL3>CL2≒CL1***
不機嫌・怒り	2.11	1.12	2.19	1.02	2.47	1.02	4.93	CL3>CL2≒CL1**

*p<.05 **p<.01 ***p<.001

3. ソーシャルサポートがストレス反応に与える影響

(1) ソーシャルサポートとストレス反応の重回帰分析

　ソーシャルサポートがストレス反応に与える影響を調べるために、ストレス反応を従属変数とし、認知されたサポートを独立変数とする重回帰分析を行った（Table7-2-5）。父親サポートが「無気力」「身体的反応」「不機嫌・怒り」反応に弱い負の関連を示した。先生サポートは「無気力」と「不機嫌・怒り」反応に弱い負の関連を示した。友だちサポートは「無気力」「身体的反応」「不機嫌・怒り」反応に正の関連を示した。

　このことから父親と先生からのサポートがストレス反応の軽減に直接効果はあるものの、その影響が弱いことがわかる。嶋田（1998）でも父親からのサポートが「不機嫌・怒り」に負の関連を示し、父親からのサポートが児童のストレス反応の軽減に役立っていることが明らかにされている。友だちサポートは小学生のストレス反応を増加させている。母親サポートからストレス反応への直接影響はみられなかった。

Table7-2-5　小学生サポートとストレス反応の重回帰分析（日本）

サポート源	無気力	身体的反応	抑うつ・不安	不機嫌・怒り
父親	-.13 *	-.14 *	-.06	-.11 *
母親	-.02	.08	.11	.03
先生	-.14 *	.05	.09	-.13 *
友だち	.19 ***	.11 *	.06	.20 ***

サポート源	無気力	身体的反応	抑うつ・不安	不機嫌・怒り
きょうだい	.00	.01	.02	−.09
R^2	.05	.03	.03	.05
				*p<.05 **p<.01 ***p<.001

(2) ソーシャルサポートの組み合わせによるストレス反応表出の差異

ソーシャルサポートのサポート源ごとの標準得点をもとにして、ward法によるクラスター分析を行った。その結果、クラスター数は3と判断された。各クラスターの特徴（Figure7-2-3）と全被調査者に対する割合は以下のとおりである。

クラスター1(CL1)：すべてのサポート源において得点が低い（211 人、42.5%）

クラスター2(CL2)：すべてのサポート源において得点が高い（117 人、23.6%）

クラスター3(CL3)：中程度で友だちからのサポート得点が比較的に高い（168 人、33.9%）

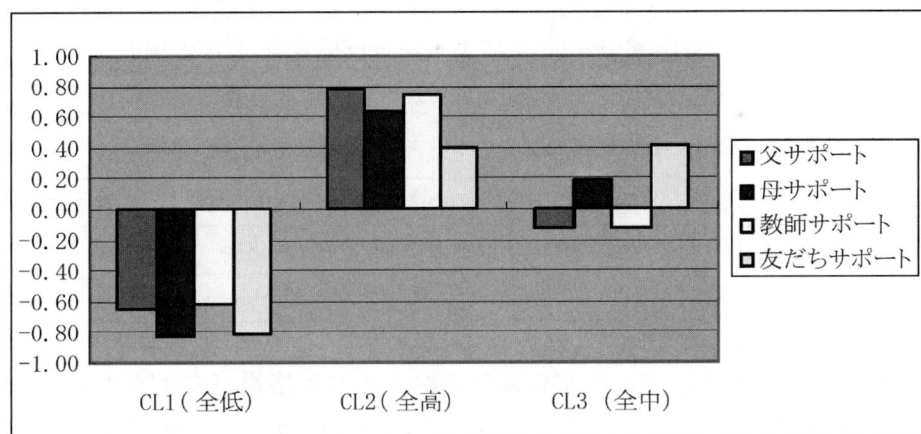

Figure7-2-3　小学生サポートのクラスターの特徴（日本）

ストレス反応尺度の下位尺度得点を従属変数として、サポートのクラスターを要因とする1要因の分散分析を行った（Table7-2-6）。「無気力」においてはCL1とCL3の得点がCL2より高かった。「不機嫌・怒り」反応においてはCL2よりCL3の得点が高かった。以上のことから全体的にサポートを

多く受けている児童は「無気力」と「不機嫌・怒り」反応の表出が少ないことがわかる。

Table7-2-6　小学生サポートのクラスター別のストレス反応得点（日本）

	CL1(全低)		CL2(全高)		CL3(全中)		F値	多重比較
	M	SD	M	SD	M	SD		
無気力	2.13	0.96	1.84	0.92	2.16	0.96	4.59	CL1≒CL3>CL2*
身体的反応	1.44	0.62	1.51	0.77	1.58	0.75	2.01	n.s.
抑うつ・不安	1.71	0.79	1.93	0.92	1.89	0.86	3.51	n.s.
不機嫌・怒り	2.24	1.04	1.99	1.02	2.43	1.08	6.02	CL3>CL2**

$*p<.05$　　$**p<.01$　　$***p<.001$

4. 満足感がストレス反応に与える影響

（1）満足感とストレス反応の重回帰分析

満足感を独立変数、ストレス反応を従属変数とする重回帰分析を行った（Table7-2-7）。全体的満足感はすべてのストレス反応に負の関連を示した。このことから満足感が高いほどストレス反応をあまり表出しないことがわかる。

Table7-2-7　小学生満足感とストレス反応の重回帰分析（日本）

	無気力	身体的反応	抑うつ・不安	不機嫌・怒り
全体的満足感	-.22 ***	-.25 ***	-.15 **	-.21 ***

$*p<.05$　　$**p<.01$　　$***p<.001$

（2）満足感の高、中、低群におけるストレス反応得点の差異

満足感の尺度得点についてクラスター分析を行った（Figure7-2-4）。その結果は以下のとおりである。

クラスター1（CL1）：満足感の得点が低い（132 人、29.9%）

クラスター2（CL2）：満足感の得点が中程度（133 人、30.1%）

クラスター3（CL3）：満足感の得点が高い（177 人、40.0%）

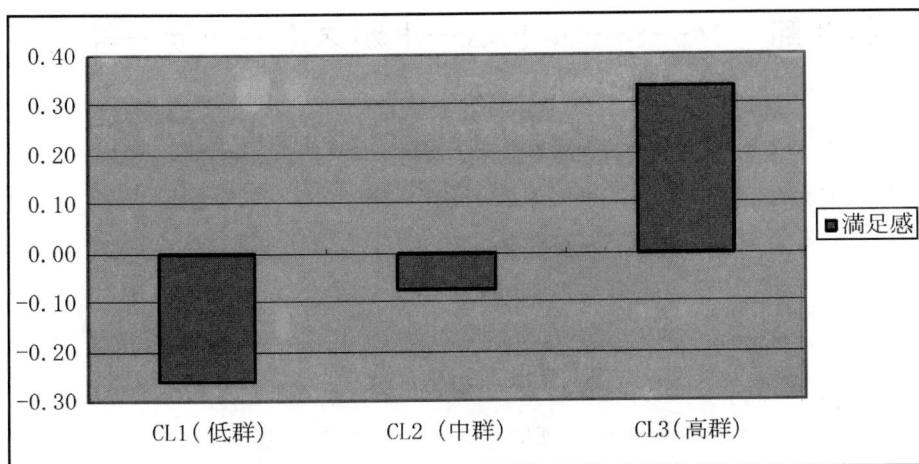

Figure7-2-4　小学生満足感クラスターの特徴（日本）

　ストレス反応を従属変数、満足感のクラスターを独立変数とする1要因の分散分析を行った（Table7-2-8）。「無気力」と「不機嫌・怒り」反応において有意差がみられ、CL1とCL2の得点はCL3より高かった。これから満足感を高く感じている児童は「無気力」と「不機嫌・怒り」反応を表出することが少ないことがわかる。満足感の低群と中群にはストレス反応の表出に有意な差がみられなかった。

Table7-2-8　小学生満足感のクラスター別のストレス反応得点（日本）

満足感	CL1(低)		CL2(中)		CL3(高)		F値	多重比較
	M	SD	M	SD	M	SD		
無気力	2.13	0.90	2.13	0.92	1.86	0.98	4.23	CL1≒CL2>CL3*
身体的反応	1.62	0.74	1.53	0.72	1.43	0.70	2.43	n.s.
抑うつ・不安	1.92	0.86	1.79	0.83	1.77	0.90	1.12	n.s.
不機嫌・怒り	2.33	1.06	2.31	1.07	2.00	1.05	4.88	CL1≒CL2>CL3**

*p<.05　**p<.01　***p<.001

第3節　ソーシャルサポートがストレッサー評価
とコーピングに与える影響

　軽減要因としてのソーシャルサポートがストレッサー評価とコーピングに与える影響について検討する。

1.　ソーシャルサポートがストレッサー評価に与える影響

（1）ソーシャルサポートとストレッサーの重回帰分析

　サポートがストレッサー評価に与える影響を調べるため、ストレッサーを従属変数、サポートを独立変数とする重回帰分析を行った（Table7-3-1）。父親と母親からのサポートは「親」ストレッサーに負の関連を示した。先生サポートは「学業」と「教師」ストレッサーに負の関連を示した。友だちサポートは「学業」と「親」ストレッサーに正の関連を示した。

　両親からのサポートは「親」ストレッサーの認知を軽減している。また、先生からのサポートは学業と教師によるストレッサーの軽減に役に立つことがわかる。そして、友だちサポートは学業と親によるストレッサーの評価をやや増加させている。

Table7-3-1　小学生サポートとストレッサーの重回帰分析（日本）

ストレッサー	友人	学業	教師	親
父親サポート	.06	−.07	.00	−.15 *
母親サポート	.05	−.09	.03	−.22 ***
先生サポート	−.05	−.18 **	−.40 ***	.00
友だちサポート	−.05	.19 **	.08	.16 **
きょうだいサポート	−.09	.08	.07	−.05
R^2	.01	.05	.13	.10

*$p<.05$ **$p<.01$ ***$p<.001$

（2）サポートの組み合わせによるストレッサー評価の違い

　前節で得られたサポートの3つのクラスターにおけるストレッサーの得点について1要因分散分析を行った（Table7-3-2）。「学業」ストレッサーに

おいてはサポート中群の得点がサポート高群より高かった。「教師」と「親」ストレッサーにおいてはサポート低群と中群の得点が高群より高かった。サポート高中低群における「友人」ストレッサーの得点に有意差がみられなかった。

これらのことから、サポートを多く受けているタイプの児童はストレッサーを感じることが少ないことがわかる。しかし、「友人」ストレッサーへの認知はサポートを受ける程度と関係がないことがうかがわれる。

Table7-3-2　小学生サポートのクラスター別のストレッサー得点（日本）

サポート	CL1(低)		CL2(高)		CL3(中)		F値	多重比較
ストレッサー	M	SD	M	SD	M	SD		
友人	2.06	2.23	1.70	2.02	1.94	2.03	1.00	n.s.
学業	2.48	2.15	2.06	2.05	2.73	2.09	3.21	CL3>CL2*
教師	1.02	1.80	0.40	1.02	1.03	1.84	5.92	CL1≒CL3>CL2**
親	2.31	2.18	1.14	1.41	2.17	1.84	14.30	CL1≒CL3>CL2***
								*p<.05 **p<.01 ***p<.001

2.　ソーシャルサポートがコーピングに与える影響

(1) ソーシャルサポートとコーピングの重回帰分析

小学生の日ごろ受けているサポートがコーピングにどのような影響を及ぼすかについて、重回帰分析を通して検討した（Table7-3-3）。その結果、母親と先生からのサポートが「積極的対処」に正の関連を示した。友人サポートは「回避的対処」、そして母親サポートは「気分転換」に正の関連を示した。しかし、β係数の値からサポートのコーピングへの影響は小さいことがわかる。

Table7-3-3　小学生サポートとコーピングの重回帰分析（日本）

サポート源	積極的対処	回避的対処	気分転換
父親	.02	−.09	−.03
母親	.13 *	.03	.08 ***
先生	.15 **	.01	.23

サポート源	積極的対処	回避的対処	気分転換
友人	.07	.20 ***	.04
きょうだい	.09	-.01	-.07
R^2	.11	.04	.07

*p<.05 **p<.01 ***p<.001

(2) サポートの組み合わせによるコーピングの違い

サポートの3つのクラスターにおけるコーピング得点について1要因分散分析を行った(Table7-3-4)。サポート高群と中群は低群より「積極的対処」と「気分転換」の得点が高かった。また、サポート中群は低群より「回避的対処」を頻繁に行っている。このことから全体的にサポートを受けることが少ない児童は対処行動が少ないことがわかる。

Table7-3-4 小学生サポートのクラスター別のコーピング得点(日本)

サポート	CL1(低)		CL2(高)		CL3(中)		F値	多重比較
コーピング	M	SD	M	SD	M	SD		
積極的対処	1.86	0.75	2.34	0.76	2.23	0.73	19.53	CL2≒CL3>CL1***
回避的対処	1.50	0.55	1.63	0.67	1.66	0.63	3.52	CL3>CL1*
気分転換	2.24	1.00	2.53	1.00	2.58	0.94	6.50	CL2≒CL3>CL1**

*p<.05 **p<.01 ***p<.001

第4節　満足感がストレッサー評価とコーピングに与える影響

本節では軽減要因としての満足感がストレッサー評価、コーピングに与える影響について検討する。

1. 満足感がストレッサー評価に与える影響

(1) 満足感とストレッサーの重回帰分析

満足感がストレッサー認知に与える影響を調べるために、ストレッサー

を従属変数、満足感を独立変数とする重回帰分析を行った（Talbe7-4-1）。全体的満足感はすべてのストレッサー評価に負の関連を示した。このことから全体的満足感が高いほど各ストレッサーを弱く感じていることがわかる。

Table7-4-1　小学生満足感とストレッサーの重回帰分析（日本）

ストレッサー	友人	学業	教師	親
全体的満足感	-.16 **	-.28 ***	-.23 ***	-.27 ***

*p<.05 **p<.01 ***p<.001

（2）満足感の高中低群によるストレッサーの得点

満足感のクラスターを要因とし、ストレッサー得点について1要因分散分析を行った（Table7-4-2）。4つの側面のストレッサーにおいて満足感高群の得点がもっとも低かった。このことから満足感の高いタイプの児童はストレッサーを弱く感じていることが確認された。

Table7-4-2　小学生満足感のクラスター別のストレッサー得点（日本）

満足感 ストレッサー	CL1(低群)		CL2(中群)		CL3(高群)		F 値	多重比較
	M	SD	M	SD	M	SD		
友人ストレッサー	2.45	2.41	1.85	1.93	1.61	1.99	5.62	CL1>CL3**
学業ストレッサー	2.6	1.92	3.17	2.32	1.73	1.87	18.17	CL1≒CL2>CL3***
教師ストレッサー	1.06	1.93	1.12	1.78	0.62	1.45	3.94	CL2>CL3*
親ストレッサー	2.3	2	2.25	1.81	1.59	1.96	6.35	CL1≒CL2>CL3**

*p<.05 **p<.01 ***p<.001

2. 満足感がコーピングに与える影響

（1）満足感とコーピングの重回帰分析

コーピングを従属変数、満足感を独立変数とする重回帰分析を行った（Table7-4-3）。全体的満足感は「回避的対処」に負の関連を示した。しかし満足感がコーピングに及ぼす影響は弱いことがわかる。

Table7-4-3　小学生満足感とコーピングの重回帰分析（日本）

コーピング	積極的対処	回避的対処	気分転換
全体的満足感	-.02 n.s.	-.16 **	.01 n.s.

**p＜.01

（2）満足感の高中低群におけるコーピングの得点

　満足感の高中低群のコーピング得点について１要因分散分析を行った結果（Table7-4-4）、有意差がみられなかった。満足感の程度はコーピングの実行にほとんど影響しないことがわかる。

　以上（1）と（2）により、満足感がコーピングへの影響が弱いことがうかがわれる。

Table7-4-4　小学生満足感のクラスター別のコーピング得点（日本）

満足感	CL1(低群)		CL2(中群)		CL3(高群)		F 値	多重比較
コーピング	M	SD	M	SD	M	SD		
積極的対処	2.12	0.80	2.09	0.75	2.16	0.77	0.28	n.s.
回避的対処	1.64	0.64	1.60	0.56	1.50	0.59	2.38	n.s.
気分転換	2.32	0.96	2.56	0.97	2.49	1.00	2.12	n.s.

*p＜.05 **p＜.01 ***p＜.001

第５節　ストレスの諸変数におけるクラスターパターンの人数分布の特徴

　本節ではストレスの５つの変数について、パターンによる人数分布の特徴を調べる。

1．ストレス反応のクラスター分析

　まず、ストレス反応の下位尺度得点について ward 法によるクラスター分析を行った。そのクラスターの特徴（Figure7-5-1）と割合を示す。

クラスター1(CL1)：全体的ストレス反応の得点が低い(212人、41.7%)
クラスター2(CL2)：全体的ストレス反応の得点が中程度(111人、21.8%)
クラスター3(CL3)：全体的ストレス反応の得点が高い(186人、36.5%)

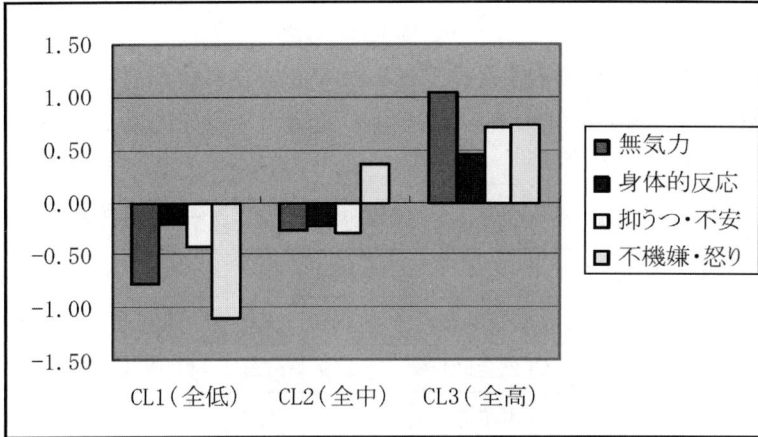

Figure7-5-1　小学生ストレス反応のクラスター特徴(日本)

2. ストレスの諸変数のパターンの人数分布特徴

　ストレッサー、ストレス反応、コーピング、ソーシャルサポートと満足感のクラスター分析による各パターンの人数について x^2 検定を行った(Table7-5-1)。ストレッサーにおいては CL2 の割合（57.2%）が有意に高かった。つまり各ストレッサーを全体的に弱く感じている小学生が多いことがわかる。

　ストレス反応に関しては全体的にストレス反応を表出することが少ないタイプ（CL1：41.7%）と表出することが多いタイプ（CL3：36.5%）の人数が中程度に表出するタイプ（CL2：21.8%）より割合が有意に高かった。ストレス反応を全体的に高く表出するタイプの割合が 36.5%もあった。

　コーピングでは全体的にコーピングを行うことが少ないタイプ(CL2)の割合（42.2%）が有意に高かった。小学生でストレスに直面したときにコーピングの実行が少ない児童が多いといえる。つまり、小学生のコーピングが未熟で、ストレスにどう対処するかその方法が分からず、40%くらい

の児童はあまりコーピングを実行しないことがわかる。

ソーシャルサポートではサポート低群（CL1：42.5％）は中群（CL3：33.9％）より、中群は高群（CL2：23.6％）より有意に多かった。サポートを全体的にあまり受けていないと認知している児童は42.5％で、その割合が高いことが分かる。

満足感に関しては満足感高群（CL3：40％）の人数が有意に多かった。すなわち、全体的満足感の高いタイプの児童がもっとも多いということである。

Table7-5-1　小学生ストレス諸変数のクラスター人数（日本）

ストレス各側面	クラスター	人数	%	χ^2値	多重比較
ストレッサー	CL1(学業高)	107	23.6	117.19	CL2>CL1≒CL3**
	CL2(全低)	259	57.2		
	CL3(全高)	87	19.2		
ストレス反応	CL1(全低)	212	41.7	32.42	CL1≒CL3>CL2**
	CL2(全中)	111	21.8		
	CL3(全高)	186	36.5		
コーピング	CL1(気分転換高)	148	28.6	18.18	CL2>CL1≒CL3**
	CL2(全低)	218	42.2		
	CL3(積極・回避高)	151	29.2		
ソーシャルサポート	CL1(全低)	211	42.5	26.79	CL1>CL3>CL2**
	CL2(全高)	117	23.6		
	CL3(全中)	168	33.9		
満足感	CL1(低)	132	29.9	8.96	CL3>CL1≒CL2*
	CL2(中)	133	30.1		
	CL3(高)	177	40.0		

*p<.05 **p<.01 ***p<.001

第6節　ストレスモデルの構成

　本研究でのストレスの仮説モデルにしたがって、5つの変数間の関連について共分散構造分析を用いてモデルの適合性を検討する。

　まず、ストレスの諸変数における各項目の合計得点を出すことができるかを検証するためにα係数を確認した結果、ストレッサー（α=.83，15項目）、ストレス反応（α=.91，16項目）、コーピング（α=.60，7項目）、ソーシャルサポート（α=.75，20項目）、満足感（α=.62，7項目）において、内的整合性がみられた。諸変数における各項目の合計得点を観測変数として、spss15.0でのAmos7.0を用いて、共分散構造分析を行なった。その結果、Figure7-6-1のようなモデルが得られ、適合度も確認された（CFI=.994, RMSEA=.045）。ストレッサーからストレス反応へのパス係数は.53（$p<.001$）で、両者の因果関係が確認された。ストレッサーはコーピングに正の関連（パス係数.21）を示した。しかし、コーピングからストレス反応への直接影響はみられなかった。

　サポートはコーピングに正の関連（パス係数.38）を示し、サポートを多く受けている児童はコーピングも多く行っていることがわかる。サポートと満足感の間に正の相関（.38）がみられ、サポートを多く受けていることは満足感の増加につながり、満足感を高く感じる児童ほどサポートを受けることが多いと感じていることがわかる。しかし、サポートからストレッサー評価への直接的な影響はみられない。サポートからストレス反応へのパス係数（.16）から、影響が弱いことがうかがわれる。満足感はストレッサー評価とストレス反応にそれぞれ負の関連（パス係数−.31と−.16）を示し、満足感を高めることの重要性が示された。満足感はコーピングにも負の関連（−.13）を示した。

　以上のことから、小学生はストレッサーを感じた時、直接ストレス反応を表出したり、コーピングを実行したりするが、コーピングを経てからのストレス反応の表出はあまりないといえる。また、サポートの直接的軽減効果より間接的軽減効果が大きいことがわかる。

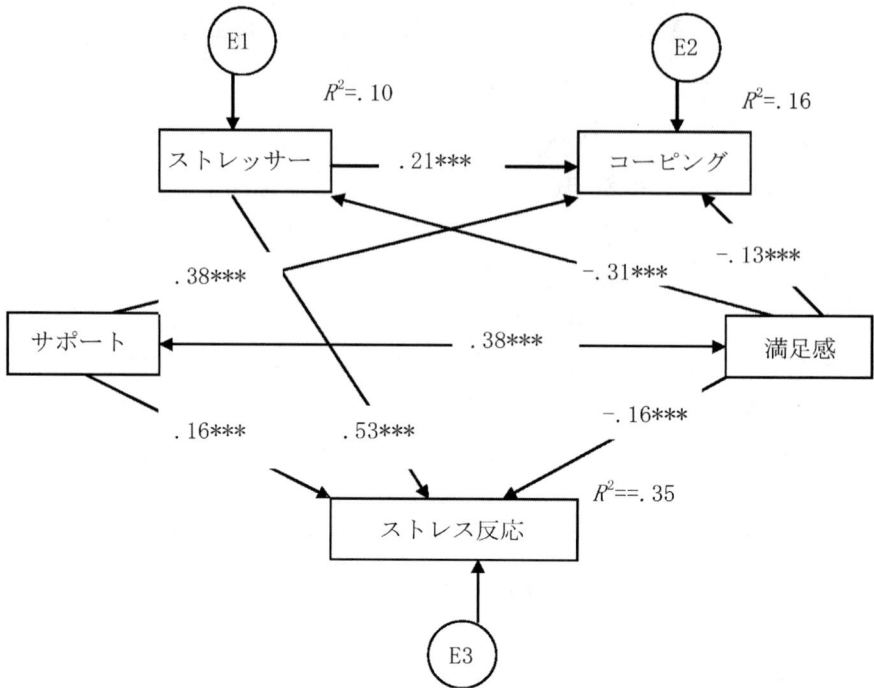

Figure7-6-1　小学生ストレスモデル（日本）

$\chi^2(2)=4.199$　$p=.123$　CFI=.994　RMSEA=.045　***$p<.001$

第7節　本章のまとめ

　本章においては、第1節でストレッサー、ストレス反応、コーピング、ソーシャルサポートと満足感の下位尺度における性差と学年差および平均値の比較について検討した。その結果をまとめると以下のとおりである。①ストレッサーにおいては男子より女子が「学業」ストレッサーを強く感じ、5年生の得点がもっとも低い。なお、全体的には「学業」ストレッサーを強く感じている。②ストレス反応においては男子より女子が「無気力」「身体的反応」「抑うつ・不安」反応を頻繁に表出し、5年生の得点がもっとも低い。全体的には「不機嫌・怒り」反応を表出することが多い。③コーピングにおいては「積極的対処」と「回避的対処」を男子より女子の方が行うことが多く、「気分転換」を女子より男子が行うことが多い。また、「積極

的対処」と「気分転換」を6年生が行うことが多く、「回避的対処」を4年生が行うことが多い。全体的には「気分転換」のコーピングを行うことが多い。④ソーシャルサポートにおいては男子より女子が母親、先生、友だち、きょうだいからのサポートを受けることが多い。全体的には母親と友だちからのサポートを受けることが多い。⑤満足感においては6年生の得点がもっとも低い。

第2節では、ストレッサー、コーピング、ソーシャルサポートと満足感がストレス反応の表出にどのように影響を及ぼしているのかについて検討し、以下の結果が得られた。①「友人」ストレッサーは主に「抑うつ・不安」、「学業」ストレッサーは主に「無気力」、「親」ストレッサーは「無気力」と「不機嫌・怒り」反応を引き起こすことが示された。また、ストレッサーを全体的に弱く感じるタイプの児童はストレス反応の表出も少ないことが示された。②コーピングがストレス反応に与える影響において、「積極的対処」と「回避的対処」はストレス反応の軽減にならず、「気分転換」のみがストレス反応を軽減していることが示された。③ソーシャルサポートがストレス反応に及ぼす効果においては、父親と先生からのサポートがストレス反応に負の関連を示した。友だちからのサポートはストレス反応を増加させている。そして、サポート高群は「無気力」と「不機嫌・怒り」反応を表出することが少ない。④満足感はストレス反応に高い負の関連を示している。

これらのことから児童のストレス反応はストレッサー、コーピング、ソーシャルサポートと満足感の影響を受けていることが明らかにされた。

第3節では、ソーシャルサポートがストレッサー評価とコーピングに及ぼす影響について検討し、以下の結果が得られた。①母親サポートは「親」ストレッサーに、先生サポートは「学業」と「教師」ストレッサーに負の関連を示した。友だちサポートは「学業」と「親」ストレッサーに正の関連を示した。そして、サポート中群は高群より「学業」「教師」と「親」ストレッサーを感じることが多い。②母親と教師からのサポートは「積極的対処」に正の関連を示し、友だちサポートは「回避的対処」に正の関連を示した。そして、サポート高群と中群は低群よりコーピングを行うことが多いことがわかる。

第4節では、満足感がストレッサー評価とコーピングに及ぼす影響につ

いて検討し、以下の結果が得られた。①満足感は「友人」「学業」「教師」「親」ストレッサーに負の関連を示した。満足感の低群と中群は高群よりストレッサーの得点が高かった。②満足感は「回避的対処」に弱い負の関連を示した。満足感の程度によるコーピングの得点に有意差はみられなかった。

第5節では、ストレスの5つの変数についてパターンよる人数分布の特徴を検討した。その結果は以下のとおりである。①ストレッサーにおいては全体的にストレッサーを弱く感じているタイプ（57.2%）が多かった。②ストレス反応の高群（36.5%）と低群（41.7%）が中群（21.8%）より人数が有意に多かった。③コーピングにおいては全体的にコーピングを行うことが少ないタイプの割合（42.2%）が高かった。④ソーシャルサポートにおいては全般的にサポートの得点が低い児童の割合（42.5%）が高かった。⑤満足感においては全体的に満足感の高い児童の割合（40%）が高かった。

第6節のモデル分析ではコーピングがストレス反応に直接影響しないこと、サポートのストレス軽減への直接的な効果は小さく、満足感を通した間接的な効果が大きいことなどが確認された。

以上のことから日本の小学生においてストレスの5つの変数間の関連が明らかにされた。

第8章　日本の中学生のストレスについて

第1節　ストレスの諸変数における下位尺度の性差、学年差および平均値の比較

　ストレッサー、ストレス反応、コーピング、ソーシャルサポートと満足感の性差と学年差および下位尺度の平均値の比較について検討する。

1. ストレッサー

（1）性差と学年差

　ストレッサー5因子の下位尺度得点を出して、性別と学年による2要因分散分析を行った（Table8-1-1）。「友人」「身体」と「学業」ストレッサーにおいて男子より女子の得点が高かった。学年差がみられたのは「親」「身体」「学業」ストレッサーであり、1年生より3年生の方の得点が高かった。

　男子より女子の方が「身体」ストレッサーを感じることが多いことから、女子のほうが身体的特徴に敏感であることがわかる。斉藤（1987）によると思春期の女子は男子より身体に対して関心をもつとともに、不満傾向をもっていることが明らかになっている。さらに、「学業」ストレッサーを男子より女子が感じることが多く、また下級生より3年生が感じることが多いという結果は岡安・嶋田・丹羽・森・矢冨（1992）の研究結果と一致している。「友人」ストレッサーを男子より女子の方が感じることが多いという結果は嶋田（1998）の研究でも得られている。本研究での性差、学年差は先行研究（岡安・嶋田・丹羽ら，1992；高倉ら，1998）での結果とほぼ一致している。つまり、男子より女子の方が、そして1年生より3年生がストレッサーを感じることが多い。

Table8-1-1　中学生ストレッサーの性別と学年による2要因分散分析（日本）

ストレッサー	性	1年生		2年生		3年生		主効果		
		M	SD	M	SD	M	SD	性	学年	交互作用
教師	男	0.81	1.67	1.14	2.12	0.69	1.51	n.s.	n.s.	n.s.
	女	0.72	1.09	1.08	1.63	1.31	2.16			
親	男	1.77	2.45	1.93	2.45	2.08	2.72	n.s.	3>1*	n.s.
	女	1.44	2.29	2.08	2.86	2.88	2.74			
友人	男	0.65	1.37	0.23	0.44	0.68	1.19	女>男**	n.s.	n.s.
	女	1.12	1.73	0.90	1.37	0.60	1.46			
身体	男	0.57	1.17	0.75	1.62	1.36	2.25	女>男***	3>1*	n.s.
	女	2.41	2.84	2.40	2.70	2.82	2.87			
学業	男	1.29	1.63	1.64	1.86	2.43	2.29	女>男*	3>1*	n.s.
	女	2.10	2.21	2.15	2.21	2.62	2.52			

*p<.05　**p<.01　***p<.001

（2）平均値の比較

ストレッサー下位尺度の得点を比較するため、1要因分散分析を行った（Table8-1-2）。その結果、親、身体と学業からのストレッサーは教師と友人からのストレッサーより得点が高かった。このことから中学生は親、身体、学業からのストレッサーを強く感じていることがわかる。

中学生が学業活動をストレッサーとして強く感じていること、また思春期において身体的特徴と親からの影響も大きいことがわかる。

Table8-1-2　中学生ストレッサー下位尺度の1要因分散分析（日本）

ストレッサー	教師	親	友人	身体	学業	F値
平均値	0.98	2.03	0.70	1.65	1.95	35.00
SD	1.75	2.60	1.35	2.43	2.12	

親≒身体≒学業>教師≒友人***

***p<.001

2. ストレス反応

(1) 性差と学年差

ストレス反応の4側面について性と学年による2要因分散分析を行った（Table8-1-3）。ストレス反応の4側面において男子より女子の方の得点が高かった。「無力的認知・思考」においては1年生より3年生の得点が高かった。

嶋田（1998）と岡安・嶋田・坂野（1992）の研究でも「抑うつ・不安」と「身体的反応」を男子より女子の方が頻繁に表出するという結果が得られている。さらに、「無力的認知・思考」反応を3年生が頻繁に表出するという結果は嶋田（1998）の研究結果と一致している。

Table8-1-3　中学生ストレス反応の性別と学年による2要因分散分析（日本）

ストレス反応	性	1年生 M	1年生 SD	2年生 M	2年生 SD	3年生 M	3年生 SD	主効果 性	主効果 学年	主効果 交互作用
不機嫌・怒り	男	2.19	0.96	2.38	0.93	2.30	0.97	女>男*	n.s.	n.s.
	女	2.33	1.03	2.58	0.96	2.58	0.85			
抑うつ・不安	男	1.56	0.67	1.61	0.71	1.78	0.84	女>男***	n.s.	n.s.
	女	2.16	1.07	2.43	0.96	2.37	1.03			
無力的認知・思考	男	1.95	0.79	2.11	0.76	2.15	0.89	女>男***	3>1**	n.s.
	女	2.24	0.87	2.53	0.82	2.66	0.86			
身体的反応	男	1.32	0.53	1.42	0.62	1.52	0.79	女>男***	n.s.	n.s.
	女	1.55	0.72	1.75	0.83	1.69	0.78			

*$p<.05$　**$p<.01$　***$p<.001$

(2) 平均値の比較

どのようなストレス反応を頻繁に表出するのかを調べるため、ストレス反応の4つの側面の下位尺度得点について1要因分散分析を行った（Table8-1-4）。その結果、「不機嫌・怒り」反応の得点がもっとも高く、順に「無力的認知・思考」「抑うつ・不安」「身体的反応」である。このことから中学生が日常頻繁に表出しているストレス反応は「不機嫌・怒り」反応であることがわかる。

Table8-1-4　中学生ストレス反応下位尺度の1要因分散分析（日本）

ストレス反応	不機嫌・怒り	抑うつ・不安	無力的認知・思考	身体的反応	F値
平均値	2.39	1.94	2.26	1.53	134.61
SD	0.96	0.93	0.86	0.72	
	不機嫌・怒り＞無力的認知・思考＞抑うつ・不安＞身体的反応***				
					***p＜.001

3．コーピング

（1）性差と学年差

　コーピング2因子の下位尺度得点について、性別と学年による2要因分散分析を行った（Table8-1-5）。「積極的対処」と「回避的対処」において男子より女子の方の得点が高かった。「積極的対処」において1年生と3年生より2年生の得点が高かった。また、「積極的対処」において交互作用がみられ、男子は2年生で得点が高く、1年生で得点が低かった。女子は2年生で得点が高く、3年生で得点が低かった。

　これらのことから日本では男子より女子が多くのコーピングを行っていることがわかる。嶋田（1998）は中学生の女子が男子より「積極的対処」を多く行っているという結果を得ており、本研究の結果と類似している。

Table8-1-5　中学生コーピングの2要因分散分析（日本）

	性	1年生		2年生		3年生		主効果		
		M	SD	M	SD	M	SD	性	学年	交互作用
積極的対処	男	1.89	0.68	2.23	0.76	2.04	0.75	女＞男**	2＞1*	*
	女	2.31	0.80	2.50	0.80	1.99	0.69		2＞3**	
回避的対処	男	2.04	0.90	2.21	1.01	1.99	0.84	女＞男***	n.s.	n.s.
	女	2.26	0.84	2.36	0.97	2.65	0.98			
							*p＜.05	**p＜.01	***p＜.001	

（2）平均値の比較

　どのようなコーピングを多く行うのかについて調べるため、2つの下位

尺度の得点について t 検定を行った（Table8-1-6）。その結果、有意な差がみられなかった。このことから中学生は「積極的対処」と「回避的対処」を同じくらいの程度で行っていることがわかる。

Table8-1-6　中学生コーピング下位尺度の t 検定（日本）

コーピング	積極的対処	回避的対処	t 値
平均値	2.16	2.19	0.75n.s.
SD	0.77	0.80	
			***p<.001

4. ソーシャルサポート

(1) 性差と学年差

「父親」「母親」「先生」「友だち」「きょうだい」の5つのサポート源ごとに得点を出して、性(2)×学年(3)の2要因分散分析を行った（Table8-1-7）。「母親」「友だち」「きょうだい」からのサポートに性差がみられ、いずれも男子より女子の受けているサポートの得点が高かった。

「父親」からのサポートは3年生より1年生の得点が高く、「母親」からのサポートは3年生より1年生や2年生の得点が高かった。1年生が両親からのサポートを多く受けていることがわかる。「友だち」からのサポートは1年生や3年生より2年生の得点が高かった。2年生が友だちからのサポートを多く受けているようである。

女子は「母親」「友だち」「きょうだい」からのサポートを受けることが多く、これは先行研究（嶋田，1993）での女子の方が全般的にサポートを受けることが多いという結果と一致している。3年生が両親から得られるサポートが少ないと感じているのは、先行研究（森下，1999；嶋田，1993など）の学年が高くなると家族からのサポート得点が低下するという結果と一致している。

Table8-1-7　中学生ソーシャルサポートの2要因分散分析（日本）

サポート源	性	1年生		2年生		3年生		主効果		
		M	SD	M	SD	M	SD	性	学年	交互作用
父親	男	2.20	0.89	2.20	0.81	1.88	0.78	n.s.	1>3**	n.s.
	女	2.45	1.04	2.16	0.89	2.01	0.90			
母親	男	2.49	0.88	2.55	0.93	2.13	0.82	女>男***	1≒2>3***	n.s.
	女	3.02	0.87	2.91	0.85	2.32	0.94			
先生	男	2.02	0.87	1.92	0.87	1.99	0.75	n.s.	n.s.	n.s.
	女	2.32	0.98	2.17	0.87	1.91	0.72			
親しい友だち	男	2.52	0.96	3.09	0.83	2.45	0.85	女>男***	2>1≒3**	n.s.
	女	3.34	0.76	3.41	0.59	3.15	0.81			
きょうだい	男	1.61	0.81	1.99	0.90	1.82	0.88	女>男***	n.s.	*
	女	2.36	1.07	2.14	1.02	2.06	0.93			

*$p<.05$　　**$p<.01$　　***$p<.001$

（2）平均値の比較

周りの人からのサポートに差があるのかを調べるため、5つのサポート源の得点について1要因分散分析を行った（Table8-1-8）。その結果、友だちからのサポート得点がもっとも高く、次いで母親が高かった。父親、先生ときょうだいからのサポートには有意な差がみられなかった。このことから中学生が日常友だちからのサポートを受けることが多いことがわかる。

Table8-1-8　中学生サポート源別のサポートの1要因分散分析（日本）

サポート源	父親	母親	先生	友だち	きょうだい	F値
平均値	2.12	2.57	2.06	2.95	1.98	122.3
SD	0.88	0.92	0.84	0.89	0.96	

友だち>母親>父親≒先生≒きょうだい***

***$p<.001$

5. 満足感

（1）性差と学年差

満足感の 2 下位尺度について性別と学年による 2 要因分散分析を行った（Table8-1-9）。「学校満足感」においては 2 年生より 1 年生の方の得点が高く、「自分満足感」においては 3 年生より 1 年生と 2 年生の方の得点が高かった。1 年生が自分と学校にもっとも満足している。

Table8-1-9　中学生満足感の 2 要因分散分析（日本）

	性	1 年生		2 年生		3 年生		主効果		
		M	SD	M	SD	M	SD	性	学年	交互作用
学校満足感	男	2.87	0.72	2.62	0.73	2.72	0.62	n.s.	1>2**	n.s.
	女	2.93	0.63	2.50	0.62	2.63	0.54			
自分満足感	男	2.96	0.77	3.09	0.60	2.71	0.67	n.s.	1≒2>3**	n.s.
	女	2.99	0.73	2.80	0.88	2.55	0.79			

**p<.01

（2）平均値の比較

学校と自分への満足感について、t 検定を行った（Table8-1-10）。その結果、自分への満足感の得点が高かった。このことから中学生が学校生活や環境より自分自身に満足していることがわかる。

Table8-1-10　中学生満足感下位尺度の t 検定（日本）

満足感	学校	自分	t値
平均値	2.72	2.89	3.07
SD	0.67	0.72	自分>学校**

**p<.01

第 2 節　ストレス反応の規定要因と軽減要因

ストレス反応の規定要因としてのストレッサーとコーピングがストレ

ス反応に与える影響と、軽減要因としてのソーシャルサポートと満足感が
ストレス反応に与える影響について検討する。

1. ストレッサーがストレス反応に与える影響

(1) ストレッサーとストレス反応の重回帰分析

　ストレス反応4側面の下位尺度得点を従属変数、ストレッサー5因子の
下位尺度得点を独立変数として重回帰分析を行った(Table8-2-1)。「教師」
ストレッサーは「不機嫌・怒り」と「無力的認知・思考」に正の関連を示した。
「親」と「身体」ストレッサーはストレス反応の4側面のすべてに正の関連を
示した。「友人」ストレッサーは「抑うつ・不安」に正の関連を示した。「学
業」ストレッサーとストレス反応の関連はみられなかった。

　「親」と「身体」ストレッサーからストレス反応への影響がもっとも大き
い。これまでの研究では「親」ストレッサーを論じた研究は少ない。しかし、
「親」ストレッサーは無視できない重要な側面であることがわかる。服部・
島田(2003)の研究では親子関係ストレッサーが勉強ストレッサーに次い
で、2番目に多く評価されている。また、思春期において身体的特徴に敏
感であることもうかがわれる。「友人」ストレッサーが「抑うつ・不安」に正
の関連を示したのは岡安・嶋田・丹羽・森・矢冨(1992)の研究結果と一致
し、日本の中学生にとって友人関係は「抑うつ・不安」の主な原因になって
いることがうかがわれる。「学業」ストレッサーはストレス反応を生じさせ
ていなかった。「ゆとり教育」制度で学業ストレッサーを感じているが、ス
トレス反応を生じるまでには至っていないことがうかがわれる。

Table8-2-1　中学生ストレッサーとストレス反応の重回帰分析(日本)

	不機嫌・怒り	抑うつ・不安	無力的認知・思考	身体的反応
教師ストレッサー	.12 *	-.02 n.s.	.14 *	.06 n.s.
親ストレッサー	.32 ***	.16 **	.27 ***	.27 ***
友人ストレッサ	.01 n.s.	.15 **	.05 n.s.	.05 n.s.
身体ストレッサー	.33 ***	.26 ***	.23 ***	.26 ***
学業ストレッサー	-.06 n.s.	.06 n.s.	.03 n.s.	.05 n.s.
R^2	.29	.19	.49	.24

$*p<.05$　　$**p<.01$　　$***p<.001$

（2）ストレッサーの組み合わせによるストレス反応表出の差異

ストレッサー尺度の下位尺度得点をもとにして、ward法によるクラスター分析を行った。クラスターの特徴をFigure8-2-1で示す。

クラスター1(CL1)：親ストレッサーの得点が比較的高い(47人、14.7%)

クラスター2(CL2)：身体ストレッサーの得点が比較的高い(60人、18.8%)

クラスター3(CL3)：全体的にストレッサーの得点が低い(212人、66.5%)

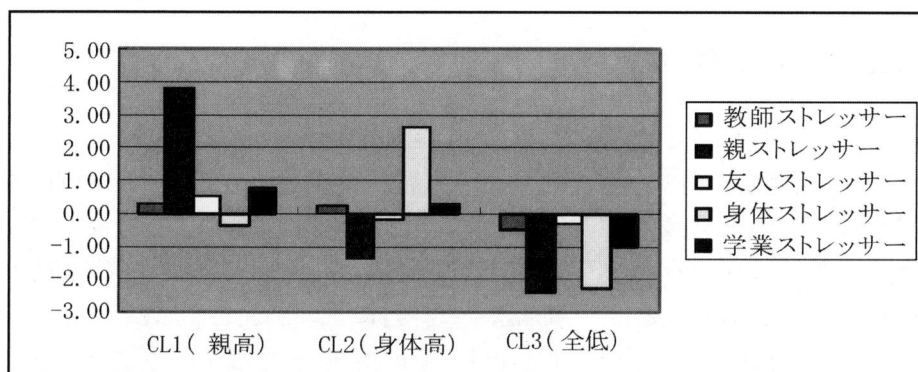

Figure8-2-1　中学生ストレッサーのクラスター特徴（日本）

ストレッサーのクラスターを要因とし、ストレス反応の下位尺度得点について1要因分散分析を行った(Table8-2-2)。CL1（親高）とCL2（身体高）はCL3（全低）より各ストレス反応の得点が高かった。親からのストレッサーを比較的強く感じているタイプと身体的ストレッサーを強く感じているタイプは、全体的にストレッサーを弱く感じているタイプよりストレス反応を表出することが多い。

以上のことから中学生では「親」ストレッサーと「身体」ストレッサーを比較的に強く感じているタイプが存在していることがわかる。また、この特徴をもっている生徒は、全般的にストレッサーを低く感じているタイプよりもストレス反応を多く表出していることがわかる。

Table8-2-2　中学生ストレッサーのクラスター別のストレス反応得点（日本）

ストレッサー	CL1(親高)		CL2(身体高)		CL3(全低)		F検定	
	M	SD	M	SD	M	SD	F値	
不機嫌・怒り	3.13	0.74	2.84	0.83	2.09	0.86	40.68	CL1≒CL2>CL3***
抑うつ・不安	2.41	1.02	2.52	0.97	1.74	0.83	24.33	CL1≒CL2>CL3***
無力的認知・思考	2.79	0.89	2.70	0.82	2.03	0.76	28.51	CL1≒CL2>CL3***
身体的反応	1.99	0.94	1.76	0.74	1.33	0.55	25.29	CL1≒CL2>CL3***
								***$p < .001$

2.　コーピングがストレス反応に与える影響

(1)　コーピングとストレス反応の重回帰分析

コーピングがストレス反応に与える影響を調べるため、ストレス反応を従属変数、コーピングを独立変数とする重回帰分析を行った（Table8-2-3）。「積極的対処」は「抑うつ・不安」に正の関連を示した。そして、「回避的対処」は「不機嫌・怒り」と「無力的認知・思考」に正の関連を示した。

以上のことから、「積極的対処」と「回避的対処」を単独で行うことはストレス反応の表出を増加させていることがわかる。三浦（2002）は友人関係と学業からのストレッサーに直面したときに行う「逃避・回避的対処」はストレス反応を表出しやすくするということを報告している。また、友人関係ストレッサーにおいて「積極的対処」は「抑うつ・不安」反応に正の関連を示すという結果を得ており、本研究の結果と同じ傾向を示している。

本研究では「積極的対処」や「回避的対処」を単独で行うことはストレス反応の軽減に効果がなく、コーピングを組み合わせて行うことの必要性が示唆された。

Table8-2-3　中学生コーピングとストレス反応の重回帰分析（日本）

	不機嫌・怒り		抑うつ・不安		無力的認知・思考		身体的反応	
積極的対処	-.09		.33	***	-.06		.03	
回避的対処	.17	**	-.06		.19	***	.02	
R^2	.03		.10		.03		.00	
				*$p < .05$		**$p < .01$		***$p < .001$

(2) コーピングの組み合わせによるストレス反応表出の差異

コーピング尺度の2下位尺度得点について、ward法によるクラスター分析を行った。その特徴はFigure8-2-2に示す。

クラスター1(CL1)：比較的「積極的対処」の得点が高い(163人、41.8%)

クラスター2(CL2)：全体的にコーピングの得点が低い(144人、36.9%)

クラスター3(CL3)：全体的コーピングの得点が高い(83人、21.3%)

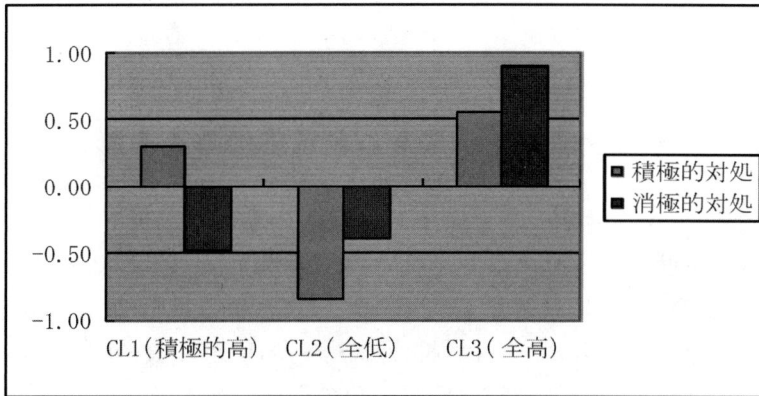

Figure8-2-2　中学生コーピングのクラスター特徴(日本)

コーピングの組み合わせのパターンによって、ストレス反応の表出に違いがみられるかを検討した。クラスター分析によって抽出された3つのクラスターを独立変数、ストレス反応尺度の各下位尺度をそれぞれ従属変数とした1要因分散分析を行った(Table8-2-4)。その結果、「不機嫌・怒り」反応において有意差がみられ、CL2(全低)はCL1(積極的高)より得点が高かった。「抑うつ・不安」においては、CL1(積極的高)と CL3(全高)の得点がCL2(全低)より高かった。

以上のことから実行するコーピングのパターンによって、ストレス反応の表出に違いがみられることが明らかにされた。具体的にいえば、コーピングを行うことが少ないタイプ(CL2)は「不機嫌・怒り」反応の表出は高かったが、「抑うつ・不安」反応の表出は少なかった。よって、コーピングを適切に組み合わせることによってストレスに対処すべきであることが示された。

Table8-2-4　中学生コーピング群分けによるストレス反応得点（日本）

コーピング	CL1(積極的高)		CL2(消極的高)		CL3(全高)		F検定	
	M	SD	M	SD	M	SD	F値	多重比較
不機嫌・怒り	2.23	0.83	2.52	1.05	2.46	0.97	3.96	CL2>CL1*
抑うつ・不安	2.21	0.97	1.61	0.75	2.04	1.02	17.33	CL1≒CL3>CL2**
無力的認知・思考	2.17	0.77	2.28	0.92	2.34	0.90	1.28	n.s.
身体的反応	1.56	0.69	1.51	0.77	1.51	0.70	0.19	n.s.

*$p<.05$ **$p<.01$ ***$p<.001$

3. ソーシャルサポートがストレス反応に与える影響

(1) ソーシャルサポートとストレス反応の重回帰分析

ソーシャルサポートとストレス反応の関連性を検討するために、サポートを独立変数、ストレス反応を従属変数とする重回帰分析を行った（Table8-2-5）。父親サポートは「抑うつ・不安」反応に負の関連を示した。母親サポートは「不機嫌・怒り」反応に負の関連を示した。友だちサポートは「不機嫌・怒り」「抑うつ・不安」と「無力的認知・思考」に正の関連を示した。

Table8-2-5　中学生サポートとストレス反応の重回帰分析（日本）

サポート源	不機嫌・怒り	抑うつ・不安	無力的認知・思考	身体的反応
父親	−.01	−.17 *	−.06	−.06
母親	−.17 *	.14	−.13	−.11
教師	−.07	.08	−.08	−.01
友だち	.16 **	.13 *	.16 *	.09
きょうだい	−.01	.08	.04	.07
R^2	.04	.07	.04	.02

*$p<.05$　**$p<.01$　***$p<.001$

これらのことから親からのサポートはストレス反応を軽減させていることがわかる。友だちからのサポートはストレス反応を増加させている。

川原(2000)は友だちや教師からのサポートを多く受けている中学生はそうでない人より多くの情緒的混乱を示しているという結果を得ている。また、その原因について友だちや教師との関係が良好だと不安を十分に表すことができるので、ストレス反応の得点が高まると考えるのが妥当であると説明している。川原(2000)の説明によって、本研究で友だちサポートがストレス反応を増加させたことも理解できる。

(2) ソーシャルサポートの組み合わせによるストレス反応の差異

ソーシャルサポートの各サポート源のサポート得点について、ward法によるクラスター分析を行った。各クラスターの特徴をFigure8-2-3に示す。

クラスター1(CL1)：全体的サポートの得点が高い(157人、43.3.％)

クラスター2(CL2)：全体的にサポートの得点が中程度である(144人、39.7％)

クラスター3(CL3)：全体的にサポートの得点が低い(62人、17.0％)

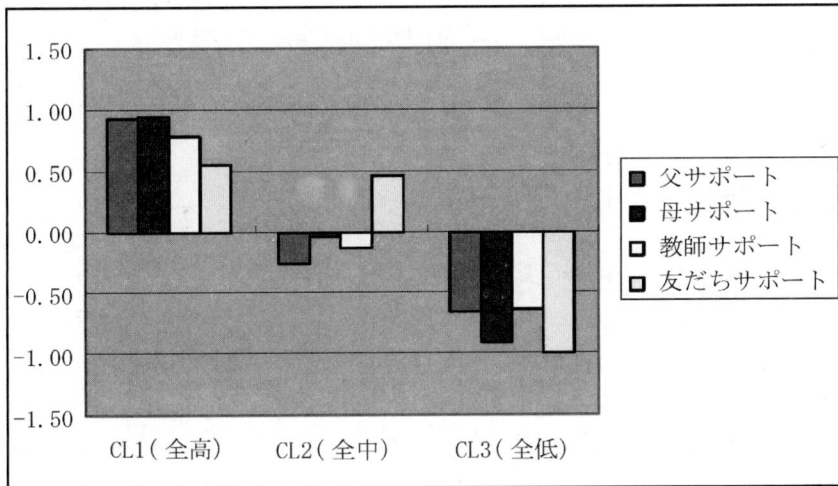

Figure8-2-3　中学生サポートのクラスター特徴(日本)

サポートのクラスターを要因とし、ストレス反応の得点について1要因分散分析を行った(Table8-2-6)。その結果、「不機嫌・怒り」においてはCL2(全中)の得点がCL1(全高)より高かった。「抑うつ・不安」においてはサポート高群の方が低群より得点が高かった。

これらのことからサポートを受けるパターンによってストレス反応の表出に違いが生じることが明らかになった。サポートを多く受けているタ

イプの生徒は「不機嫌・怒り」反応を表出することが少ない。しかし、「抑うつ・不安」反応を生じやすい傾向がある。サポートを多く得られていることが必ずしも結果的にストレス反応を軽減することにつながるとは限らない。なぜなら、そのサポートがストレス軽減に適切なものである保障はなく、ソーシャルネットワークが広いことによって引き起こされる人間関係上のストレッサーを増大させることにつながる可能性も十分に考えられるためである(廣岡ら，2002)。

Table8-2-6　中学生サポートのクラスター別のストレス反応得点 （日本）

サポート	CL1(全高)		CL2(全中)		CL3(全低)		F検定	
	M	SD	M	SD	M	SD	F値	多重比較
不機嫌・怒り	2.26	0.91	2.55	0.94	2.38	1.03	3.71	CL2>CL1*
抑うつ・不安	2.11	0.93	1.94	0.96	1.66	0.86	5.41	CL1>CL3**
無力的認知・思考	2.17	0.82	2.37	0.80	2.22	1.02	2.09	n.s.
身体的反応	1.50	0.71	1.53	0.68	1.59	0.79	0.34	n.s.

$*p<.05$ $**p<.01$ $***p<.001$

4. 満足感がストレス反応に与える影響

(1) 満足感とストレス反応の重回帰分析

　満足感がストレス反応に与える影響を調べるため、ストレス反応を従属変数、満足感を独立変数とする重回帰分析を行った(Table8-2-7)。

　学校への満足感は「不機嫌・怒り」と「無力的認知・思考」に高い負の関連を示した。自分への満足感は「不機嫌・怒り」「抑うつ・不安」「無力的認知・思考」「身体的反応」のすべてのストレス反応に負の関連を示した。

　このことから学校と自分への満足感を高めることはストレス反応を軽減できることがわかる。特に自分への満足感がストレス反応に与える影響が大きい。

Table8-2-7　中学生満足感とストレス反応の重回帰分析(日本)

	不機嫌・怒り	抑うつ・不安	無力的認知・思考	身体的反応
学校満足感	-.34 ***	.04	-.24 ***	-.04

	不機嫌・怒り	抑うつ・不安	無力的認知・思考	身体的反応
自分満足感	−.15 *	−.32 ***	−.34 ***	−.36 ***
R^2	.17	.09	.22	.14
				*p<.05 　　**p<.01 　　***p<.001

(2) 満足感の組み合わせによるストレス反応の差異

満足感のクラスターの特徴は以下のようである。

クラスター1(CL1)：満足感の得点が低い(105 人、50.0%)

クラスター2(CL2)：満足感の得点が高い(106 人、50.0%)

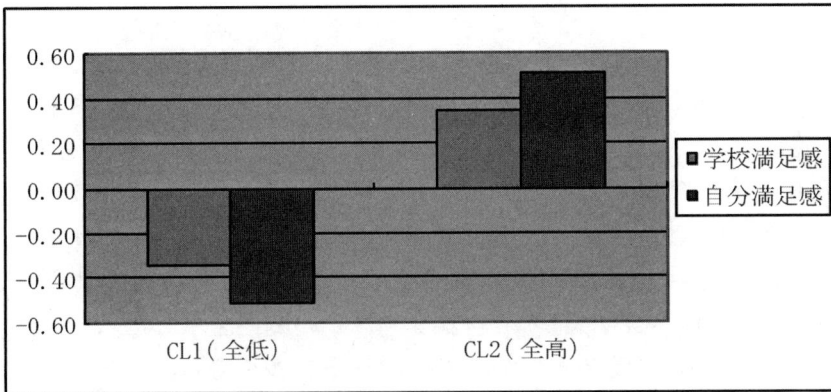

Figure8-2-4　中学生満足感クラスターの特徴(日本)

　満足感のクラスターを要因とし、ストレス反応の下位尺度得点について t 検定を行った(Table8-2-8)。すべてのストレス反応において満足感低群の得点が高かった。このことから満足感の高い生徒ほどストレス反応の表出が少ないことが示された。

Table8-2-8　中学生満足感のクラスター別のストレス反応得点(日本)

満足感	CL1(全低)		CL2(全高)		t 検定	
	M	SD	M	SD	t 値	
不機嫌・怒り	2.59	0.88	2.09	0.86	4.13	CL1>CL2***
抑うつ・不安	2.40	0.99	1.91	0.88	3.75	CL1>CL2***
無力的認知・思考	2.54	0.82	1.96	0.67	5.56	CL1>CL2***
身体的反応	1.78	0.81	1.37	0.64	4.11	CL1>CL2***
						***p<.001

第3節　ソーシャルサポートがストレッサー評価
とコーピングに与える影響

本節ではストレスの軽減要因としてのサポートがストレッサー評価と
コーピングに与える影響について検討する。

1. ソーシャルサポートがストレッサー評価に与える影響

(1) ソーシャルサポートとストレッサーの重回帰分析

サポートがストレッサーの評価に与える影響を調べるため、ストレッサ
ーを従属変数、サポートを独立変数とする重回帰分析を行った
(Talbe8-3-1)。父親サポートからストレッサー評価への関連はみられなか
った。母親からのサポートは「親」ストレッサーに、先生からのサポートは
「教師」ストレッサーに高い負の関連を示した。友だちからのサポートは
「教師」「親」「身体」と「学業」ストレッサーに正の関連を示した。

以上のことから母親と先生からのサポートを多く得られると、ストレッ
サーを低く評価していることがわかる。しかし、友だちからのサポートを
多く受けている生徒はストレッサーを高く評価している。

Table8-3-1　中学生サポートとストレッサーの重回帰分析（日本）

ストレッサー	教師	親	友人	身体	学業
父親サポート	-.01	-.11	-.09	-.14	-.03
母親サポート	.02	-.34 ***	.02	.04	-.07
先生サポート	-.34 ***	.09	.00	-.08	-.07
友だちサポート	.15 *	.20 **	-.03	.20 **	.23 **
きょうだいサポート	-.01	-.01	.02	-.01	.04
R^2	.10	.13	.01	.05	.05

$*p<.05 **p<.01 ***p<.001$

(2) サポートの組み合わせによるストレッサー評価の差異

前節で得られたサポートの３つのクラスターを要因とし、ストレッサーの下位尺度得点について１要因分散分析を行った（Table8-3-2）。「親」ストレッサーにおいて有意差がみられ、CL2（全中）の得点がCL1（全高）より高かった。「教師」「友人」「身体」と「学業」ストレッサーにおいてはサポート高中低群の間で有意差がみられなかった。

これらのことから全体的にサポートを多く受けている中学生は「親」ストレッサーを低く感じていることがわかる。また、サポートの高中低群によるストレッサーの認知にはあまり差がないことが示された。

Table8-3-2　中学生サポートのクラスター別のストレッサー得点（日本）

サポート	CL1(全高)		CL2(全中)		CL3(全低)		F検定	
	M	SD	M	SD	M	SD	F値	多重比較
教師ストレッサー	0.76	1.53	1.12	1.81	1.17	2.16	1.83	n.s.
親ストレッサー	1.51	2.27	2.67	2.98	2.11	2.62	6.59	CL2>CL1**
友人ストレッサー	0.64	1.05	0.58	1.19	0.78	1.71	0.53	n.s.
身体ストレッサー	1.53	2.32	1.82	2.45	1.20	2.34	1.48	n.s.
学業ストレッサー	1.95	2.17	1.98	2.04	1.77	2.11	0.19	n.s.

*$p<.05$ **$p<.01$ ***$p<.001$

2. ソーシャルサポートがコーピングに与える影響

(1) ソーシャルサポートとコーピングの重回帰分析

周りから受けているサポートがコーピングに与える影響を調べるため、コーピングを従属変数、サポートを独立変数とする重回帰分析を行った（Table8-3-3）。母親、先生、友だちからのサポートは「積極的対処」に正の関連を示した。友だちからのサポートは「回避的対処」に正の関連を示した。

これらのことからサポートはコーピングの実行を促進しており、特に友だちからのサポートがコーピングへの影響が大きいことがわかる。

Table8-3-3　中学生サポートとコーピングの重回帰分析（日本）

サポート源	積極的対処	回避的対処
父親	.01	.12
母親	.14 *	−.02
先生	.20 ***	.09
友だち	.27 ***	.22 ***
きょうだい	.01	−.11
R^2	.24	.08

*$p<.05$　**$p<.01$　***$p<.001$

（2）サポートの組み合わせによるコーピング得点の差異

　　サポートの3つのクラスターを要因とし、コーピングの下位尺度得点について、1要因分散分析を行った（Table8-3-4）。サポートの高群は中群より、中群は低群より「積極的対処」の得点が高かった。「回避的対処」においては高群と中群は低群より得点が高かった。

　　これらのことからサポートを受けることが少ない生徒は「積極的対処」と「回避的対処」の実行が少ないことがわかる。

Table8-3-4　中学生サポートのクラスター別のコーピング得点（日本）

サポート	CL1(全高)		CL2(全中)		CL3(全低)		F検定	
	M	SD	M	SD	M	SD	F値	多重比較
積極的対処	2.42	0.75	2.12	0.70	1.49	0.44	40.96	CL1>CL2>CL3***
回避的対処	2.34	0.76	2.17	0.78	1.85	0.78	9.09	CL1≒CL2>CL3***

*$p<.05$　**$p<.01$　***$p<.001$

第4節　満足感がストレッサー評価と
コーピングに与える影響

　　本節では軽減要因としての満足感がストレッサー評価とコーピングに

与える影響について検討する。

1. 満足感がストレッサー評価に与える影響

（1）満足感とストレッサーの重回帰分析

満足感がストレッサーに与える影響を調べるため、ストレッサーを従属変数、満足感を独立変数とする重回帰分析を行った（Table8-4-1）。学校への満足感は「教師」と「身体」ストレッサーに負の関連を示した。自分への満足感は「親」「友人」と「身体」ストレッサーに負の関連を示した。

これらのことから学校と自分への満足感を高めることはストレッサーを低く評価することにつながると思われる。また、「自分満足感」からストレッサー評価への軽減効果が多くみられた。

Table8-4-1 中学生満足感とストレッサーの重回帰分析（日本）

ストレッサー	教師	親	友人	身体	学業
学校満足感	-.40 ***	-.14	-.14	-.15 *	-.11
自分満足感	-.03	-.36 ***	-.35 ***	-.26 **	-.15
R^2	.17	.19	.18	.12	.04

$*p<.05$ $**p<.01$ $***p<.001$

（2）満足感の組み合わせによるストレッサー得点

満足感のクラスターによって得られた高低群におけるストレッサー得点について t 検定を行った（Table8-4-2）。すべてのストレッサーにおいて満足感低群の得点が高かった。このことから全般的に満足感の高い生徒はストレッサーを低く評価していることがわかる。

Table8-4-2 中学生満足感のクラスター別のストレッサー得点（日本）

満足感	CL1(全低)		CL2(全高)		t 検定	
ストレッサー	M	SD	M	SD	t 値	
教師	1.24	2.01	0.52	1.28	3.01	CL1>CL2**
親	2.77	2.88	1.20	1.95	4.45	CL1>CL2***
友人	1.10	1.69	0.40	0.89	3.68	CL1>CL2***
身体	2.21	2.47	1.12	2.04	3.32	CL1>CL2**

満足感	CL1(全低)		CL2(全高)		t 検定	
学業	2.24	2.26	1.64	1.82	1.98	CL1>CL2*
						*$p<.05$ **$p<.01$ ***$p<.001$

2. 満足感がコーピングに与える影響

満足感とコーピングについて重回帰分析の結果、学校と自分への満足感とコーピングの関連はみられなかった。このことから満足感はコーピングに直接的には影響を及ぼしていないことがわかる。

Table8-4-3　中学生満足感とコーピングの重回帰分析(日本)

	積極的対処	消極的対処
学校満足感	.09 n.s.	.02 n.s.
自分満足感	.05 n.s.	.04 n.s.
R^2	.01	0
		*$p<.05$　　**$p<.01$　　***$p<.001$

第5節　ストレスの諸変数におけるクラスターパターンの人数分布の特徴

本節ではストレスの5つの変数のパターンの人数分布の特徴について検討する。

1. ストレス反応のクラスター分析

ストレス反応の下位尺度得点について、ward法によるクラスター分析を行った（Figure8-5-1）。その特徴は以下のようである。

クラスター1(CL1)：中程度で、不機嫌・怒り反応の得点が比較的高い(197人、44.9%)

クラスター2(CL2)：全体的にストレス反応の得点が低い(196人、44.6%)

クラスター3(CL3)：全体的にストレ反応の得点が高い(46人、10.5%)

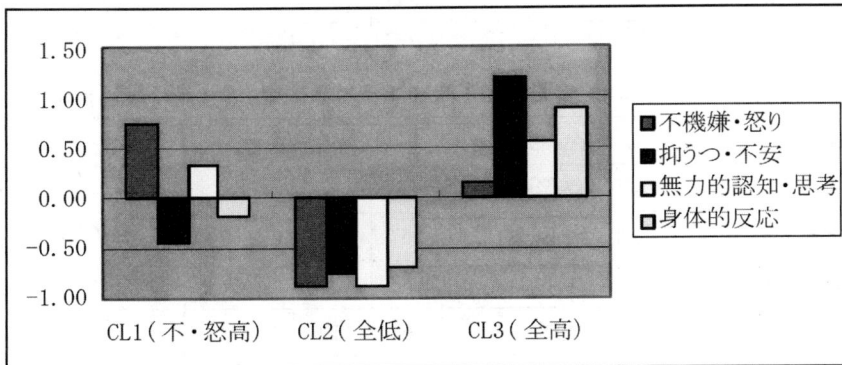

Figure8-5-1　中学生ストレス反応のクラスター特徴(日本)

2. ストレスの諸変数のパターンの人数分布特徴

　ストレスの5つの変数についてクラスター分析を行い、得られたパターンの人数分布についてχ^2検定を行った(Table8-5-1)。ストレッサーを全体的に低く認知しているタイプの割合（CL3：66.5%）が「親」ストレッサーの高いタイプ（CL1：14.7%）と「身体」ストレッサーの高いタイプ（CL2：18.8%）より有意に多かった。中学生でストレッサーを全体的に低く感じているタイプが多いことがわかる。

　ストレス反応を全体的に表出することの少ないタイプ(CL2：65.39%)は「不機嫌・怒り」反応を生じることが多いタイプ(CL1：22.9%)より割合が高く、CL1はストレス反応を全体的に生じることが多いタイプ(CL3:11.7%)より割合が高かった。このことからストレス反応を表出することが多い生徒が1割程度いることがわかる。

　コーピングにおいてはCL1(41.8%)とCL2(36.9%)の人数がCL3(21.3%)より有意に多かった。このことから全体的にコーピングを行うことが多いパターンの生徒が20%くらいいることがわかる。

　サポートに関しては高群（43.3%）と中群（39.7%）が低群（17%）より有意に多かった。サポートを受けることが少ないと認知している中学生は17%であり、相対的に少ないことがわかる。

　満足感においては高群と低群の人数に有意な差がみられなかった。

Table8-5-1　中学生ストレス諸変数のクラスター人数（日本）

		度数	%	χ^2値	多重比較
ストレッサー	CL1（親高）	47	14.7	158.3	CL3＞CL1≒CL2**
	CL2（身高）	60	18.8		
	CL3（全低）	212	66.5		
ストレス反応	CL1（不機嫌怒り高）	90	22.9	189.18	CL2＞CL1＞CL3**
	CL2（全低）	257	65.4		
	CL3（全高）	46	11.7		
コーピング	CL1（積高）	163	41.8	26.88	CL1≒CL2＞CL3**
	CL2（消高）	144	36.9		
	CL3（全高）	83	21.3		
サポート	CL1（全高）	157	43.3	43.85	CL1≒CL2＞CL3**
	CL2（全中）	144	39.7		
	CL3（全低）	62	17.0		
満足感	CL1（低群）	105	50.0	0.00	n.s.
	CL2（高群）	106	50.0		

*p<.05　**p<.01　***p<.001

第6節　ストレスモデルの構成

　本研究でのストレスの仮説モデルにしたがって、日本の中学生における
ストレスモデルの適合性を検討する。

　まず、ストレスの5つの変数における各項目の合計得点を出すことがで
きるかを検証するためにα係数を確認した結果、ストレッサー（α=.83,
16項目）、ストレス反応（α=.90, 18項目）、コーピング（α=.74, 8項目）、
ソーシャルサポート（α=.78, 20項目）、満足感（α=.75, 8項目）において、
内的整合性がみられた。

　諸変数における各項目の合計得点を観測変数として、共分散構造分析を
行った。その結果、Figure8-6-1のようなモデルが得られ、適合度も確認

中小学生心理压力的中日比较研究——基于比较文化心理学的视角

された (CFI=.997, RMSEA=.027)。ストレッサーとコーピングからストレス反応へのパス係数はそれぞれ.48 と.13 で、規定要因からストレス反応への因果関係が確認された。しかし、コーピングからストレス反応への影響は小さかった。また、ストレッサーからコーピングへの関連もみられていない。サポートはコーピングに正の関連(パス係数.39)を示し、サポートを多く受けている中学生はコーピングの実行も多くなることがわかる。また、サポートと満足感は正の相関(.31)を示し、相互的に促進し合っていることがわかる。サポートからストレッサー評価への直接影響はみられておらず、ストレス反応への直接影響(.10)も小さかった。満足感からストレッサー評価とストレス反応へはそれぞれ負の関連(−.47 と−.22)を示し、満足感のストレス軽減効果が確認された。

　以上のことからストレッサーは直接ストレス反応を生じさせていることがわかる。そしてストレッサーとコーピングの間には、媒介変数が存在する可能性が示された。また、サポートからストレスへの直接的な軽減効果は弱く、満足感を通しての間接的な軽減効果が大きいことが示された。

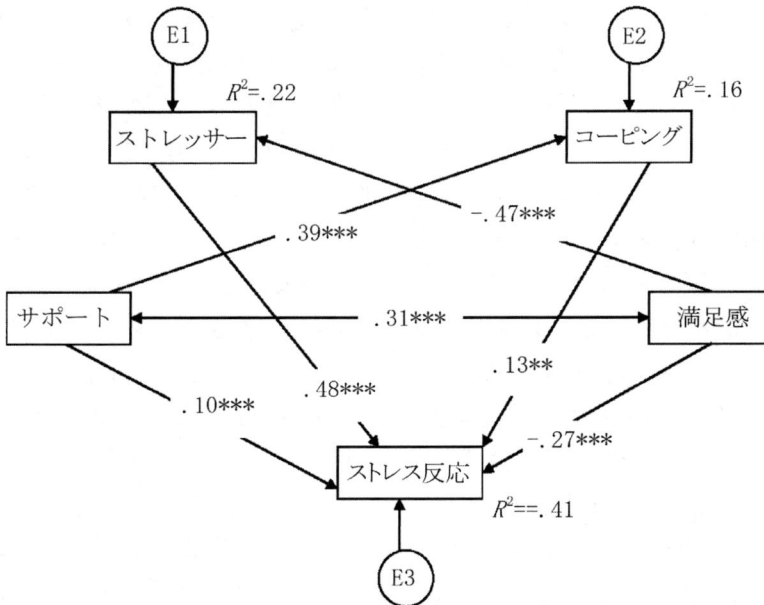

Figure8-6-1　中学生モデル(日本)

$\chi^2(3)=3.877$　$p=.275$　CFI=.997　RMSEA=.027　**$p<.01$　***$p<.001$

第7節　本章のまとめ

　本章においては、第1節でストレッサー、ストレス反応、コーピング、ソーシャルサポートと満足感の下位尺度における性差と学年差および平均値の比較について明らかにした。①ストレッサーにおいては、女子が友人、身体と学業からのストレッサーを強く感じ、3年生が1年生より親、身体、学業からのストレッサーを強く感じている。そして、親、身体と学業からのストレッサーを教師と友人からのストレッサーより強く感じている。②ストレス反応においては、女子が「不機嫌・怒り」「抑うつ・不安」「無力的認知・思考」「身体的反応」を頻繁に表出している。また、1年生より3年生が「無力的認知・思考」を頻繁に表出している。そして、全体的には「不機嫌・怒り」反応を他のストレス反応より頻繁に表出している。③コーピングにおいては、女子が「積極的対処」と「回避的対処」を多く行っている。また、2年生が1年生と3年生より「積極的対処」を多く行っている。そして、「積極的対処」と「回避的対処」を同じくらいの程度で行っている。④ソーシャルサポートにおいては、母親、友だちときょうだいからのサポートを女子が多く受けている。父親、母親、友だちからのサポートを3年生が受けることは少ない。しかし、全体的には友人からのサポートを受けることが多い。⑤満足感においては、学校と自分について1年生がもっとも満足している。そして、学校への満足感より自分への満足感が高かった。

　第2節では、ストレッサー、コーピング、ソーシャルサポートと満足感がストレス反応の表出にどのような影響を及ぼしているのかについて検討を行った。その結果は以下のとおりである。①親と身体からのストレッサーがストレス反応への影響が大きかった。そして、全体的にストレッサーを感じることが少ない生徒はストレス反応の表出が少なかった。②「積極的対処」は「抑うつ・不安」反応に、「回避的対処」は「不機嫌・怒り」と「無力的認知・思考」に正の関連を示した。また、コーピングを行うことが少ないタイプの生徒は「不機嫌・怒り」反応を表出することが多く、「抑うつ・不安」反応の表出は少なかった。③父親サポートは「抑うつ・不安」反応に、母親サポートは「不機嫌・怒り」反応に負の関連を示した。友だちサポートは「身体的反応」以外のストレス反応に正の関連を示した。そして、サポー

ト高群の「不機嫌・怒り」反応は少なく、「抑うつ・不安」反応は多かった。④学校満足感は「不機嫌・怒り」反応と「無力的認知・思考」に、自分満足感はすべてのストレス反応に負の関連を示した。また、満足感高群は低群よりストレス反応を表出することが少ない。

　第3節では、ソーシャルサポートがストレッサー評価とコーピングに及ぼす影響について検討し、以下の結果が得られた。①母親サポートは「親」ストレッサーに、先生サポートは「教師」ストレッサーに負の関連を示した。友だちサポートは友人以外のストレッサーに正の関連を示した。また、サポート高群は中群より「親」ストレッサーを感じることが少ない。②母親、先生と友だちからのサポートは「積極的対処」に正の関連を示した。友だちサポートは「回避的対処」にも正の関連を示した。そして、サポート高群は低群より「積極的対処」と「回避的対処」を行うことが多い。

　第4節では、満足感がストレッサー評価とコーピングに及ぼす影響について検討し、以下の結果が得られた。①「学校満足感」は「教師」と「身体」ストレッサーに負の関連を示し、「自分満足感」は「親」「友人」と「身体」ストレッサーに負の関連を示した。また、満足感低群が高群より各種のストレッサーを感じることが多い。②満足感とコーピングの関連はみられなかった。

　第5節では、ストレスの諸変数におけるパターンの人数分布の特徴を検討した。その結果は以下のとおりである。①ストレッサーを感じることの少ないタイプ（66.5%）の生徒がもっとも多い。②ストレス反応を表出することの少ないタイプ（65.4%）の生徒がもっとも多い。③コーピングを行うことが多いタイプ（21.3%）の生徒が少ない。④サポートを受けることが少ないと認知している生徒（17%）が少ない。⑤満足感の高低群には人数の差がみられなかった。

　第6節のストレスモデルでは規定要因としてのストレッサーとコーピングがストレス反応に影響を与えること、満足感のストレス軽減効果、サポートがコーピングを促進していることが確認された。しかし、サポートはストレスを直接的に軽減するというよりも満足感を通して間接的にストレスを軽減することが多いことがわかった。そして、ストレッサー評価からコーピングへの直接関連はみられておらず、媒介変数が存在する可能性が示された。

　以上のことから日本の中学生のストレス状況が明らかにされた。

第9章　日本の小学生と中学生における
ストレスの発達的変化

　小学生と中学生のストレスの諸変数における項目の得点を調べ、ストレスの発達的変化を明らかにする。具体的には小学生向けと中学生向けの質問紙から同じ項目を取り出し、直接比較を行う。

1.　出来事の経験頻度について

　出来事の 11 項目について性別と学校段階を要因とする 2 要因分散分析を行った(Table9-1)。「1. 親から勉強しなさいとうるさく言われた」において女子より男子の方が頻繁に経験している。残り 6 つの出来事においては男子より女子の方の得点が高かった。それは身体的特徴に関する出来事を 4 項目(No:6、13、18、22)含んでおり、女子の方が男子より身体に関連する出来事を頻繁に経験していることがわかる。また、「4. テストの点数が悪かった」「19. 親が自分のきもちを分かってくれなかった」においても女子の方が頻繁に経験しており、全般的に女子の方が男子よりも出来事を頻繁に経験していることが示された。学校差がみられたのは 8 つの出来事であり、いずれも中学校より小学校の方の得点が高かった。それは親、友人と身体に関する出来事である。

　以上のことから性別上では男子より女子の方が、学校段階では中学生より小学生の方が出来事を頻繁に経験していることがわかる。

Table9-1　小中学校における出来事の経験頻度(日本)

項目			小学校	中学校	性差	学校差	交互作用
1. 親から勉強しなさいとうるさく言われた	男子	M	1.75	1.55	男>女***	小>中*	n.s.
		SD	1.04	1.15			
	女子	M	1.44	1.28			
		SD	0.97	1.15			

項目			小学校	中学校	性差	学校差	交互作用
4. テストの点数が悪かった	男子	M	1.52	1.61	女>男*	n.s.	n.s.
		SD	1.02	1.15			
	女子	M	1.69	1.79			
		SD	0.85	1.08			
5. だれかに、いじめられた	男子	M	0.79	0.36	n.s.	小>中***	n.s.
		SD	1.05	0.67			
	女子	M	0.67	0.39			
		SD	0.95	0.75			
6. 自分の体重が気になった	男子	M	0.72	0.48	女>男***	小>中**	n.s.
		SD	1.10	0.88			
	女子	M	1.57	1.42			
		SD	1.18	1.17			
13. 自分の身長が気になった	男子	M	0.92	0.70	女>男***	小>中**	n.s.
		SD	1.21	1.08			
	女子	M	1.32	1.05			
		SD	1.25	1.20			
15. 友だちに、いやなあだ名や悪口を言われた	男子	M	1.10	0.55	n.s.	小>中***	n.s.
		SD	1.17	0.80			
	女子	M	1.17	0.68			
		SD	1.15	0.84			
16. 友だちに、なかまはずれにされた	男子	M	0.77	0.20	n.s.	小>中***	n.s.
		SD	1.04	0.55			
	女子	M	0.83	0.35			
		SD	1.04	0.72			
18. 自分の顔が気にいらない	男子	M	0.65	0.51	女>男***	n.s.	*
		SD	0.98	0.88			
	女子	M	0.94	1.20			
		SD	0.98	1.12			

項目			小学校	中学校	性差	学校差	交互作用
19. 親が自分のきもちを分かってくれなかった	男子	M	1.09	0.78	女>男**	小>中**	n.s.
		SD	1.21	1.07			
	女子	M	1.24	1.09			
		SD	1.15	1.19			
21. 先生がえこひいきをした	男子	M	0.42	0.50	n.s.	n.s.	n.s.
		SD	0.90	0.98			
	女子	M	0.43	0.57			
		SD	0.80	0.95			
22. 二次性徴の出現で悩んだ	男子	M	0.25	0.06	女>男***	小>中***	n.s.
		SD	0.66	0.37			
	女子	M	0.49	0.26			
		SD	0.88	0.65			

*$p<.05$ **$p<.01$ ***$p<.001$

2. 出来事の嫌悪性について

経験した出来事の嫌悪性について性と学校段階を要因とする2要因分散分析を行った(Table9-2)。8つの出来事について男子より女子の方の嫌悪性が高かった。それは身体(3つ)、友人(2つ)、親(1つ)、学業(1つ)に関する出来事であり、男子より女子の方が経験した出来事について嫌だと評価している。また、「18. 自分の顔が気にいらない」において交互作用がみられ、男子は中学校で得点が高かったが、女子は小学校で得点が高かった。「1. 親から勉強しなさいとうるさく言われた」ことについて女子より男子の方が頻繁に経験しているが、嫌悪性では男女差がみられなかった。男子は女子より自覚的に勉強することが少なく、親に勉強するようによく言われるが、それをあまり嫌であると思っていないことがうかがわれる。

学校差がみられたのは8つの出来事であり、いずれも小学生の方が中学生より経験した出来事を嫌であると評価している。「18. 自分の顔が気にいらない」においては交互作用がみられ、男子では発達的変化がみられなか

った が、女子では小学校で得点が高かった。これらのことから中学生より小学生の方が経験した出来事について嫌悪性を強く感じていることがわかる。

Table9-2 小中学校における出来事の嫌悪性（日本）

項目			小学校	中学校	性差	学校差	交互作用
1. 親から勉強しなさいとうるさく言われた	男子	M	1.36	1.19	n.s.	小>中**	n.s.
		SD	1.08	1.18			
	女子	M	1.28	1.04			
		SD	0.98	1.08			
4. テストの点数が悪かった	男子	M	1.18	1.14	女>男***	小>中*	n.s.
		SD	1.11	1.13			
	女子	M	1.72	1.38			
		SD	1.07	1.09			
5. だれかに、いじめられた	男子	M	0.96	0.40	n.s.	小>中***	n.s.
		SD	1.23	0.81			
	女子	M	0.94	0.48			
		SD	1.20	0.97			
6. 自分の体重が気になった	男子	M	0.55	0.35	女>男***	小>中**	n.s.
		SD	0.95	0.78			
	女子	M	1.45	1.24			
		SD	1.15	1.21			
13. 自分の身長が気になった	男子	M	0.55	0.45	女>男***	n.s.	n.s.
		SD	0.95	0.92			
	女子	M	0.89	0.83			
		SD	1.11	1.17			
15. 友だちに、いやなあだ名や悪口を言われた	男子	M	1.12	0.49	女>男**	小>中***	n.s.
		SD	1.26	0.86			
	女子	M	1.34	0.77			
		SD	1.33	1.08			

項目			小学校	中学校	性差	学校差	交互作用
16. 友だちに、なかまはずれにされた	男子	M	0.94	0.23	女>男**	小>中***	n.s.
		SD	1.21	0.70			
	女子	M	1.11	0.47			
		SD	1.27	0.97			
18. 自分の顔が気にいらない	男子	M	0.57	0.35	女>男***	n.s.	*
		SD	0.93	0.80			
	女子	M	0.97	1.04			
		SD	1.07	1.16			
19. 親が自分のきもちを分かってくれなかった	男子	M	1.13	0.69	女>男***	小>中***	n.s.
		SD	1.25	1.09			
	女子	M	1.36	1.06			
		SD	1.26	1.24			
21. 先生がえこひいきをした	男子	M	0.46	0.41	n.s.	n.s.	n.s.
		SD	0.95	0.96			
	女子	M	0.50	0.62			
		SD	0.97	1.08			
22. 二次性徴の出現で悩んだ	男子	M	0.18	0.07	女>男**	小>中***	n.s.
		SD	0.61	0.40			
	女子	M	0.39	0.16			
		SD	0.80	0.53			

*p<.05 **p<.01 ***p<.001

3. ストレス反応について

ストレス反応7項目について性と学校段階による2要因分散分析を行った(Table9-3)。すべての項目において男子より女子の方の得点が高かった。女子は男子よりストレス反応を多く表出していることがわかる。

Table9-3　小中学校におけるストレス反応の発達的変化（日本）

項目			小学校	中学校	性差	学校差	交互作用
1. 頭がくらくらする	男子	M	1.50	1.40	女>男**	n.s.	n.s.
		SD	0.85	0.83			
	女子	M	1.66	1.66			
		SD	0.93	1.02			
2. かなしい	男子	M	1.84	1.47	女>男***	小>中**	n.s.
		SD	1.10	0.84			
	女子	M	2.35	2.25			
		SD	1.16	1.17			
4. いらいらする	男子	M	2.50	2.71	女>男*	中>小***	n.s.
		SD	1.26	1.02			
	女子	M	2.55	2.96			
		SD	1.25	0.98			
5. さびしい	男子	M	1.43	1.39	女>男***	n.s.	n.s.
		SD	0.84	0.78			
	女子	M	1.89	2.11			
		SD	1.11	1.16			
9. ずつうがある	男子	M	1.34	1.43	女>男***	中>小*	n.s.
		SD	0.75	0.86			
	女子	M	1.51	1.71			
		SD	0.91	1.08			
11. なんとなく、しんぱいである	男子	M	1.62	1.94	女>男***	中>小***	n.s.
		SD	0.93	1.01			
	女子	M	2.00	2.53			
		SD	1.11	1.10			
16. なにもやる気がしない	男子	M	1.96	2.35	女>男**	中>小***	n.s.
		SD	1.17	1.19			
	女子	M	2.09	2.69			
		SD	1.21	1.17			

*p<.05 **p<.01 ***p<.001

5つのストレス反応について学校差がみられ、「2. かなしい」症状は小学生の得点が高く、残り4項目においては中学生の得点が高かった。中学生の方が小学生よりストレス反応を表出することが多いことがわかる。

4. コーピングについて

　コーピング3項目について性と学校段階による2要因分散分析を行った（Table9-4）。「4. その原因がなにかをみつける」「10. だれかにたのんで解決してもらう」においては男子より女子の方の得点が高かった。女子が男子よりストレスを乗り越えるために努力していることがわかる。

　3項目とも学校差がみられ、「4. その原因がなにかをみつける」「10. だれかに頼んで解決してもらう」というコーピングは中学生が頻繁に行っており、「6. そのことをあまり考えないようにする」においては小学生が頻繁に行っている。

　このことから小学校では嫌なことを回避する対処を行うことが多いが、中学生になると問題を解決するという仕方で取り組んでいることがうかがわれた。

Talbe9-4　小中学校におけるコーピングの発達的変化（日本）

項目			小学校	中学校	性差	学校差	交互作用
4. その原因がなにかをみつける	男子	M	1.84	2.12	女>男***	中>小**	n.s.
		SD	1.04	1.10			
	女子	M	2.18	2.40			
		SD	1.04	1.12			
6. そのことをあまり考えないようにする	男子	M	2.27	2.05	n.s.	小>中**	n.s.
		SD	1.25	1.05			
	女子	M	2.40	2.17			
		SD	1.10	1.05			
10. だれかにたのんで解決してもらう	男子	M	1.41	1.75	女>男**	中>小**	n.s.
		SD	0.80	0.94			
	女子	M	1.46	1.95			
		SD	0.77	1.03			

*p<.05 **p<.01 ***p<.001

5. サポートについて

　父親、母親、先生、友だち、きょうだいの5つのサポート源からのサポートについて、性と学校段階を要因とする 2 要因分散分析を行った（Table9-5）。父親以外の4つのサポート源において男子より女子がサポートを多く受けていると認知している。

　友だち以外の4つのサポート源において学校差がみられ、中学生より小学生の方の得点が高かった。小学校段階では中学校より両親、先生、きょうだいからのサポートを受けることが多い。友だちからのサポートは変わらなかった。

Table9-5　小中学校におけるサポートの発達的変化（日本）

サポート源			小学校	中学校	性差	学校差	交互作用
父親	男子	*M*	2.51	2.12	n.s.	小>中***	n.s.
		SD	0.96	0.84			
	女子	*M*	2.64	2.21			
		SD	0.89	0.96			
母親	男子	*M*	2.85	2.42	女>男***	小>中***	n.s.
		SD	0.93	0.90			
	女子	*M*	3.17	2.76			
		SD	0.76	0.93			
先生	男子	*M*	2.43	1.98	女>男***	小>中***	n.s.
		SD	0.94	0.83			
	女子	*M*	2.71	2.14			
		SD	0.89	0.88			
友だち	男子	*M*	2.89	2.70	女>男***	n.s.	n.s.
		SD	0.93	0.93			
	女子	*M*	3.28	3.30			
		SD	0.72	0.72			

きょうだい	男子	M	1.97	1.81	女>男***	小>中*	n.s.
		SD	1.00	0.87			
	女子	M	2.30	2.19			
		SD	0.99	1.01			

*p<.05　　**p<.01　　***p<.001

6. 満足感について

　満足感 7 項目について性と学校を要因とする 2 要因分散分析を行った
（Table9-6）。

　「6. 友だちとの付き合い」について女子よりも男子の方が満足している。
また、「4. 心の相談」以外の 6 つの項目については小学生の方の満足感が高
い。女子より男子の方が友人との付き合いに満足しており、中学生になる
と満足感が低くなることがわかる。

Table9-6　小中学校における満足感の発達的変化（日本）

項目			小学校	中学校	性差	学校差	交互作用
1.自分の成績	男子	M	2.04	1.76	n.s.	小>中***	n.s.
		SD	0.57	0.64			
	女子	M	2.02	1.62			
		SD	0.53	0.58			
2. 学校の規則	男子	M	2.08	1.94	n.s.	小>中***	*
		SD	0.54	0.62			
	女子	M	2.10	1.80			
		SD	0.51	0.59			
3. 部活動	男子	M	2.32	2.23	n.s.	小>中*	n.s.
		SD	0.67	0.68			
	女子	M	2.42	2.27			
		SD	0.62	0.66			

4. 心の相談	男子	M	2.21	2.14	n.s.	n.s.	n.s.
		SD	0.56	0.66			
	女子	M	2.24	2.22			
		SD	0.59	0.58			
5. 今の自分の生活	男子	M	2.41	2.12	n.s.	小>中***	n.s.
		SD	0.62	0.53			
	女子	M	2.34	2.08			
		SD	0.63	0.58			
6. 友だちとの付き合い	男子	M	2.59	2.26	男>女*	小>中***	n.s.
		SD	0.61	0.54			
	女子	M	2.51	2.16			
		SD	0.65	0.65			
7. じゅぎょうの内容のやり方、進み方	男子	M	2.16	2.05	n.s.	小>中***	n.s.
		SD	0.64	0.49			
	女子	M	2.26	2.01			
		SD	0.61	0.50			

*p<.05 **p<.01 ***p<.001

第IV部

小中学生のストレスについての
中・日比較および考察

第10章　小学生のストレスについての中日
比較および考察

第1節　ストレスの諸変数の尺度と下位尺度の性差、
学年差および平均値

　中・日両国の小学生におけるストレスの諸変数の尺度構成、下位尺度得点の順位、性差と学年差について比較を行い、その異同をみつける。その対照表を Table10-1-1 に示す。

Table10-1-1　中国と日本の小学生のストレス諸変数の比較

		中　国	日　本
ストレッサー	下位尺度	友人、学業、教師、親、身体	友人、学業、教師、親
	平均値比較	友人≒親>教師≒学業≒身体	学業>友人≒親>教師
	性差	男>女(2側面)	女>男(1側面)
	学年差	6>4,5(3側面)　5>4(1側面)	4,6>5(2側面)　4>5.6(1側面)
ストレス反応	下位尺度	情動認知的反応、身体的反応	不機嫌・怒り、無気力、抑うつ・不安、身体の反応
	平均値比較	情動認知的反応>身体的反応	不機嫌・怒り>無気力>抑うつ・不安>身体的反応
	性差	無	女>男(3側面)
	学年差	6>4(2側面)	4>5,6(2側面)　6>4,5(1側面)
コーピング	下位尺度	積極的対処、回避的対処、サポート希求	積極的対処、回避的対処、気分転換
	平均値比較	積極的対処>回避的対処≒サポート希求	気分転換>積極的対処>回避的対処

		中　国	日　本
	性差	無	女>男(2側面)　男>女(1側面)
	学年差	6,5>4	6>4(2側面)　4>5(1側面)
ソーシャル	サポート源	父親、母親、先生、友人、きょうだい	父親、母親、先生、友人、きょうだい
サポート	平均値比較	母親>父親≒友人>先生≒きょうだい	母親≒友人>父親≒先生>きょうだい
	性差	女>男(1側面)	女>男(4側面)
	学年差	4>6(2側面)	無
満足感	下位尺度	学校満足感、自分満足感	満足感
	平均値比較	無	無
	性差	無	無
	学年差	4>5,6	4,5>6

1. ストレッサー

　（1）尺度構成及び出来事の経験率とストレッサーの得点順位：第 3 章第 1 節のデータに基づき、分析を行う。ストレッサー尺度の構成をみると、中国では「友人」「学業」「教師」「親」「身体」を含む 5 因子であるが、日本では「身体」因子が抽出されず、4 因子になっている。「教師」「友人」「学業」「親」因子は両国で共通のストレッサーである。日本の先行研究では学校という場面に限定したストレッサーの研究（岡安・嶋田・丹羽ら，1992；嶋田，1998；三浦，2002）が主であるが、親から子どもへの接し方などを含む親子関係も小学生のストレッサーになっていることがうかがわれる。岡安・嶋田・丹羽ら（1992）は児童生徒のストレス過程に関与する学校ストレッサー以外の諸要因で、家族生活におけるストレッサーの影響を加味する必要性を述べている。「日本子ども資料年鑑」（2008）でも小学生の不登校の理由が家庭にある割合が 26.5％であり、家庭からのストレッサーも無視することができない。

　　両国で「1. 親から勉強しなさいとうるさく言われた」こと、「4. テストの点数が悪かった」ことが経験されることが多いのは一致している。「1. 親

から勉強しなさいとうるさく言われた」ことは両国の児童ともに頻繁に経験しているが、ストレッサーとしての得点は高くなかった。彼らが親から勉強しなさいとよく言われるものの、それほどそれを気にしていないことがうかがわれる。しかし、両国において「19. 親が自分のきもちを分かってくれなかった」ことのストレッサー得点は 3 番目に高かった。小学校高学年は親への反抗期に入り、親に分かってもらえないという気持ちをもちやすいことが考えられる。

　中国では「15. 友だちに、いやなあだ名や、わるぐちを言われた」ことの経験率とストレッサーとしての得点が高かった。そして「9. 人にものをとられたり、こわされたりした」ことは 2 番目にストレッサーとして得点が高かった。これらのことから中国の小学生は友人関係をストレッサーとして強く感じていることがわかる。中国の小学生の調査対象者の 72% が一人っ子である。中国では 1979 年に「一人っ子」政策が実施され、現在「一人っ子」の自己中心性、知育重視、徳育軽視が問題にされている。祖父母、両親からの愛情を一身に受けて育った一人っ子は過保護で甘やかされ、わがままで自己中心的となる傾向がある(張，2007)。また、きょうだい関係をもたない一人っ子は親子の「タテ」の関係から「ヨコ」の友だち関係に入っていかなくてはならないために、きょうだい関係が経験できないことは友人関係をつくりにくくするといえる。このことから友だち関係を作るのが下手で、非社交的、引っ込み思案行動など社会性の発達が遅れるといわれる(藤崎，2006)。一人っ子のこのような特徴から中国の小学生が友人関係に関するストレッサーを強く感じたのだと思われる。日本では「12. きらいな科目の授業があった」ことのストレッサー得点がもっとも高く、「4. テストの点数が悪かった」ことの得点が 2 番目に高い。

　(2) 性差と学年差：性差の異同点は以下のとおりである。中国では男子の方がストレッサー得点が高かったが、日本で女子の方がストレッサーを強く感じている。王(2006)と余ら(2007)も中国の小学生の男子が女子よりもストレッサーを強く感じているという結果を得ている。また、多くの研究(嶋田，1998 など)でも日本の小学校では女子の方が男子よりもストレッサーを強く感じているという結果が得られている。これらのことから両国において小学生のストレッサーの性差が異なっていることがわかる。中国では男子の方がストレッサーを強く感じており、日本では女子の方がス

トレッサーを強く感じていることがわかる。

　学年差をみると、中国では6年生のストレッサー得点が高く、4年生のストレッサー得点が低かった。日本では5年生のストレッサーの得点が低く、5年生の学業生活が比較的に安定していることがわかる。4年生になると部活動が始まり、負担が多くなることがストレッサーを強く感じることにつながったと思われる。

　(3) ストレッサーの各側面間の得点順位：中国では「友人」と「親」ストレッサーを強く感じているが、日本では学業ストレッサーを強く感じている。中国では親から子どもへの過大な期待と厳しい教育から親ストレッサーを強く感じていると考えられる。また、上で述べたような一人っ子であることによる友人関係がつくりにくくなることから、「友人」ストレッサーも強く感じていると思われる。本研究では学業ストレッサーは授業に関する出来事が主で、日本の小学生は授業からのストレッサーを強く感じていることがうかがわれる。「日本青少年研究所」（2007）の調査によると、日本の小学生は中国や韓国の小学生よりも「学ぶ意欲」が低い。日本の小学生は学習意欲が低いことで授業に関するストレッサーを強く感じていることがわかる。

2. ストレス反応

　(1) 性差と学年差：ストレス反応においては、中国では性差がみられておらず、上級生がストレス反応を頻繁に表出している。日本では女子がストレス反応を頻繁に表出している。そして、5年生がストレス反応を表出することは少なかった。ストレス反応に関して日本では女子の得点が高く、中国では性差がないことから、両国においてストレス反応の性差が異なっていることが示唆された。

　(2) ストレス反応の各側面の得点順位：中国では「情動・認知的反応」を表出することが多く、日本では「不機嫌・怒り」反応を表出することが多い。両国で「身体的反応」を表出することが少ないことは一致している。

3. コーピング

　(1) 性差と学年差：中国ではコーピングにおいて性差がみられなかっ

た。日本では「積極的対処」と「回避的対処」を女子が多く行い、「気分転換」は男子が多く行っている。大竹・島井・嶋田（1998）でも男子においては「ゲームをする」「テレビを見る」というコーピングが上位にみられる一方で、女子においては「どうしたらよいかを聞く」「一人で泣く」というコーピングが上位にみられるということが報告されており、本研究の結果と類似している。

　また、「回避的対処」を中国では5年生と6年生が行うことが多いが、日本では4年生が行うことが多い。

　(2) **各側面の得点順位**：中国の小学生は「積極的対処」を行うことが多いが、日本の小学生は「気分転換」のコーピングを行うことが多い。このことから両国で多く行うコーピングが異なっていることがわかる。

4. ソーシャルサポート

　(1) **性差と学年差**：中国では友だちからのサポートを女子が多く受けているが、日本では母親、教師、友だち、きょうだいからのサポートを女子が多く受けている。両国で友だちからのサポートを女子が多く受けているのは一致している。女子は男子より友人との付き合いを重視していることがうかがわれる。また、全般的に女子のほうがサポートを多く受けているという結果も先行研究（尾見，1999）と一致した。中国より日本の方のサポートの性差が顕著であった。

　中国では父親と先生からのサポートを4年生が受けることが多いが、日本では学年差がみられなかった。多くの先行研究（嶋田，1998；森下，1999）では学年が進行するとソーシャルサポートの得点が低下するという結果が得られている。

　(2) **サポート源によるサポート得点順位**：両国の小学生が母親からのサポートをもっとも多く受けている点は一致している。小学生にとって母親がもっとも有力なサポート源であることがわかる。中国では父親と友だちからのサポートの得点に差がみられなかったが、日本では父親より友だちからのサポートを多く受けている。両国で父親の存在感が微妙に異なっていることがわかる。

5. 満足感

　性差と学年差：両国では満足感については性差がみられなかった。小学生の自分と学校への満足感は性別による影響を受けていないことがわかる。学年では両国で 6 年生の満足感がもっとも低かった。高学年になると自分と学校を評価する目も厳しくなっていることがわかる。

第 2 節　ストレス反応の規定要因と軽減要因

　ストレッサー、コーピング、ソーシャルサポートと満足感がストレス反応に与える影響について両国で比較を行い、その異同をみつける。

1. ストレッサーがストレス反応に与える影響

(1) ストレッサーとストレス反応の重回帰分析

　両国の小学生にとって「友人」と「親」ストレッサーがストレス反応の主な原因であることは一致した。小学生の自我意識、独立意識が発達すると、友だちと付き合いたいという欲求が強くなる。また、この発達段階では親への反抗と依存の気持ちが同時に生じているため、親からの影響が強くみられたと思われる。余ら (2007) は小学生の主なストレッサーは「両親の教育方法」と「友だちとの付き合い」であると報告している。嶋田 (1998) でも「友人関係」ストレッサーが小学生のストレス反応の主な原因になっている。

　中国では「学業」ストレッサーからストレス反応への関連はみられなかった。現在、中国では「減負教育制度」(学業負担を軽減する制度)のもとで、学校での勉強量は少なくなっている。しかし、厳しい受験戦争と就職難のなかで親は子どもを出世させるため、塾に通わせたり、家庭宿題を出したりして、子どもの教育に非常に熱心である。余ら (2007) は小学生の主なストレッサーは両親からの教育方法であることを指摘している。小学生にとって学業からの直接的なストレスよりも、学業についての両親からのプレッシャーが大きいことがうかがわれる。俞・辛・罗 (2000) は小中学生にとって主なストレッサーは学業だけでなく、親および外界が与えるプレッシ

ャーこそ本当のストレッサーであると指摘している。中国で学業負担を介して親ストレッサーを感じることが多く、それがストレス反応につながっていることがわかる。

　一方、日本では小学生にとって、「親」ストレッサーも無視することのできない側面であることがわかった。「学業」ストレッサーが日本で「無気力」反応を生じさせているという結果は嶋田(1998)の研究結果と一致した。本研究で「学業」因子は授業に関する出来事が多く、日本の小学生にとって授業からのストレッサーがストレス反応を多く生じさせていることがわかる。

　また、日本では身体がストレッサーの因子として抽出されておらず、中国では「身体」ストレッサーからストレス反応への影響が小さい。このことから小学生にとって身体的特徴からのストレッサーはあまりストレス反応にならないことがわかった。また、両国ともに「教師」ストレッサーはストレス反応への影響が小さく、先行研究(嶋田，1998；王，2006)と一致している。

　(2)　ストレッサーのクラスターによるストレス反応の得点

　両国でストレッサー高群のストレス反応の得点がもっとも高く、ストレッサー低群のストレス反応の得点が低い。このことから両国ともストレッサーを感じることが多いタイプの児童はストレス反応を表出することが多いことがわかる。

2.　コーピングがストレス反応に与える影響

(1)　コーピングとストレス反応の重回帰分析

　両国で「回避的対処」がストレス反応を増加させるという結果は一致している。「回避的対処」は単に問題から逃避したり、その状況から回避したりするだけでなく、個人の情動を左右することによって精神的にゆとりをもたらすような効果があるといえる。このようなコーピングは適応過程の初期段階において効果があることが予測される。しかし、「回避的対処」はストレスに直面した時の反応は軽減できるものの、長期的な観点からみると、かえってストレス反応を増加させることも指摘されている(谷口・福田，2006)。よって、「回避的対処」だけのコーピングはストレス反応の軽

減にならないといえる。

　日本で小学生のストレス反応を軽減させる効果的な対処方法は「気分転換」であるが、中国では「積極的対処」である。日本で「積極的対処」が「身体的反応」と「抑うつ・不安」反応を増加させるという結果は中国と異なっている。大竹・島井・嶋田 (1998) でも「気分転換」は小学生の健康の維持増進に対して効果的であると予測されている。これから両国小学生にとってストレス反応を軽減できる効果的なコーピングが異なっていることがわかる。

（2）コーピングのクラスターによるストレス反応の得点

　コーピング方略を適切に組み合わせることによって、より大きな適応効果が期待できる。効果的なコーピングとは、コーピング方略の組み合わせとその採用に大きく関わっている（大竹・島井・嶋田，1998）。

　コーピングの組み合わせによるストレス反応の状況から、日本では「気分転換」をあまり行わないタイプの児童がストレス反応を多く表出している。中国では「積極的対処」を行うことの少ないタイプの児童がストレス反応を表出することが多い。つまり、日本では「気分転換」、中国では「積極的対処」の有効性が示された。

3. サポートがストレス反応に与える影響

（1）ソーシャルサポートとストレス反応の重回帰分析

　両国で友だちからのサポートがストレス反応を増加させているという結果は一致している。岡安・嶋田・坂野 (1993) では、友だちサポートは女子の「無力感」以外に効果がないという結果が得られており、友だちサポートは一般的に高く期待されることがあるが、あまり効果がないことが示されている。日本では父親と先生からのサポートがストレス反応を軽減しているが、中国では母親ときょうだいからのサポートの軽減効果が高かった。思春期の青年にとっての家族と友人サポートの効果に関する研究では、将来の問題行動や抑うつに対して、友人サポートはあまり予測力を示さない一方で、家族サポートは有意な予測力を持つことが見出されている (Lewinsohn et al., 1994; Windle, 1992)。これらのことは小学生において、いざという時には友人より親のほうが頼りになることを示唆してい

る。

(2) ソーシャルサポートのクラスターによるストレス反応の得点

　サポートのクラスターによるストレス反応の得点で、中国ではサポート高群が「情動・認知的反応」と「身体的反応」を表出することが少ない。日本ではサポート高群が「無気力」と「不機嫌・怒り」反応を表出することが少ない。このことから両国ともサポート高群がストレス反応を表出することが少ないという結果は一致している。

　以上のことから、両国でサポートがストレス反応に与える直接的な影響は小さいが、サポートを多く受けている児童はストレス反応を表出することが少ないという傾向が示された。

4. 満足感がストレス反応に与える影響

　両国で満足感はストレス反応に負の関連を示し、満足感を高めることはストレス反応の軽減に役立つ可能性が示された。両国ともに満足感高群の割合がもっとも多く 40％を超えている。このことから半分近くの児童は自分と学校に満足していることがわかる。日本で満足感高群は「無気力」と「不機嫌・怒り」反応の得点が低く、低群と中群の差はみられなかった。中国でも満足感高群がストレス反応を表出することが少なかった。これらのことから満足感を高めることの重要性が示唆された。

第3節　ソーシャルサポートがストレッサー評価とコーピングに与える影響

1. ソーシャルサポートがストレッサー評価に与える影響

　ソーシャルサポートとストレッサーの重回帰分析の結果、両国ともに両親と教師からのサポートはストレッサーを軽減しているが、友だちからのサポートはストレッサーの評価を増加させている。友だちからのサポートがストレッサー評価とストレス反応に与える影響は両国で一致し、ストレスを軽減させていない。

　サポートの高中低群におけるストレッサー評価で両国ともサポート高

群のストレッサー評価がもっとも少なかった。このことからサポートを多く受けている児童はストレッサーを低く感じていることがわかる。

2. ソーシャルサポートがコーピングに与える影響

サポートとコーピングの重回帰分析から、両国でサポートがコーピングの実行を促進していることがわかる。友人サポートが「回避的対処」に正の関連を示したのは両国で一致し、友人からのサポートを多く得るほど「回避的対処」を行いやすいことが示された。母親サポートが「積極的対処」を促進していることも両国で一致し、母親サポートは児童が問題解決につながるような対処を促すことがわかる。また、日本では教師サポートが「積極的対処」、中国では「サポート希求」に正の関連を示し、両国で教師サポートが児童のストレス対処行動に有効に働いていることがわかる。

サポート高中低群のコーピングの特徴から、両国ともサポート低群がコーピングを行うことが少ないという結果は一致した。このことから小学生を取り巻くソーシャルサポートを充実させることによって、ストレスにうまく対処できるコーピングの採用を増加させ、その後のストレス反応の表出や不健康状態に陥ることを抑制できることが示唆された。

第4節　満足感がストレッサー評価と コーピングに与える影響

1. 満足感がストレッサー評価に与える影響

満足感とストレッサーの重回帰分析で、両国とも満足感がストレッサー評価に負の関連を示している。満足感が高いとストレッサーを低く感じていることがわかる。満足感のクラスターによるストレッサーの得点から、両国で満足感高群の感じるストレッサーが低く、低群と中群には差がみられなかった。このことから両国ともに満足感が児童のストレッサー評価に影響を与えており、満足感を高めることの重要性が示された。

2. 満足感がコーピングに与える影響

　満足感とコーピングの重回帰分析で、両国とも満足感は「回避的対処」に負の関連を示した。満足感を高めることで「回避的対処」を使わなくなる可能性が示された。

　満足感のクラスターによるコーピングの得点から以下のことがわかる。日本では満足感の高中低群にコーピングの差がみられなかったが、中国では「回避的対処」を満足感低群が多く行い「積極的対処」を満足感高群が多く行っている。

　以上のことから日本より中国の方で、満足感がコーピングに与える影響が大きいことがうかがわれる。

第5節　ストレスの諸変数におけるクラスターパターンの人数特徴の中日比較

　第4章と第7章の第5節では、ストレスの諸変数についてクラスター分析を行い、組み合わせによるパターンを見出した。クラスターパターンの人数分布の特徴について比較を行う。

　①各種のストレッサーを感じることが少ないタイプの児童が中国では47.8%であり、日本では57.2%である。両国で約半数の児童はストレッサーを感じることが少ないことがわかる。各種のストレッサーを強く感じているタイプの児童は中国で 11.0%であるが、日本で 19.2%であり、日本の方がその割合が高い。

　②ストレス反応の低群の割合は中国では66.9%であり、日本では41.7%である。ストレス反応の高群の割合が中国では 13.0%であり、日本では36.5%である。このことから中国より日本の方がストレス反応を頻繁に表出する児童の割合が高いことがうかがわれる。

　③中国では「サポート希求」を多く行うタイプの児童が 44.0%であり、もっとも多かった。日本で各種のコーピングをあまり行わないタイプの児童が 42.2%であり、もっとも多かった。このことから中国ではストレッサーに直面したとき、サポートを求める児童が多いが、日本ではコーピングの

実行が少ないタイプの児童が多く、両国小学生のコーピングの未熟さがうかがわれる。

④中国ではサポート中群の割合が 56.3％で、もっとも多かった。日本ではサポート低群の割合が 42.5％であり、もっとも多かった。サポート高群の割合は中国では 25.5％であり、日本では 23.6％である。このことから両国でサポートを多くもらっていると認知している児童の割合はほぼ同じであることがわかる。

⑤満足感高群の割合が中国では 43.3％であり、日本では 40.0％であった。両国で満足感の高い児童の割合は同じぐらいである。

第6節　ストレスモデルの構成

両国のストレスモデル（Figuer4-6-1 と Figuer7-6-1）での 5 つの変数間の関連から、サポートがストレッサーとストレス反応に与える影響、コーピングがストレス反応に与える影響、満足感がコーピングに与える影響が異なっていることがわかる。しかし、パス係数が.20 以下であることから、その影響は小さく無視することができる。

パス係数が.20 以上のデータから、諸変数間の関連はほぼ同じであることがわかる。具体的に、ストレッサーはストレス反応とコーピング実行の原因となり、サポートもコーピングの実行を促進する。そして、満足感のストレス軽減効果が大きく、サポートは直接的な軽減効果より満足感を通しての間接的な効果が大きいことが示された。

第11章　中学生のストレスについての中日比較および考察

第1節　ストレスの諸変数の尺度と下位尺度の性差、学年差および平均値

　ストレスに関する5つの変数の尺度構成、下位尺度の性差と学年差および平均値の順位について比較を行う。対照表をTable11-1-1に示す。

Table11-1-1　中国と日本の中学生のストレス諸変数の比較

		中　国	日　本
ストレッサー	下位尺度	教師、親、学業、身体、友人	教師、親、学業、身体、友人、親
	平均値比較	学業>教師、身体、親、友人；親>身体、友人	親≒身体≒学業>教師≒友人
	性差	無	女>男(3側面)
	学年差	2>3(1側面)	3>1(3側面)
ストレス反応	下位尺度	不機嫌・怒り、無気力、抑うつ・不安、身体的反応	不機嫌・怒り、無力的認知・思考、抑うつ・不安、身体的反応
	平均値比較	無力的認知・思考>抑うつ・不安>不機嫌・怒り>身体的反応	不機嫌・怒り>無力的認知・思考>抑うつ・不安>身体的反応
	性差	無	女>男(4側面)
	学年差	無	3>1(1側面)
コーピング	下位尺度	積極的対処、回避的対処	積極的対処、回避的対処
	平均値比較	積極的対処>回避的対処	無
	性差	男>女(1側面)	女>男(2側面)
	学年差	無	2>1≒3(1側面)

		中　国	日　本
ソーシャル	サポート源	父親、母親、先生、友人、きょうだい	父親、母親、先生、友人、きょうだい
サポート	平均値比較	友人≒母親>父親≒先生≒きょうだい	友人>母親>父親≒先生≒きょうだい
	性差	男>女(2側面)女>男(1側面)	女>男(3側面)
	学年差	1>3(3側面)2>3(1側面)	1>3(1側面)1≒2>3(1側面)2>1≒3(1側面)
満足感	下位尺度	自分満足感、学校満足感	自分満足感、学校満足感
	平均値比較	自分>学校	自分>学校
	性差	無	無
	学年差	1≒2>3(1側面)	1>2(1側面)1≒2>3(1側面)

1. ストレッサー

　　(1) 尺度構成及び出来事の経験率とストレッサーの得点順位：第 3 章第 2 節のデータに基づき、分析を行う。両国でほぼ同じようなストレッサーの因子構造が得られ、それは「学業」「親」「身体」「教師」と「友人」ストレッサーの 5 因子である。出来事 20 項目において、50%以上の生徒が経験しているのは中国では 14 項目であるのに対して、日本では 5 項目だけである。中国の中学生は日常生活でストレスフルな出来事を日本の中学生より頻繁に経験していることがわかる。両国の中学生は学業に関する出来事をもっとも頻繁に経験している。両国とも学歴社会であるため、中学生が学業のことを気にしていることがわかる。

　　両国とも学業に関するストレッサーをもっとも強く感じている。「12. 親から勉強しなさいとうるさく言われたこと」について中国では頻繁に経験(94.9%)されているが、それほどストレッサーと感じていなかった。しかし、日本では 72.6%の生徒が経験し、また学業成績に次いで 2 番目に強いストレッサーとして感じている。中国では日本より親の期待を理解して、親からのアドバイスを素直に受け止めていることがうかがわれる。「6. 人が簡単にできる問題でも自分にはできなかったこと」について中国では93.9%の生徒が経験し、ストレッサーの得点も 3 番目に高かった。しかし、

日本では 62.5%の生徒が経験し、ストレッサーの得点も低かった。中国では激しい学業競争で他人よりできるかできないかということを気にしていることがうかがわれる。

　(2) 性差と学年差：ストレッサーにおいて、中国では性差や学年差があまりみられなかった。劉(2005)は中学生のストレスに性差がないという結果を得ている。日本では男子より女子が「身体」ストレッサーを強く感じている。男子より女子が外見に敏感であることがわかる。斉藤(1987)によると思春期の女子は男子より身体に対して関心が高くなるとともに、不満傾向をもつようになることが明らかになっている。日本で「学業」ストレッサーを女子が男子より強く感じ、また 3 年生がもっとも強く感じるという結果は岡安・嶋田・丹羽ら(1992)の研究と一致している。「友人」ストレッサーを男子より女子の方が強く感じるという結果は嶋田(1998)の研究でも得られている。日本では中国より性差が多くみられ、男子より女子がストレッサーを強く感じている。学年差も日本で多くみられ、3 年生がストレッサーを強く感じている。

　中国で性差、学年差がみられない原因として、現在中国都市部では一人っ子が多くなるにつれて、男女・学年に関係なく親が子どもの教育に精力と財力を投入し、子どもは常にストレスにさらされている状況であることが考えられる。また、調査対象者になった中学生はほとんどの生徒が寮生活をしており、学校のスケジュールに従う自由時間の少ない生活を送っていることも原因として考えられる。

　(3) ストレッサー各側面の得点順位：両国とも「学業」ストレッサーを強く感じている。日本では「身体」と「親」からのストレッサーと「学業」ストレッサーとの得点に有意差がない。

2．ストレス反応

　(1) 性差と学年差：中国ではストレス反応の性差・学年差がみられなかった。日本では 4 つの側面において男子より女子の方がストレス反応を表出することが多い。嶋田(1998)の研究でも「抑うつ・不安」と「身体的反応」を男子より女子の方が表出することが多いという結果が得られている。「無力的認知・思考」は 3 年生が表出することが多い。

（2）得点順位：日本では「不機嫌・怒り」反応を表出することが多いが、中国では「無力的認知・思考」を表出することが多い。このことから両国の中学生が表出することの多いストレス反応が異なっていることがわかる。

3. コーピング

（1）性差と学年差：中国では女子より男子が「回避的対処」を多く行っている。日本では男子より女子の方が「積極的対処」と「回避的対処」を多く行っている。日本では学年差もみられ、2年生がもっとも積極的にストレスに対処している。コーピングにおいても中国より日本で性差と学年差が多くみられた。

（2）得点順位：日本では「積極的対処」と「回避的対処」の差がみられなかったが、中国では「積極的対処」を「回避的対処」より多く行っている。このことから、中国では「積極的対処」を中心にストレスに対処していることがわかる。

4. ソーシャルサポート

（1）性差と学年差：中国では女子より男子の方が母親と先生からのサポートを頻繁に受けている。日本では男子より女子の方が「母親」からのサポートを頻繁に受けている。両国で男子より女子の方が「友だち」からのサポートを頻繁に得ているという結果は一致している。日本で女子がサポートを頻繁に受けているという結果は先行研究（嶋田，1993）と一致している。

中国で「父親」「教師」「きょうだい」からのサポートを1年生が頻繁に受けており、3年生があまり受けていない。日本で両親からのサポートを1年生が頻繁に受けており、「友だち」からのサポートを2年生が頻繁に受けている。両国ともに3年生が両親から得られるサポートが少ないという結果は、先行研究（森下，1999；嶋田，1993など）の学年が高くなると家族からのサポート得点が低下するという結果と一致している。

（2）得点順位：中国では「友だち」と「母親」からのサポートを多く受けており、日本では「友だち」からのサポート得点が高かった。両国ともに「友だち」からのサポートを多く受けている点で一致した。中学生になると、

「友だち」サポートを頻繁に受けるようになっていることがわかる。

5. 満足感

(1) **性差と学年差**：両国とも性差はみられなかった。日本で学校については2年生、自分については3年生の不満が高いが、中国では3年生が学校について比較的強い不満をもっている。1年生の満足感がもっとも高いのは両国で一致している。

(2) **得点順位**：両国とも学校満足感より自分満足感が高かった。

第2節　ストレス反応の規定要因と軽減要因

1. ストレッサーがストレス反応に与える影響

(1) ストレッサーとストレス反応の重回帰分析

中国では主に「学業」と「身体」ストレッサーがストレス反応を生じさせているが、日本では「親」と「身体」ストレッサーがストレス反応を生じさせている。両国で「身体」ストレッサーは無視することのできない側面であることがわかる。中学生は思春期において身体的発達が著しく、身体的変化の心理への影響が大きいことが再度確認された。

中国の中学生にとって学業はストレス反応を引き起こすもっとも大きいストレッサーである。このような結果は先行研究でも得られている（李, 2003；趙・袁, 2006）。現在の中国社会は高い学歴を得ることが高い社会的地位を獲得する唯一の手段であるという考えが広まっている。生徒の学業負担を軽減するために「減負教育」制度が実施されているが形式的に留まり、激しい競争に勝ち抜くために生徒、家族そして教師も一緒になって学業成績をあげようとしている。

日本では「学業」ストレッサーを感じてはいるもののストレス反応を生じさせていなかった。「ゆとり教育」制度のために「学業」ストレッサーを感じるものの、ストレス反応を生じるまでには至っていないことが考えられる。これまでは「親」ストレッサーを論じた研究は少ない。しかし本研究の結果から「親」ストレッサーは重要な側面であることがわかる。「友人」スト

レッサーが「抑うつ・不安」に正の関連を示したのは岡安・嶋田・丹羽ら（1992）の研究結果と一致し、日本で中学生の友人関係は「抑うつ・不安」の主な原因になっていることがうかがわれる。

（2）ストレッサーのクラスターによるストレス反応の得点

ストレッサーのクラスターによるストレス反応について検討したところ、両国ともストレッサーの低群がストレス反応を表出することが少ないことは一致している。ストレッサーとストレス反応の種類は異なるが、ストレッサーを強く感じる生徒がストレス反応を頻繁に表出するという結果は同じである。

2. コーピングがストレス反応に与える影響

（1）コーピングとストレス反応の重回帰分析

両国で「回避的対処」がストレス反応に正の関連を示したのは一致している。「回避的対処」はストレスに直面した時の反応は軽減できるものの、長期的な観点からみると、かえってストレス反応を増加させることが指摘されている。「逃避・回避」コーピングは肯定的精神的健康には負の関連を示し、否定的精神的健康には正の関連を示している（谷口・福田，2006）。

日本では「積極的対処」がストレス反応に正の関連を示したが、中国では負の関連を示した。一般的に有効的であると考えられている学業場面での「積極的対処」はあまり効果がないか、もしくはかえってストレス反応を高めてしまう（三浦・坂野，1996）。しかし、中国では「積極的対処」がストレス反応を軽減しており、両国で「積極的対処」がストレス反応への影響が異なっている。

（2）コーピングのクラスターによるストレス反応の得点

日本で「積極的対処」を多く行うタイプの生徒は「不機嫌・怒り」反応を表出することが少ないが、「抑うつ・不安」反応を頻繁に表出していた。中国では「積極的対処」を頻繁に行うタイプの生徒が「不機嫌・怒り」と「抑うつ・不安」反応を表出することが少なかった。これらのことから両国で「積極的対処」のストレス反応への影響が異なっていることがいっそう確認された。

3.　サポートがストレス反応に与える影響

（1）　サポートとストレス反応の重回帰分析

「父親」サポートがストレス反応を軽減しているという結果は両国で一致した。日本で「母親」サポートは「不機嫌・怒り」に負の関連、そして「友だち」サポートはストレス反応に正の関連を示したが、中国では母親、友だちからのサポートとストレス反応の間に関連がみられなかった。

（2）　サポートのクラスターによるストレス反応の得点

日本でサポート高群が「不機嫌・怒り」反応を表出することが少ないが、「抑うつ・不安」反応を表出することが多い。中国ではサポート高群が低群より「不機嫌・怒り」と「無力的認知・思考」反応を表出することが少ない。このことから日本ではサポートを多くもらうことがかならずしもストレス反応の軽減になるとは限らないことがわかる。

4.　満足感がストレス反応に与える影響

（1）　満足感とストレス反応の重回帰分析

日本では「自分満足感」がストレス反応へ影響するという結果がみられたが、中国では「学校満足感」がストレス反応へ影響するという結果がみられた。中国の中学生にとって学校満足感の影響が大きいことがうかがわれる。今回の調査対象者になった中学生は学校の寮で生活をしており、学校環境の影響を強く受けていることが原因として考えられる。

（2）　満足感のクラスターによるストレス反応の得点

両国で満足感の低群が高群よりストレス反応を頻繁に表出していることは一致した。全体的に満足感の低い人はストレス反応を表出しやすいことがうかがわれる。

第3節　ソーシャルサポートがストレッサー評価とコーピングに与える影響

1.　ソーシャルサポートがストレッサー評価に与える影響

（1）サポートとストレッサーの重回帰分析

両国で「友だち」サポートがストレッサーに正の関連を示したのは一致した。そして「教師」サポートがストレッサーに負の関連を示したのも一致した。日本では「母親」サポートが「親」ストレッサーに負の関連を示したが、中国では「父親」サポートが「親」ストレッサーに負の関連を示した。両国で「友だち」サポートはストレッサーの増加につながっていることから、「友だち」サポートのストレスの軽減効果は一般に期待されているほどは高くないことが示された。

（2）ソーシャルサポートのクラスターによるストレッサー得点

日本でサポート中群は高群より「親」ストレッサーを強く感じている。中国ではすべてのストレッサーをサポート低群が高群より強く感じている。このことから日本より中国の方において、サポートを受ける程度がストレッサー評価に強く影響することが示された。

2.　ソーシャルサポートがコーピングに与える影響

（1）ソーシャルサポートとコーピングの重回帰分析

両国で「母親」「教師」からのサポートが「積極的対処」に正の関連を示したことは一致した。日本では「友だち」からのサポートが「積極的対処」と「回避的対処」に正の関連を示したが、中国では関連がみられなかった。日本の方が中国よりも「友だち」からのサポートがコーピングに与える影響が大きいことがわかる。

（2）サポートのクラスターによるコーピング得点の差異

両国でサポート高群は中群より、中群は低群より「積極的対処」を多く行うという結果は一致した。サポートを頻繁に受けている生徒が「積極的対処」を多く行っていることがわかる。

第4節　満足感がストレッサー評価と
コーピングに与える影響

1. 満足感がストレッサー評価に与える影響

　両国で満足感がストレッサー評価に負の関連を示したのは一致した。日本では「自分満足感」からの影響が大きかったが、中国では「学校満足感」の影響が大きかった。

　両国ともに満足感低群が高群よりストレッサーを強く感じている。両国において満足感が高い生徒ほどストレッサーを低く評価することが示された。

2. 満足感がコーピングに与える影響

　日本で満足感はコーピングに影響を与えなかったが、中国では満足感が「積極的対処」に正の関連を示した。両国では満足感がコーピングに与える影響が異なっている。

第5節　ストレスの諸変数におけるクラスター
パターンの人数分布の特徴

　第5章と第8章の第5節ではストレスの各側面について、クラスター分析を行い、組み合わせによるパターンを見出した。その結果に基づき、中日比較を行う。

　(1) 両国ともにストレッサーを全体的に低く感じている生徒がもっとも多く、日本では66.5％、中国では53.6％である。日本では「親」と「身体」からのストレッサーをそれぞれ強く感じているタイプが存在したが、中国ではストレッサーの高中低群に分けられた。このことから日本ではすべてのストレッサーを強く感じている生徒はあまりおらず、ある特定のストレッサーを強く感じているタイプが存在していることがわかる。

　(2) 日本ではストレス反応の低群の割合がもっとも多く65.4％であり、

中国では 54.6%である。日本ではストレス反応の高群の割合が 11.7%で
あり、中国では 8.6%である。日本の方がストレス反応の低群と高群の割
合が中国よりやや高く、中国よりストレス反応の表出に二極化傾向がある
ことが示された。

　（3）両国で「積極的対処」と「回避的対処」を同時に行うタイプが少ない
という結果が得られ、日本では 36.9%で中国では 39.4%である。このこ
とから両国ともに全体的にコーピングを行うことが少ないタイプの割合
が大体同じ程度であることがわかる。

　（4）日本ではサポート高群が 43.3%であるが、中国ではサポート高群
が 28.5%しかいなかった。このことから中国より日本でサポートを頻繁に
受けていると認知している生徒が多いことがわかる。

　（5）両国ともに満足感の高低群は約半分ぐらいで、人数に有意差がみ
られなかった。

第6節　ストレスモデルの構成

　両国のストレスモデル（Figure4-6-1 と Figure8-6-1）で、パス係数が.20
以下であるものはその影響があまりないと考えることができる。パス係数
が.20 以上のモデルからストレッサーがストレス反応に与える影響、サポ
ートがコーピングに与える影響、サポートと満足感との関連、満足感がス
トレッサーに与える影響は両国で同じであることがわかる。また、両国と
もにコーピングがストレス反応へ与える影響はみられなかった。刘（2005）
は中国の中学生のストレスモデルで、コーピングのストレス反応への直接
的影響はないという結果を得ており、中学生の行うコーピングはストレス
反応の表出に直接的に関連しないことがうかがわれる。

　しかし、中国ではコーピングがストレッサーと満足感の影響を受けてい
るのに対し、日本ではストレッサーと満足感からコーピングへの直接的な
影響がみられなかった。このことから両国の中学生のストレスモデルが少
し異なり、日本の中学生においてはストレッサーとコーピングの間に二次
的評価が存在する可能性が示された。

第12章　小学校から中学校までの発達的変化の中日比較

第1節　ストレスの関連側面の性差と学校段階差における中日比較

　第6章と第9章で得られた結果に基づき、両国で小学校から中学校までの発達的変化を比較して、以下のような結果が得られた。

　(1)　中国より日本で性差が顕著にみられ、日本では男子より女子の方が出来事を経験することが多い。また、日本では小学生の方がストレスフルな出来事を経験することが多く、中国もその傾向にある。

　(2)　嫌悪性でも中国より日本で性差が顕著にみられ、男子より女子の方が嫌悪性の得点が高かった。両国で中学生より小学生の方が出来事への嫌悪性が高かったのは一致した。両国で中学生より小学生がストレスフルな出来事を頻繁に経験しており、嫌悪性も高いことがわかる。

　(3)　ストレス反応でも中国より日本の方の性差が多くみられ、女子がストレス反応を頻繁に表出している。また、両国とも中学生が小学生よりストレス反応を頻繁に表出している。つまり中学生が多くのストレスを抱えていることがわかる。

　(4)　コーピングでも中国より日本で性差が顕著にみられた。学校差は両国で類似した結果が得られた。小学生では「回避的行動」を多くとるが、中学生になると問題の解決につながる努力をするようになっていることがわかる。

　(5)　サポートでも中国より日本で性差が多くみられた。中国では両親からのサポートに学校差がなく、「先生」「友だち」「きょうだい」からのサポートにおいて中学生の得点が高かったが、日本では「友だち」以外の各サポ

ート源において中学生より小学生の方が多くのサポートを受けている。

　（6）日本では友だちとの付き合いについて男子が満足しているが、中国では女子が満足している。両国で中学生より小学生の満足感が高いのは一致している。

　以上のことからストレスの関連項目において中国より日本の方が、性差が大きいことがわかる。これは両国の社会的背景と関連していると思われる。中国では一人っ子が多く、性差への意識が日本より強くないと考えられる。また、ストレスフルな出来事の経験、経験した出来事への嫌悪性、そしてストレス反応、コーピングの発達的変化は類似しており、両国で小学校から中学校までのストレスの発達的変化は大体同じであることが示された。

第2節　ストレスの関連側面の連続的な発達的変化の中日比較

　両国でストレスの関連項目（小中学生向けの質問紙項目でまったく同じ項目を使用）の学年ごとの発達的変化を男女別に、グラフの変化から検討する。学校生活において、普遍的に経験しうるストレッサー、対処行動、ストレス反応などの変化から、その発達的変化の一斑をうかがうことができる。

1.　出来事の経験頻度

　「1. 親から勉強しなさいとうるさく言われた」こと（Figure12-2-1）の経験頻度は、中国では小学校から中学校にかけて急増しているが、日本では中学1年で軽減し、その後徐々に増加している。中国では中学生になると両親が子どもに勉強のプレッシャーをかけることが多くなることがわかる。両国の両親の子供に対する教育方法が違うことがうかがわれる。つまり、日本より中国の両親の方が中学生の子供に「勉強しなさい」と督促をすることが多いと考えられる。

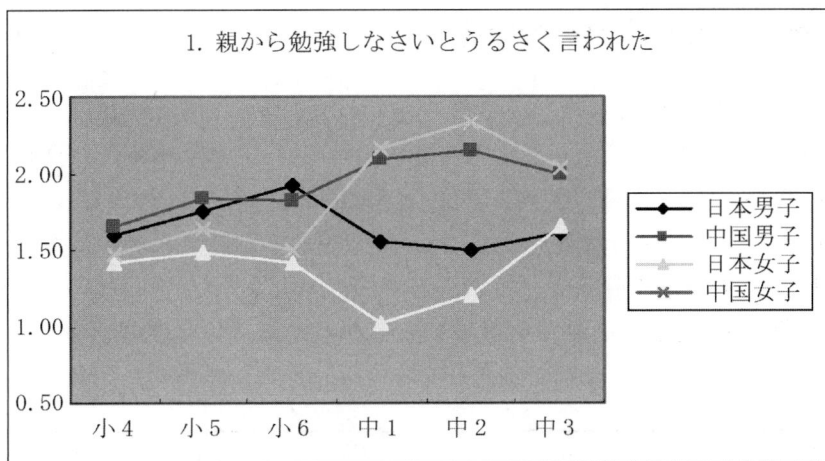

Figure12-2-1 「1.親から勉強しなさいとうるさく言われた」ことの経験頻度

「22.二次性徴の出現で悩んだ」こと（Figure12-2-2）の経験頻度は、日本では小学校から中学校にかけて減少しているが、中国では増加の傾向を示し、両国で異なる変化がみられた。日本では中国より、学校と家庭での性的発達への教育が充分行われており、日本の中学生の方が性的発達を自然に受け止めていると推測できる。

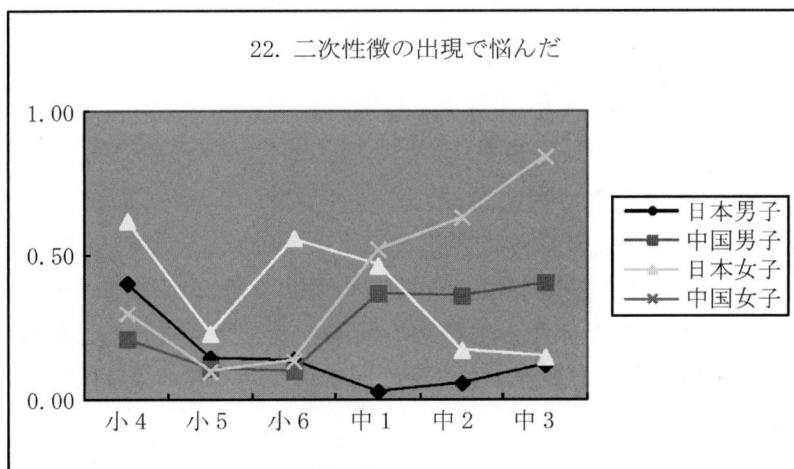

Figure12-2-2 「22.二次性徴の出現で悩んだ」ことの経験頻度

2. 経験した出来事への嫌悪性

「1.親から勉強しなさいとうるさく言われた」こと（Figure12-2-3）について両国で大体同じ変化を示した。小学4年生と中学1年生で嫌悪性がもっとも低かった。両国で中学2年生までは同じ傾向になっていたが、中学3年生になると異なる状況を示している。中国では中学3年生になると中学2年生より嫌悪性が低下したが、日本ではほぼ変わっていない。中国の中学3年生は勉強の重要性を認識し、親からの気持ちを理解できるようになったと思われる。

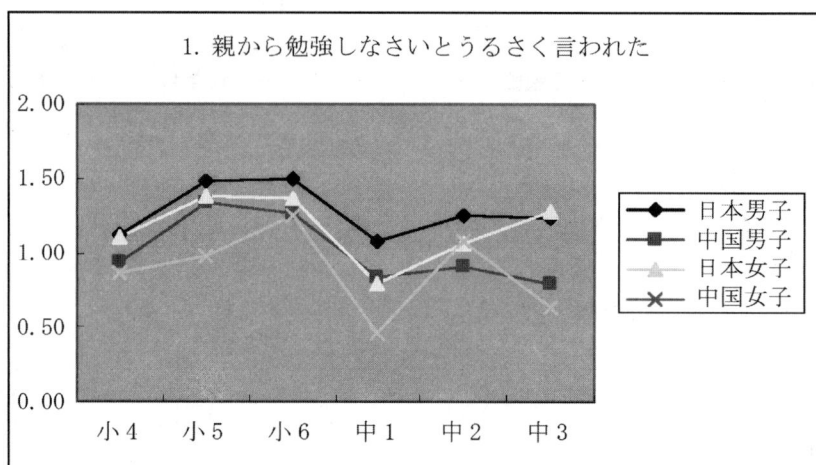

Figure12-2-3 「1.親から勉強しなさいとうるさく言われた」ことの嫌悪性

「22.二次性徴の出現で悩んだ」こと（Figure12-2-4）への嫌悪性において、両国の男子はあまり発達的変化を示さなかった。しかし、女子は両国で異なる変化を示し、日本では中学校1年生からほとんど変わっていないが、中国では中学校1年生から増加の傾向を示した。このことから日本より中国の女子中学生の方が、二次性徴の出現について高い嫌悪性を示していることがわかる。

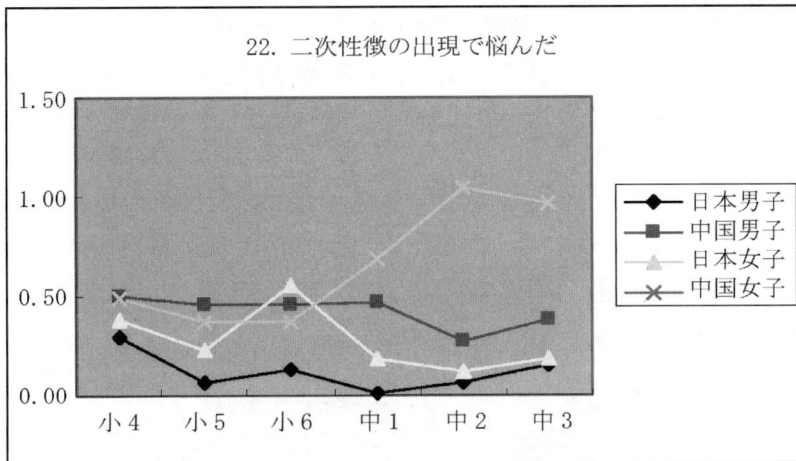

Figure12-2-4 「22.二次性徴の出現で悩んだ」ことの嫌悪性

3. ストレス反応

「4.いらいらする」反応（Figure12-2-5）の変化は両国で異なっている。日本では小学校5年生で下がってその後増加しているが、中国では小学校から中学校にかけてほとんど変化していない。「いらいらする」反応は中国より日本の方が学年による変化が顕著にみられた。

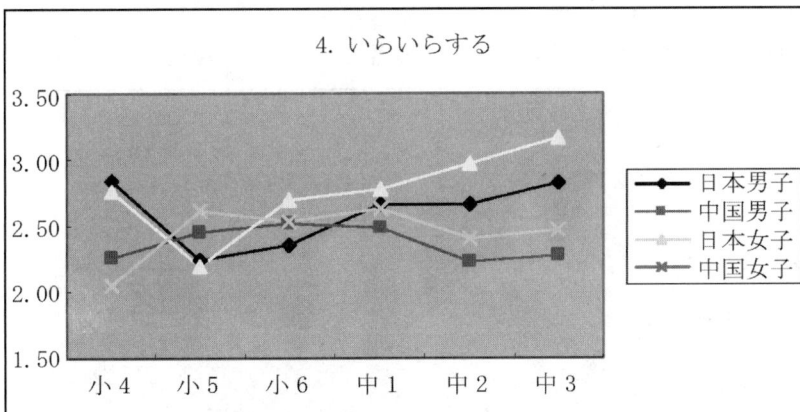

Figure12-2-5 「4.いらいらする」反応の変化

「16.なにもやる気がしない」（Figure12-2-6）において両国で大体同じような発達的変化を示し、小学校から中学校にかけてその反応を表出する

ことが多くなっている。日本で小学4年生から小学5年生にかけては減少傾向を示し、中国と異なっている。小学5年生から中学3年生にかけては両国とも上昇の傾向を示し、無気力傾向は両国とも学年進行とともに増加していることがわかる。

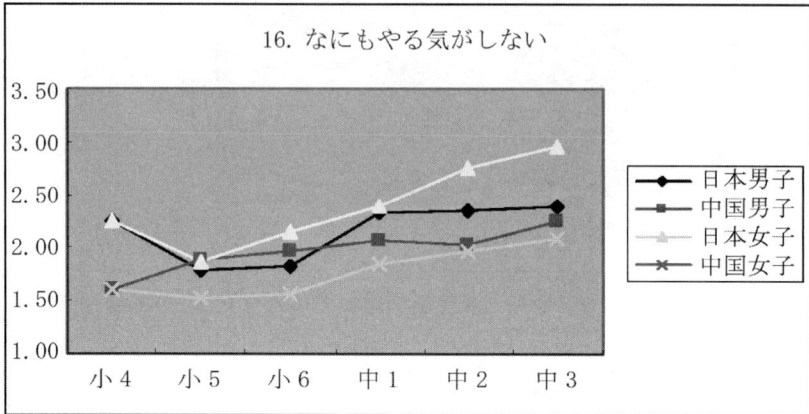

Figure12-2-6 「16.なにもやる気がしない」反応の変化

4. コーピング

「6.そのことをあまり考えないようにする」（Figure12-2-7）において両国で男女とも大体同じ変化を示した。全般的に小学校から中学校にかけて減少傾向がみられた。両国で小学校6年生での得点がもっとも高かった。

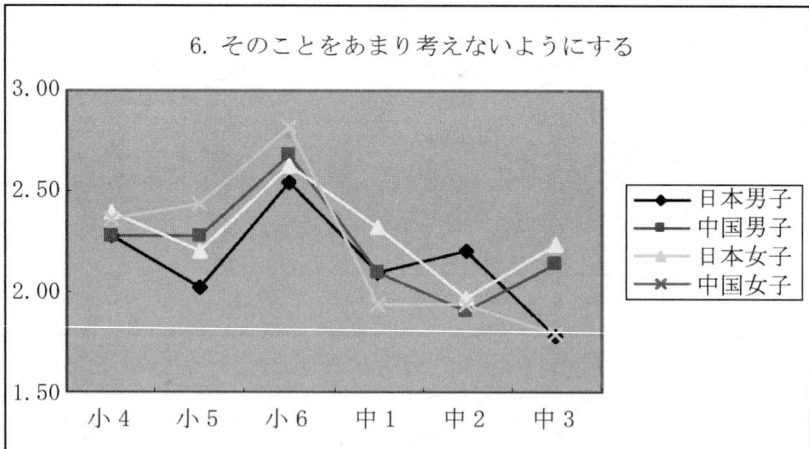

Figure12-2-7 「6.そのことをあまり考えないようにする」の変化

「10.だれかに頼んで解決してもらう」（Figure12-2-8）においても両国とも小学校から中学校にかけて増加の傾向を示した。しかし、中国では日本よりその得点が高く、中国の小中学生が誰かに頼んで解決してもらう方法をより好んで使っていることがうかがわれる。

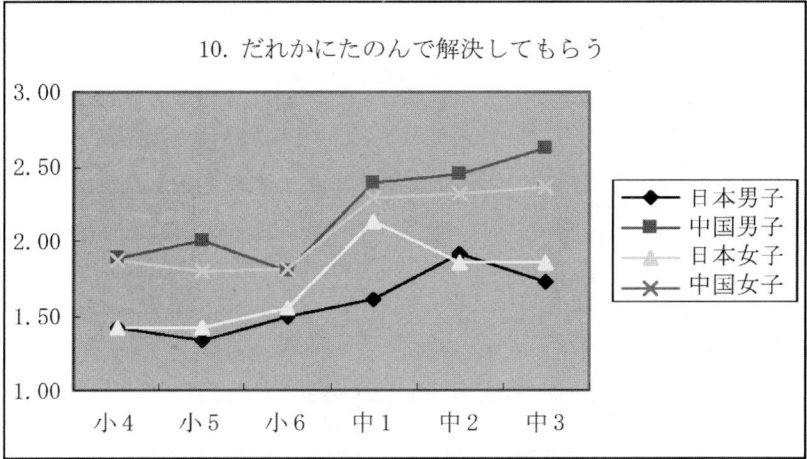

Figure12-2-8 「10.だれかに頼んで解決してもらう」の変化

5. 満足感

「1.自分の成績」（Figure12-2-9）についての満足感は両国で男女ともに学年が進行するにつれて緩やかな減少傾向を示した。このことは中学校では学業の負担が増え、内容も難しくなることと関連があると思われる。

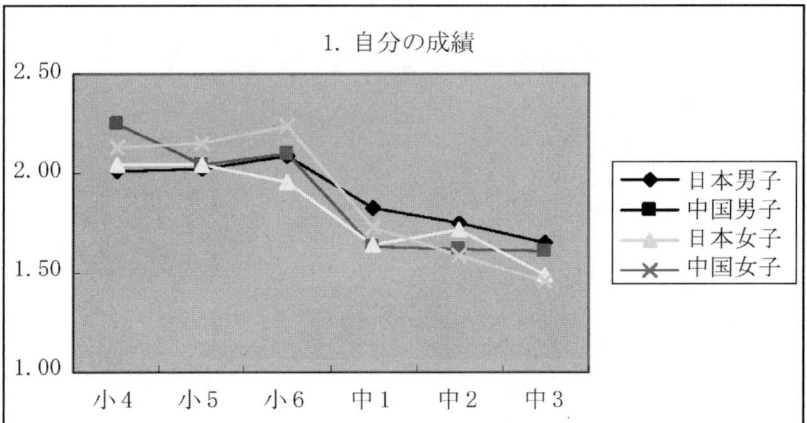

Figure12-2-9 「1.自分の成績」への満足感の変化

「3. 部活動（課外活動）」（Figure12-2-10）についての満足感で日本では男女とも緩やかな減少傾向を示した。中国では男女とも中学1年生から著しく低下し、中学3年生では得点がもっとも低い。これは中国の中学3年生は高校受験のため、課外活動時間が極端に少なくなっていることが原因として考えられる。

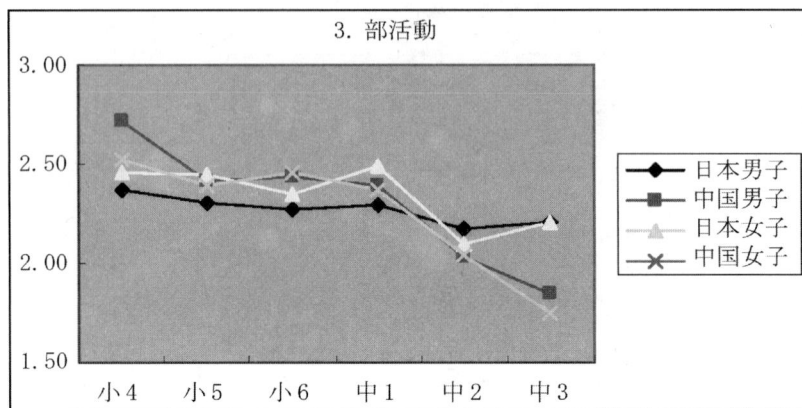

Figure12-2-10 「3.部活動」への満足感の変化

「6. 友だちとの付き合い」（Figure12-2-11）について両国で男女とも減少傾向がみられた。両国の児童生徒の友人関係についての満足感は小学校から中学校にかけて減少していることがわかる。中学生になると小学生より友だちとの付き合いを重視するようになるが、実際には友人関係が思ったとおりにはうまくいかないことが多いことが推測できる。

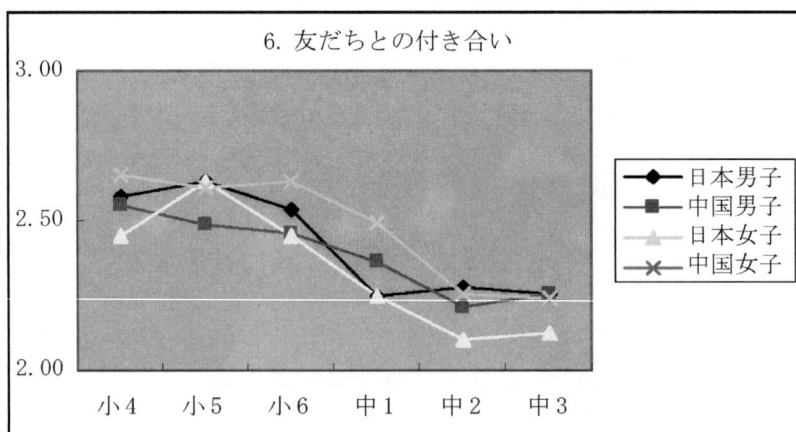

Figure12-2-11 「6.友だちとの付き合い」への満足感の変化

以上のグラフの変化から以下のことが示された。

①「1. 親から勉強しなさいとうるさく言われた」ことと「22. 二次性徴の出現で悩んだ」ことの経験においては両国での小学生の変化は似ているが、中学生になってから異なる変化を示した。日本より中国の方が中学段階での変化が大きいことが示された。

②「1. 親から勉強しなさいとうるさく言われた」ことについて中国の中学生は頻繁に経験していたが、その嫌悪性は小学校から中学校にかけてやや低くなっていた。このことから中国の中学生が親の気持ちを理解できるようになったことが推測できる。二次性徴への嫌悪性では中国の女子中学生の変化が顕著で、性的発達への認識が日本より不足していることが示された。

③コーピングの2項目については中学校で若干異なる変化を示したが、小学校から中学校にかけての全般的変化は大体類似している。

④満足感3項目についての発達的変化は両国で大体同じ傾向を示した。ただ「部活動・課外活動」への満足感が中学3年生で異なっており、中国では中学3年生になると学業負担で課外活動時間がほとんどない現状を反映していると思われる。

第13章　質的調査による中日両国の小中学生のストレスの実態

第1節　本研究の目的と調査の概要

1. 研究目的

　本章は半構造化面接を通して、量的調査の結果を検証するとともに、両国における小中学生の学校生活の様子とストレス状況について理解することを目的とする。日ごろ抱えているストレッサー、ストレス反応、コーピング、サポート源や満足感を中心に学校生活について面接調査を行った。個人面談を通して量的調査の結果を確認することができ、また質問紙調査で聞けなかったストレス状況について理解することができた。

2. 調査対象者

　筆者が個人的に研究の意志を伝え、協力してもらえるという了承を得た上で、調査を行った。面接調査の協力者は、その時点でなんらかの心理問題を抱えているとは限らない。協力者は小学校4年〜6年生と中学校1年〜3年生の児童生徒である。中国吉林省吉林市の小学生5人（男子3人、女子2人）、中学生5人（男子2人、女子3人）と日本愛知県名古屋市の小学生3人（女子のみ）、中学生11人（男子6人、女子5人）、合計24人について調査を行った。日本の小学生の男子については調査できなかったが、中学生男子の6人中2人は1年生であり、中学校に入って1カ月しか経っていなかったので、小学の状況についても聞くことができた。質問紙調査と面接調査の対象者は異なっている。

3. 調査時期と方法

面接は 2008 年の 3 月〜6 月の間に行われた。面接時、できるだけいろいろ話してもらえるような柔らかい雰囲気を作ることに心掛けた。録音することへの承諾を得て、その録音の内容に基づいて記述する。一人につき、約 15〜30 分程度の面接を行った。被調査者は S1、S2、S3・・・の形で表記する。

詳細な録音内容は付録を参照されたい。

第 2 節　半構造化面接内容の分析

筆者は録音内容に基づいて、ストレッサー、ストレス反応、コーピング、期待するサポート源の順位や満足感について一人ずつキーワードをみつけながら分析を行う。最後に、24 人の面接内容の分析に基づき、中日比較や全体的考察を行う。

1. 中国の小学生（5 人）

（1）個人面接内容の分析

S1 さんの面接分析（小学 6 年生、男）

分類	キーワードの抽出
ストレッサー	友達、親、成績の順位、教師
ストレス反応	特になし
コーピング	気にしない、寝る
サポート源	親
満足感	質問なし
まとめ	いろんな塾と習いごとをやっていて忙しいが、それほどストレスは感じずに楽しくやっているように思われる。勉強と友人についての悩みは少しあるが、あまりストレスになっていない。

S2 さんの面接分析（小学 6 年生、女子）

分類	キーワードの抽出
ストレッサー	成績、両親の期待、友だち
ストレス反応	やる気がない、授業に集中できない、失望
コーピング	努力する、泣く
サポート源	親、友だち
満足感	自分と学校が嫌
まとめ	成績が下がったので努力したが、成績が上がらず、失望している。成績をあげないと親に申し訳ないと思っている。また、友達に軽蔑されると思う。このように親と友達によるストレスも成績に関わっている。

S3 さんの面接分析（小学 6 年生、男子）

分類	キーワードの抽出
ストレッサー	成績、塾、競争
ストレス反応	食欲がない、話をしたくない、苦しい、憂鬱な気持ちである
コーピング	努力する、相談する
サポート源	親
満足感	勉強ばかりの生活に不満
まとめ	小学 6 年生なのに、親の勧めで、もう中学 1 年の学習内容を塾で予習している。土日もゆっくり過ごせない生活を送っている。過度な学業負担で成績が下がったと思われる。過度な学業ストレッサーで抑うつのストレス反応を生じている。

S4 さんの個人面接の分析（小学 5 年生、女子）

分類	キーワードの抽出
ストレッサー	親、学業、成績
ストレス反応	泣く、テレビをみる、怒る

コーピング	親に相談する
サポート源	親、友だち、おばあさん
満足感	高い
まとめ	彼女は性格が明るく、楽しそうな学校生活を送っている。主なストレッサーは成績がよくないことと両親からの期待に応えられないことである。成績のことを気にしているが、努力が足りない。両親からのサポートは大きな慰めになっている。

S5 さんの個人面接の分析（小学 5 年生、男子）

分類	キーワードの抽出
ストレッサー	親、学業、社会の就職難
ストレス反応	特になし
コーピング	友だちに相談する、自分で解決する
サポート源	母、父、友だち
満足感	親の厳しさに不満
まとめ	彼は成績がクラス 5 位以内に入っており、成績がよい。主なストレスは親からの厳しい要求である。親の要求に達することを勉強の目標のように思っている。性格が明るいので、友人関係が良好であり、困った時には友だちからサポートをもらっている。

（2）中国の小学生のストレスの特徴

　以上 S1～S5 の 5 人の面接内容の分析から、成績の善し悪しにかかわらず学業や成績のことでストレスを感じていることがわかる。5 人中 4 人（S2～S5）が、成績がよくないと「親に申し訳ない、親の期待に応えられない、親の要求に達することができない」と話している。学業自体のストレスよりも成績に対する両親の期待による「親」ストレッサーをより強く感じているように思われる。サポート源として親が最初にあげられている。

2. 中国の中学生（5人）

(1) 個人面接内容の分析

S6さんの個人面接の分析（中学3年生、女子）

分類	キーワードの抽出
ストレッサー	受験勉強、課外活動時間がない、睡眠時間、宿題、学校外での補習、親、友人、先生
ストレス反応	疲れる、苦しい、何でも嫌になる、八つあたりする、眠れない、友達とけんかする
コーピング	友だちと話す、食べる、日記を書く、一人で静かにいる、リストカット
サポート源	友だちやインターネットで知らない人に相談する。両親と先生には相談しない
満足感	自分の英語以外に自慢できるものはない
まとめ	中学3年時を留年している。学業と友人関係でとてもつらい思いをしている。つらい時でも信頼して相談できる人がおらずリストカットまでしたことがある。成績が悪いと自分の面子がなくなると思っている。多くのストレスを乗り越えて成長したように思われる。

S7さんの個人面接の分析（中学1年生、女子）

分類	キーワードの抽出
ストレッサー	学業、自分、母、友達
ストレス反応	不安、心配、陰鬱、申し訳ない
コーピング	友達と話す、相談する、努力する
サポート源	友達、学校のカウンセラー
満足感	自分と競争の激しい環境に不満
まとめ	成績や他の面でも優秀なほうなのに、自分への要求が厳しすぎるために、自分に引け目を感じている。完璧な自分を目指しているので、悩む。成績が優秀でないと友だちに軽蔑されていると思っている。自分への厳しい要求は普段の母からの愛と要求から生じたと思われる。完璧でないと親に申し訳ないと思っている。

S8 さんの個人面接の分析（中学 3 年生、男子）

分類	キーワードの抽出
ストレッサー	成績、高校受験、勉強
ストレス反応	暴れる、恐怖、怒る、焦る、集中できない、苦しい
コーピング	頑張る、相談する
サポート源	友達、親
満足感	自分に不満
まとめ	中学 3 年生の学生で学業負担が重く、とても苦しそうである。理科の勉強がうまくいかず、失望している。成績が落ちた事から生じたさまざまな人間関係のこともストレスになっている。親からは理解されず、先生からは重視されず、友だちからは軽蔑されていると思っている。補習班に行ったり家庭教師を雇って勉強しているが、成績が上がらなくて焦っている。

S9 さんの個人面接の分析（中学 2 年生、女子）

分類	キーワードの抽出
ストレッサー	学業ストレッサーを少し感じている
ストレス反応	特になし
コーピング	音楽を聞く、努力する、相談する
サポート源	友だち、母、父
満足感	数学が得意で満足
まとめ	彼女は中学 2 年生の学生で、あまりストレスを感じることはない。少し困難がある時にも音楽を聞いたり、自分で問題を解決したりすることができる。彼女は自分で勉強と睡眠の時間をうまく調整することができているように思われる。また、人間関係も良好で、友だちや親からのサポートを多く得ている。

S10 さんの個人面接の分析（中学 3 年生、男子）

分類	キーワードの抽出
ストレッサー	学業、親、親戚
ストレス反応	悲しい
コーピング	テレビを見る、寝る、音楽を聞く
サポート源	親、友だち
満足感	満足
まとめ	成績がよいが、親からの期待、友だちとの競争、自分への高い要求で、学業ストレッサーを感じている。しかし、性格が外向的で、ストレスもうまく解消することができる。友人関係が良好で、周りからサポートも得られている。自信に満ちている中学 3 年生の男子である。

（2）中国の中学生のストレスの特徴

　学業ストレスが主なストレスになっている。中国の中学生は 5 人中 3 人（S6, S7, S8）が、成績が悪いと「面子がない、友だちに軽蔑されている」と話している。つまり、成績が悪いことで人間関係上のストレスが生じていることがわかる。成績が悪いために自分に自信を持てず、引け目を感じている。成績が自己評定の唯一の評価基準になっているといえる。また、S7 と S10 は親からの期待に応えるために学業の面で自分に厳しく要求しており、親の過大な期待もストレスになっている。悩みがある時の最初のサポート源として 5 人中 4 人が友だちをあげている。

3. 日本の小学生（3 人）

（1）個人面接内容の分析

S11 さんの個人面接の分析（小学 5 年生、女子）

分類	キーワードの抽出
ストレッサー	特になし
ストレス反応	何もしない時寂しい
コーピング	助けを求める、友達と遊ぶ

サポート源	母、おばあさん、友達
満足感	父が忙しくて、父との交流ができない。自分に自信をもっている
まとめ	特に大きな悩みやストレスを感じていない。性格はそれほど外向的ではないが、自分から原因を探し、ポジティブに考えができる。とても優しい子で、ささいなストレッサーを良いストレッサーとして頑張れる原動力になっている。父親が忙しくてコミュニケーションが取れないことに不満を感じている。

S12 さんの個人面接の分析（小学4年生、女子）

分類	キーワードの抽出
ストレッサー	塾、勉強、友人
ストレス反応	心配、怒る
コーピング	誰かに相談する、寝る、頑張る、原因を探す、反省する
サポート源	母、父、友だち
満足感	父が忙しくて会えない、自分の長所は好き、短所は嫌い
まとめ	少々悩みもあるが、何でも口に出してしまって心に溜めないから大きな悩みにはならない。友だち関係をもっとも大切にしており、今の友だち関係に満足している。ストレスを少し抱えてもうまく対処するタイプである。父親が忙しくてあまり会えないことに不満を感じている。

S13 さんの個人面接の分析（小学4年生、女子）

分類	キーワードの抽出
ストレッサー	友人関係、母からの文句、算数
ストレス反応	悩む、寂しい、悔しい
コーピング	相談する、交換ノートを書く、頑張る
サポート源	母、父、祖父、祖母、友達
満足感	両親の弟へのえこひいきに不満、自分には自信をもっている
まとめ	友達とのちょっとしたトラブルで少し悩むことがある。しかし、すぐ相談したり助けてもらったりして、うまく対処している。

2. 日本の小学生のストレスの特徴

日本中学生男子の6人中、2人（S14, S15さん）は中学生になって1カ月しか経っていない。そのため小学の状況についても聞くことができた。2人とも小学校で友達や先生とのこと、学業に関して嫌なことはあるが、あまり気にしていないことが特徴的である。小学4年から部活に参加していて、野球やサッカーなどの運動を楽しんでいる。

日本の小学生女子は主に友人関係によるささいな出来事に悩むことがあるが、あまり大きなストレスになっていない。学業による悩みは少しあるが、それについてもストレスをあまり感じていない。悩みがある時、期待できるサポート源の順番として、友達が親のつぎとなっている。また、父が忙しくて交流ができないことに3人中2人（S11, S12）が不満を持っている。

4. 日本の中学生（11人）

（1）個人面接内容の分析

S14さんの個人面接の分析（中学1年生、男子）

分類	キーワードの抽出
ストレッサー	塾、勉強、部活
ストレス反応	不安、むかつく
コーピング	がまんする、相談する、野球する、友だちと遊ぶ、寝る、頑張る
サポート源	母、友だち、父
満足感	質問なし
まとめ	少しストレスを感じることもあるが、うまく対処している。部活に対してストレスを感じることもあるが、部活はストレス発散の方法にもなっている。勉強も野球もできるので、自信にあふれている。

S15 さんの個人面接の分析（中学 1 年生、男子）

分類	キーワードの抽出
ストレッサー	部活、算数、新しい友達づくり
ストレス反応	むかつく、悩む、不安
コーピング	気にしない、忘れる、自分で解決する、野球をする
サポート源	コーチ、友達に相談する。家族の人には相談したくない
満足感	満足
まとめ	部活動が S15 さんにとってもっとも大事なことである。野球選手になることが目標で学業のことを気にしない。野球のことでストレスを感じることはあっても、野球はストレス発散の方法にもなっている。ストレスをあまり抱えていない。

S16 さんの個人面接の分析（中学 3 年生、男）

分類	キーワードの抽出
ストレッサー	部活、高校進学、成績、親
ストレス反応	不安、いらいらする、むかつく、落ち込む、やる気がない
コーピング	部活でテニスをしストレス発散、父に相談する、あきらめる、努力しようとするが実行できない
サポート源	父、母、先生、友だち
満足感	全体的に満足
まとめ	中学 3 年生で主に学業と部活にストレスを感じている。部活は S16 さんにとって、ストレスとして感じられることもあるが、ストレスを発散でき、自信をもらえる大切な活動になっている。父親を最初のサポート源としてあげたのが特徴的である。

S17 さんの個人面接の分析（中学 3 年生、男子）

分類	キーワードの抽出
ストレッサー	勉強と進路、数学、体育での持久走、部活
ストレス反応	心配、悩む、いらいらする
コーピング	部活で運動をする、友達と話す、諦める。
サポート源	担任教師、友達に相談する、母に相談しない
満足感	質問なし
まとめ	部活中心の生活をしていて、部活でストレスを感じる時もあるが、部活はストレス発散にもなる。中学 3 年生で学業や進路のことを心配するようになったがそれほどストレスに感じることはない。よい友人関係をもっている。あまりストレスを抱えていないようにみえる。

S18 さんの個人面接の分析（中学 3 年生、男）

分類	キーワードの抽出
ストレッサー	恋愛、いじめ、英語と美術、友人関係
ストレス反応	悩む、何もやりたくない、むかつく、かっとなる
コーピング	テニスする、気分転換でゲームやボーリングをする、相談、自分で原因を考える、忘れようとする
サポート源	先生、母、友達に相談する。父と兄には相談しない
満足感	質問なし
まとめ	部活や恋愛で学校が楽しい。発声器官の病気で長い間いじめられたことがある。今は周りの人から理解されている。部活は学校の楽しさの重要な活動になっている。今もいじめのことで悩んでいるようにみえる。父親が家にいる時間が少なくて、相談できないことに孤独感を感じているようである。

S19 さんの個人面接の分析（中学 3 年生、男）

分類	キーワードの抽出
ストレッサー	部活、成績、宿題、高校進学
ストレス反応	悩む、何もしたくない、不安
コーピング	サッカーをする、友達と話す、音楽を聴く、自分で解決する
サポート源	友達、父に勉強のことを聞くだけで、親に相談はしない
満足感	自分に満足、自信をもっている
まとめ	部活に対してストレスを感じることも多いが、部活がストレスを発散し、自信を得る方法となっている。勉強もある程度でき、少しストレスは抱えているが、うまく対処している。父から勉強のサポートをもらっている。自信に満ちている中学生である。

S20 さんの個人面接の分析（中学 3 年生、女）

分類	キーワードの抽出
ストレッサー	恋愛、高校受験、部活、成績、友人関係
ストレス反応	腹がたつ、寂しい、むかつく、悩む
コーピング	友達に相談する、先輩にアドバイスしてもらう、計画をたてる
サポート源	友達やお姉さんに相談する、親には相談しない
満足感	家族（ご両親別居）と自分の欠点に不満
まとめ	中学 3 年生で恋愛、部活、学業に対しての悩みを抱えている。今までは部活を第一に頑張ってきたが、中学 3 年生になって勉強の重要性を理解し心配している。悩みがあるとすぐ相談して助けを求める。相談相手は主に友だちで、親には相談しない。少々ストレスを感じても相談したり、忘れたりしてうまく対処できている。異性関係も一種のストレスになっている。父親と会えなくて寂しがっている。

S21 さんの個人面接の分析（中学 1 年生、女）

分類	キーワードの抽出
ストレッサー	塾、数学と技術の授業、友人関係
ストレス反応	悩む、疲れる、悔しい、寂しい
コーピング	我慢する、泣く、仲直りする、母に相談する、犬と遊ぶ、言いたいことを自分でメモする
サポート源	母、友達、祖母に相談する。先生と父には相談しない
満足感	自分の長所が好き、短所は嫌い、父への不満
まとめ	塾、友人関係と勉強に対してストレスを感じている。泣いたり、相談したり、自分でメモしたりしながらストレスを発散する。S21 の話によれば「泣き虫」である。でも、ストレスを抱えてもうまく対処している。自分の長所に自信を持っており、何でもプラス思考ができる。父親が忙しくて挨拶くらいしかできないことに不満である。

S22 さんの個人面接の分析（中学 1 年生、女）

分類	キーワードの抽出
ストレッサー	友達づくり、友人関係、嫌いな科目の授業
ストレス反応	むかつく、悩む、いらいらする
コーピング	先生に相談する、ピアノを弾く、友達に相談する、自分で考える
サポート源	担任教師、友人に相談する。両親に相談したくない
満足感	自分と周りのことに不満が多い
まとめ	S22 さんはずっと暗い顔をしていた。友人関係にとても悩んでいる。対処方法を知らず、積極的に誰かに助けを求めようとしない。仲良しの友だちも同じ悩みを抱えており自分を助ける人がいないと思っているため、とても悲観的である。嫌いな科目は先生のせいにする。何度も「むかつく」という表現を使っていた。自分に自信をもっていない。友達を助けたいが、どうしたらよいか分からない。友人関係が大きなストレスになっているが対処方法も知らず、サポートを得ようともしない。父親にはほとんど会えないが、交流したいと思わない。

S23 さんの個人面接の分析（中学 2 年生、女子）

分類	キーワードの抽出
ストレッサー	成績、友人関係、教師
ストレス反応	無
コーピング	相談する
サポート源	友達とお姉さんに相談する。親と先生には相談しない
満足感	全体的に満足している
まとめ	明るくて生き生きとしている。授業、部活、塾、習い事、何でも楽しくやっている。成績はクラスで中程度だが、勉強の本当の楽しさを分かっている。友人、先生、学業に対して少しストレスを感じることもあるが、毎日が楽しいからすぐ忘れる。誰かに相談したり、いろんな活動を通してストレスを解消することができる。一番の相談相手は友だちであり、友人関係にとても満足している。S23 さんは持ち前の明るさであまりストレスを感じないタイプであり、少しのストレスがあってもうまく対処している。

S24 さんの個人面接の分析（中学 3 年生、女）

分類	キーワードの抽出
ストレッサー	友達づくり
ストレス反応	不安、悩む
コーピング	気にしない、音楽を聴く、新しいことをやってみる、交換ノートと手紙で交流する
サポート源	友人、母に相談する。父には相談しない
満足感	質問なし
まとめ	中学 3 年生であるが、学業ストレスをあまり感じていない。クラス変えや塾に入ったばかりの時、新しい人とうまくやっていけるか不安で、どうやって仲良くするのか悩んだことはある。S24 さんは明るくこつこつ努力するタイプで、あまりストレスを抱えていない。

2. 日本の中学生のストレスの特徴

　中学生男子は、学業と部活の両立している学校生活をしている。部活（野球やテニス、サッカーなどの運動）が中学の男子の生活の大切な部分になっている。個人面接を受けた6人とも部活を一番楽しいと話している。また、部活からストレスを感じることもあるが、部活によって、ストレスを発散したり、自信を高めたりもしている。日本の中学生にとって、部活は欠かせない大切な活動であることがわかる。中学生男子の最初のサポート源は教師か、親か、友達になっている。

　中学生女子にとって、友人関係からの悩みがもっとも多い。その反面、友人はまた悩みの一番の相談相手にもなっている。また、思春期における異性関係も無視できない。部活動（吹奏部、バスケットボール）と勉強の両立について多少の悩みをもっているが、部活を楽しんでもいる。5人のうち3人が父親となかなか会えずコミュニケーションが取れないと話している。また、悩みがある時、親、特に父親には相談したくないと言っている。学業からのプレッシャーはあるものの、あまりストレスになっていない。中学生女子は友達を最初のサポート源として考えている。

第3節　半構造化面接調査によるストレス
実態の中日比較

　第2節では半構造化面接調査による内容を個人別に分析し、ストレスの特徴をまとめた。本節では前節の内容に基づき、全体的考察を行う。中日両国の小中学生のストレス状況及び学校生活環境における異同点を以下の7点にまとめる。その違いは主にストレッサーとサポート源、満足感の3変数において現れている。

　（1）全般的に両国とも小学生より中学生の方がストレスを強く感じている。これは中学段階では勉強量が増えること、高校進学のプレッシャーがかかることが主な原因として思われる。また、思春期に入っており異性関係からのストレスも増えている。

　（2）両国とも期待しているサポート源の順番で、小学生では母が最初

に選ばれているが、中学生では友達が最初に選ばれている。中学生になると、親に距離を置き友達との付き合いを大切にするようになることがうかがわれる。また、両国の中学生とも多くの生徒は悩みがあっても親に話したくないと答えている。この傾向は男子より女子のほうにより明瞭に現れている。

「総務庁青少年対策本部」（1999）によれば、小学生から高校生に至るまで、「困ったことや悩みがあった時に相談する相手」は一貫して母親と学校の友達が2大エージェントである。しかし、小学生では母親（74.1%）が学校の友達（51.0%）を上回っていたのが、中学生になって逆転し（母親53.4%、学校の友達64.3%）、15〜17歳ではさらにその差が広がっている（母親42.9%，学校の友達73.3%）。また、尾見（1999）は小学生から高校生にかけてのソーシャルサポートの研究レビューから、①小学生では親からのサポートがもっとも高いが、中学生になると友人が親を上回ること；②先生によるサポートは、他の対象よりも極端に低く、中学生以降はその傾向がさらに強まること；③中学生前後では、友人を中心に、女子の方が男子より高得点であることを指摘している。本研究の結果は、以上の先行研究の結果と類似している。

（3）日本の小中学生にとって、部活はストレスになる時もあるが、プラス効果の方が大きいと思われる。部活には主に運動部（野球やサッカーなど）や演奏部などがある。学校生活が楽しい理由に部活をあげる児童生徒が多く、部活は日本の小中学生にとって、大事な活動になっている。学業成績が良くなくても部活動で活躍する人は自信にあふれている。部活動は日本の小中学生にとってストレスを解消する方法の一つになっている。それに対して、中国には部活という制度がない。また、学業中心の競争が激しい環境であるため、学業成績が悪いと自信感を失っている。中国では小中学生の課外運動時間が少ないという問題点に気付き、2011年に「小中学生に一日1時間の校内体育活動を保障する」ことが政府の方針で決められている。

（4）中日両国の小中学生とも学業と友人関係によるストレスを感じているが、その程度に差がある。中国の小中学生は学業や成績によるストレスを中心に話しているが、日本では友人関係によるストレスを女子の方が男子より頻繁に話しており、部活によるストレスを男子が女子より頻繁に

話している。また、日本の児童生徒も学業によるストレスを感じることもあるが、中学3年生以外の児童生徒は学業のことをあまり気にしていない。中学3年生であっても勉強の負担や勉強時間が中国より少なく、進学によるストレスが中国より感じられない。

このことから両国の小中学生の学業の重視程度が異なっていることがわかる。これは両国の小中学生が置かれた社会環境から理解することができる。日本は「ゆとり教育」制度のなかで、勉強の負担が中国より重くなく、さらに少子高齢化で進学し易しくなっている。中国では「減負教育」が叫ばれているが、実際には激しい進学競争のなかで学生の負担は増えるばかりである。このような競争で勝つために中国では幼少期から教育投資を行っている。よって、学業を重視する程度が日本よりも高く、成績に敏感であるといえる。

河地（2003）の調査においても、中国の子どもの勉強重視は世界でも突出しており、日本の子どもは友人関係をもっとも重視していることが特徴的であるとされる。気持ちの落ち込みやストレスが日本では友人関係から、中国では勉強や試験や宿題から生じている（渡辺・武・陳など, 2008）。本研究でもこれと類似した結果が得られた。

（5）中国の小中学生10人のなかで6人が「親の期待に応えられない」や「成績が悪いと親に申し訳ない」など、親の期待感から感じるストレスについて話しており、この特徴は日本でみられなかった。中国の小中学生は親の期待に応えるために頑張るという傾向が強く、これは中国の親が子どもの勉強を重視する程度が高いことで生じたものだと思われる。中国は一人っ子が多くて、親は一人っ子にすべての財力や精力を注いでいる。子どもも小さい時から親の高い期待のなかで成長しているので、成績が悪いと親に申し訳ないと思っており、それがストレスになっている。これは日本の小中学生と異なっている。

趙・趙（2005）は南京市627人の中高生について調査を行い、中国の親の「過度な期待」が中高生のストレスになっていることを指摘している。「学業面で親の期待に応えているか」という質問に50.4%の中高生が「応えられない」と回答している。「親が作ってくれた目標と計画についてストレスを感じている」について「とても大きい」と「まあ大きい」を合わせると47.9%である。さらに、32.4%の学生が「両親の学業への期待に大きなス

トレスを感じている」と答えている。これらのデータから一部の親の期待は子どもの能力の限度を超えており、このような過度な期待は子どもに大きい緊張とストレスを与えていることがわかる。他にも親の期待に応えられないと、失望したり、悲しくなったり、引け目を感じるという割合は62.9%に達している。

　以上のことから親の高い期待感は中国の小中学生にとって重大なストレスになっていることがわかる。

　（6）日本の小中学生は14人中5人（全員女子）が父親の仕事が忙しくてなかなか会えず、交流もほとんどないと答えている。そのために寂しく思っている児童生徒がいるが、父親からのサポートを期待している児童生徒がいる一方で、全然期待しないと話す児童生徒もいる。この現象は中国と異なっている。このことより、中国より日本の方が父親が仕事中心の生活をしており、家庭のなかで父親の子どもへの役割が弱いことが推測できる。

　（7）満足感と関連する要因でも違いがみられた。中国の小中学生は成績が悪いと自分を全面的に否定する傾向にあるが、日本では部活動で活躍する児童生徒は成績が悪くても自信をもっており、自分への満足度を高く評価している。

　中国の中学生の5人のなかで3人が、成績が悪いと「面子が立たない、友だちに軽蔑される」と話している。つまり、成績による自己評価を通して友だちのなかで自分の立場をみつけようとしている。これは両国の学校での評価基準に関係すると思われる。中国の成績重視の単一の評価基準は児童生徒に「成績至上」という意識を形成させている。

第14章　ストレスの中日比較及び異文化背景へのアプローチ

第1節　量的調査と質的調査を踏まえての考察

質問紙調査と半構造化個人面接で得られた両国小中学生のストレス状況の比較結果に基づいて、総合的考察を行う。

1. ストレッサーとストレス反応における性差

ストレッサーとストレス反応において、両国の性差が異なっている。中国より日本で性差が顕著にみられ、男子より女子の方の得点が高かった。中国ではただ小学生のストレッサー認知において、女子より男子の方の得点が高く、他には性差がみられていない。学校教育上、中国では男女に関係なく同じ教育方法を取っているが、日本では性役割への期待が中国より強い可能性がある（刘，2005）。中国では家庭で両親が共働きで、男女平等意識が日本より強いことも子どもたちに影響を与えていると思われる。

2. ストレッサーがストレス反応に与える影響

両国の小中学生においてストレッサーを強く感じているほどストレス反応の表出が頻繁になるという結果は同じである。しかし、ストレス反応を頻繁に生じさせる主なストレッサーが少し異なっている。

両国の小学生にとって「友人」「親」「学業」「教師」ストレッサーはストレス反応の原因になっている。「友人」と「親」ストレッサーがストレス反応に与える影響が大きく、「教師」からの影響は小さい。日本では「学業」ストレッサーの影響が中国より多くみられた。小学生の「学業」ストレッサーは授

業に関する出来事が多く、日本の小学生は授業に関するストレスを強く感じていることがわかる。これは小学生の学習意欲に関連していると思われる。「日本子ども資料年鑑」(2008)によると、「将来のためにも、今頑張りたい」や「勉強のできる子になりたい」では、中国の小学生で 7 割を超えているのに対して、日本の小学生では 4 割にとどまっており、勉強への意欲が極端に低くなっている。日本小学生は学習意欲が低いために授業からのストレスを感じやすいと考えられる。

日本の中学生にとって「親」と「身体」ストレッサーがストレス反応に強く関連しているが、中国では「学業」と「身体」ストレッサーがストレス反応の主な原因になっている。両国で「身体」ストレッサーからストレス反応への影響が顕著にみられ、中学生は思春期において身体的変化の影響を強く受けていることがうかがわれる。中国では「学業」ストレッサーからの影響が日本より多くみられ、これは中学生の置かれている社会的背景と関連していると思われる。2007 年の日本での高校への進学率は 96.4%であるのに対して(「日本子ども資料年鑑」, 2008)、2006 年の中国での高校への進学率は 75.7%である(「中国統計年鑑」, 2007)。中国では学業成績による激しい競争が行われているため、中学生が学業からのストレスを強く受けていることがわかる。

中国の小学生にとって「学業」ストレッサーからストレス反応への影響は少なかったが、中学生で多くみられた原因は、現在中国の教育制度によるものと考えられる。2000 年に中国の教育部によって「小学生の学業負担の軽減に関する緊急通知（关于在小学减轻学生过重课业负担的紧急通知）」が提出され、小学校では宿題の量を減らしたり、成績の順位をつけなかったりするなどの対策を取っている。また、小学生の中学校への進学の競争はあまり激しくないが、中学生の高校進学は依然競争が激しい。

筆者の面接調査から中国の小中学生は日本より学業や成績のことを気にしていることがわかった。また、日本の小中学生にとって部活が学校生活の重要な部分であり、部活からのプレッシャーはあるものの、児童生徒に与えるプラス効果が大きい。学校生活で楽しいことを尋ねたところ、ほぼ全員が部活であると答えている。中国の中学生は激しい競争による学業ストレスが特に大きいというのが特徴である。特に中学 3 年生になると日曜日半日だけしか休みがないなかで試験勉強をしなければいけないとい

う異常なプレッシャーにさらされている。日本の中学生も「学業」ストレッサーを感じているものの、その程度が中国ほどではない。日本の小中学生は学業がだめでも部活で活躍することで自信をもっているが、中国では学業がだめだと自信をなくしている児童生徒が多かった。それは中国で、学業成績を基準にすべてを評価してしまう傾向が強いからといえる。中国で多くの児童生徒は、教師が成績の優秀な人だけにえこひいきすることに不満を感じている。また、このような激しい競争を与えた社会にも不満が大きかった。

中国では「受験戦争に勝利することが最終目標になったかのような風潮」が、子どもたちに常に緊張感を強いている。嶋田（1998）は、「まじめな良い子どもほどいつも学業の影響性を高く評価する傾向にあることから、ストレスが高くなる」ことを指摘している。学校における「学業成績の重視」という、子どもに対する評価尺度の一元化が、中国の小中学生にとって大きなストレスをもたらしている。

3. コーピングがストレスに与える影響

両国の小中学生で「回避的対処」がストレス反応を増加させるという結果は一致しているが、「積極的対処」がストレス反応に与える影響が両国で異なっている。中国では「積極的対処」がストレス反応に負の関連を示しているが、日本では「積極的対処」が「抑うつ・不安」反応に正の関連を示している。

中国の陳（2004）でも「積極的対処」を取る中学生は「消極的対処」や「維持的対処」を取る中学生より、ストレス反応を表出することが少ないとされており、本研究の結果と一致している。日本の先行研究（三浦・坂野，1996；神藤，1998）でも本研究と同様の結果が得られ、一般的に有効であると考えられている「積極的対処」は日本の児童生徒にとってストレス反応の軽減に効果がない、もしくはストレス反応を高めてしまうという結果が確認された。三浦・上里（1999）は、高校入試というストレスフルな「学業」ストレッサーに直面している中学生は、「学業」ストレッサーに対してやるべきことを考え努力するなど積極的コーピングを行う一方で、「いらいら」「無力感」「不安や抑うつ感」あるいは「身体的反応」など多様なストレ

ス反応を頻繁に表出しているため、サポートが必要であると述べている。

「積極的問題解決」のような方略は、覚醒水準の上昇などの対処努力に伴うコスト（Cohen, Evans, Stokols, &Krantz, 1986）も大きいため、長期化したストレッサーやコントロールが困難なストレッサーに対処しつづけた場合には、ストレス反応の上昇を招くことが指摘されている(SChaufeli & Bakker, 2004；Hockey, 1997)。小中学生にとって、問題場面に遭遇した際、その解決法を熟考するのは容易な作業ではない。また子どもの発達段階においては、解決困難な問題を前に、そこから逃避したり気晴らししたりせずに、正面から取り組むことが、常に直接解決に結びつくとは限らないだろう。その解決法の熟考の期間が長引けば長引くほど、抑うつ・不安感情を引き起こされることも考えられる。日本ではこのような理由から「積極的対処」が「抑うつ・不安」反応を引き起こしているのではないだろうか。

ストレスに対するコーピングは多様で、どんなコーピングでもその合理性をもっている。筆者の面接調査では、両国で小中学生が「友だちと遊ぶ」「泣く」「交換日記を書く」「音楽を聴く」「テレビをみる」「ゲームをする」「気にしない」「相談する」などのようなコーピングを取っている。

また、日本では部活に参加することがストレス発散の主な方法の一つであるが、中国の学校のスケジュールでは課外活動時間が少なく、身体的活動があまりできないのが現状である。生活情報センター編集部(2004)では、部活動に参加する中学生は参加しない中学生よりストレスを感じるのが少ないという結果が得られている。上地・竹中・岡(2000)は小学校高学年を対象に研究を行い、身体活動水準はストレス反応尺度のすべての下位尺度に有意な相関を示し、身体活動を増加させることは子どものストレス反応の軽減に役立つ可能性があると指摘している。また、運動習慣は学業ストレスの大小にかかわらず一様にストレス反応を軽減させる直接効果があり、精神的健康の改善や増進における運動の重要性が示されてもいる（高倉, 2008）。適度な運動の実施は、体力の保持・増進だけでなく、リフレッシュ効果や運動を通して得られる成功体験、自信を得ることによるストレス反応の軽減にもつながる。よって、中国の学校で小中学生の身体的活動を増加させる措置を取る必要性が示された。

4. サポートがストレスに与える影響

　両国の小中学生で両親と先生からのサポートはストレッサー評価に負の関連を示したが、友だちサポートはストレッサー評価に正の関連を示している。

　また、日本の小中学生において友だちサポートはストレス反応にも正の関連を示している。中国小学生でも友だちサポートはストレス反応に正の関連を示し、中学生ではストレス反応に関連を示さなかった。これらのことから友だちサポートは両国で小中学生のストレスの軽減にならないことがわかる。

　橋本（1997a）はネットワークが大きいほど、サポート源もストレス源も多くなる可能性を指摘している。また、サポートと対人ストレスの間に正の関連を見出している橋本（2000b）も「サポートを得やすい対人関係は、同時に対人ストレスも生じやすい対人関係である」と指摘している。特定関係におけるサポートと対人ストレスを扱った先行研究からは、全般に「家族・配偶者・同居人などでは、サポートと対人ストレスの間に負の相関が示されやすいが、友人などでは、そのような傾向は示されない」ことが示された（橋本，2005）。

　また、サポートの有効性が発揮されない状況の一つとして、評価懸念が伴う場合が考えられる。菅沼ら（1996）は大学生を対象とした実験を通じて、サポートと評価懸念がさまざまなストレス反応に及ぼす影響を検討している。その結果、評価懸念をもたらさないサポート提供条件のみが生理的ストレスを緩和し、サポートが提供されても評価懸念がある条件ではストレス反応は高いままであった。本研究でも友だちからのサポートは評価懸念を伴っており、ストレスの軽減にならなかったのではないかと推測できる。

　さらに、鵜養（2004）は、子どもたちが「自分を素直に出すことを恐れ、嫌われないように気を遣った友だち関係に終始する」ことを指摘しているように、子どもたちは友人に本当の悩みをさらけ出すことが少なく、ソーシャル・ネットワークが広くなるに伴って人間関係上のストレスが増えるだけであった可能性があると思われる。両国において少子化、核家族化、都市化などによる生活環境の変化が、子どもたちに孤立化をもたらしてい

る。多くの児童生徒の人間関係は親密ではないが、決定的に対立するものでもない。他者とは距離をおき、互いに干渉しない、分かち合おうともしないといった感覚を基底においている（七條・五條，1999）。このような友人関係においては友人からのサポートはストレスの軽減に効果がないことがうかがわれる。

　筆者の面接調査からは量的研究の結果と同じように、小学生にとって一番の悩みの相談相手は母親であるが、中学生になると友だちにサポートを多く求める傾向が見てとられた。親には反抗の気持ちがある一方で、サポートへの期待も大きい。また、両国ともで両親が自分の気持ちを分かってくれないという苦情が多かった。それは、第二反抗期に入って親への反抗の気持ちが強くなったのが原因であると思われる。さらに日本では、父親が忙しくてコミュニケーションが取れないという声も多かった。

　また、面接調査から日本では「先生が優しい」「先生に悩みを相談する」という声も比較的に多かったが、中国の児童生徒は教師に対する敬遠の態度が多く「相談しない」という声が多かった。高（2002）によると、中国の小中学生の39.1％が教師に恐怖を感じている。翟（2007）でも中国の中学生が学校を楽しくないと思わせる理由として、教師の叱責を挙げる生徒が友人関係のつまずきを挙げた生徒より多かった。中国の教師は「ほめて育てる」のではなく、「叩いて育てる」という教育観を持っていることが多い。教師に叱られたり、消極的に評価されたりする経験は子どもの不安を強め、自尊心と自信を傷つけ、教師と信頼関係を結ぶことが困難にするといえる。中国で小中学生のストレスを軽減するには教師が児童生徒への接し方を変え、信頼関係を結ぶことが大事であると思われる。

5. 満足感がストレスに与える影響

　満足感はさまざまな対象に対する「肯定的認知」であり、満足感の高い人はストレスがあってもポジティブに考えることができ、ストレス反応の表出が少なくなると思われる。満足感のようなポジティブ感情は今の感情に対してだけでなく、その後も良い状態を維持しやすくするという効果があると考えられ、一次的予防としての効果を持つものだと言える（大対・大竹・松見，2007）。

両国の小中学生ともに満足感がストレッサー評価とストレス反応に負の関連を示している。満足感の高い人は出来事についてプラス思考であることから、ストレスが少なくなると思われる。両国の児童生徒の満足感を高めることによって、ストレスを軽減できることが示された。

6. サポートがコーピングに与える影響

両国でサポートがコーピングを促進する傾向がみられた。また、サポート高群が「積極的対処」を多く行っていることも両国で一致している。誰かに助けてもらえるという確信は児童生徒のストレスに対処する際の自信につながり、いろいろな対処行動ができるようになると考えられる。よって、社会・学校・家庭からの小中学生へのサポートを充実していくことで、ストレスの対処行動を促進させることができることが示された。

7. 満足感がコーピングに与える影響

両国の小学生ともに満足感は「回避的対処」に負の関連を示し、一致している。中学生において、日本では満足感からコーピングへの関連はみられなかったが、中国では満足感が「積極的対処」に正の関連を示した。満足感が両国の小中学生のコーピングに与える影響は少し異なるものの、満足感を高めることでストレスに対処する際、ポジティブに考えることができ、問題解決につながる可能性が示された。

8. ストレスのクラスターパターンの人数分布の特徴

両国の小学生で、ストレッサーを比較的低く評価し、ストレス反応の表出も少なく、満足感の高いタイプの割合が高いという結果は一致している。このことから両国でストレスを強く感じている児童の割合は低く、満足感の高い児童の割合が高いことがわかる。日本では全般的にコーピングをあまり行わないパターンの割合が高いが、中国では「サポート希求」を頻繁に行うパターンの割合が高い。パターンの特徴は違うが、両国の小学生のコーピングが未熟状態にあることがうかがわれる。

両国の中学生では全体的にストレッサーを低く感じるタイプが（中国：

53.6％；日本：66.5％）多く、ストレス反応（中国：54.6％；日本：65.4％）の表出が少ないタイプが多かった。このことから両国で中学生の50〜60％がストレスをあまり感じていないことがわかる。両国ともコーピングを全体的に行うことが少ないタイプが多く、中学生でもコーピングが未熟であることがうかがわれる。また、日本ではサポート高群が43.3％であるが、中国では28.5％であり、日本の中学生の方でサポート高群が多い。

　小学生のストレッサー評価においては日本で高群が 19.2％、低群が57.2％であり、中国で高群が 11.0％、低群が 47.8％である。また中学生のストレス反応の表出において日本で高群が11.7％、低群が65.4％であり、中国で高群が8.6％、低群が54.6％である。高低群の割合がそれぞれ中国より日本の方が大きいことから、中国より日本の方がストレッサー評価とストレス反応において二極化傾向になっていることがわかる。日本では高い受験圧力にさらされている子ども及び家庭、そうでない子ども及び家庭の格差が徐々に現れつつあるのが現状である。高度成長時代は終わり、人々の求めるものも多様化している（恒吉，2008）。しかし、中国では「勉強することが家庭や自分自身の状況を変える主要な手段」であるという歴史的・文化的考え方が強い（劉・付，2008）。このような社会的背景から中国より日本でストレスの二極化傾向が見られたと思われる。

9. ストレスモデルの構成

　両国の小学生のストレスモデルで側面間の関連はほぼ同じである。両国ともストレッサーはストレス反応に高い正の関連を示した。嶋田（1998）は児童生徒は成人ほど複雑な認知的評価を行うことができないために、学校ストレッサーの経験が直接ストレス反応に結びついている傾向があることを報告している。

　ストレッサーはコーピングにも正の関連を示している。嶋田・坂野・上里（1995）では成人のストレス過程における認知的評価では一次的評価と二次的評価の因果性が問題になるのに対して、小学生高学年程度の発達段階では2段階の評価の独立性が高く、一次的評価（影響性）が行われた後、二次的評価（コントロール可能性）の過程を経ずにコーピングの選択に結びつく傾向があることから、子どもの認知的評価の未分化性が推測されて

いる。本研究ではこのような可能性を支持する結果が得られた。つまり、小学生ではまだ認知的評価が発達しておらず、影響性の評価(一次的評価)だけに留まっていることが示された。

　中国の中学生は小学生と同じように出来事への一次的評価から二次的評価の過程を経ずに直接コーピングの実行に結びついているのに対して、日本の中学生ではストレッサーからコーピングへの関係がみられなかった。日本の中学生においてはストレッサー(一次的評価)とコーピングの間に二次的評価が存在する可能性が推測できる。日本の中学生は二次的評価、つまりストレッサーを低減することができるか意識しながら対処行動を行っていると推測できる。

　両国でコーピングからストレス反応への影響はあまりみられなかったことから、小中学生においてコーピングのストレス反応への規定力が低いことがわかる。積極的対処、回避的対処などのコーピングを一緒にすることによって効果が相殺された可能性もありうる。また、適切なコーピングでストレッサーがなくなった可能性もありうる。コーピングには、過度な緊張や興奮を伴うことなく、健康を維持することができるような適応効果があると考えられる。そしてこのような効果が得られることによって、問題解決に対する適切な意欲が回復されたり、解決のための手段を見出す余力が持てるようになる。

　両国の小中学生ともソーシャルサポートのストレスへの直接軽減効果は低かったが、満足感を通しての間接効果は大きかった。金・嶋田・坂野(1998)によるとソーシャルサポートは直接的にストレス反応に影響を及ぼすのではなく、セルフ・エフィカシーを介して間接的に影響を及ぼしているという。今村・服部・中村(2003)でもソーシャルサポートからストレス反応への直接的な影響は有意でなかったが、自己効力感を通しての間接効果が確認され、本研究の結果を支持している。

　構造方程式モデルは先行研究の知見から得た研究者の仮説を、モデルの枠組みに反映させることができる点で、強力な手段であると評価されている(豊田・前田・室山・柳井,1991)。しかし、すべての児童生徒のケースが本研究で提唱された「ストレスモデル」にあてはまるとは限らない。ストレスモデルの構成の意義は児童生徒の心理的ストレスの過程を包括的に理解することにある。共分散構造分析によって得られたモデルは一つの可

能性であり、より適合度の高いモデルが存在する可能性は否定できない。この点は方法論上の限界であり、今後さらに多くの検証を重ねることが必要である。

10. 小学校から中学校までの発達的変化

両国で小学校から中学校にかけての発達的変化は同じ傾向にある。出来事の経験率と嫌悪性は小学生の方の得点が高かったが、ストレス反応は両国とも中学生の方が頻繁に表出している。両国の小学生が中学生よりもストレッサーを過大評価していることと、中学生の方が小学生よりストレス反応を多く抱えていることがわかる。両国で小学生が「回避的対処」を頻繁に行っていることから、小学生のコーピングの未熟さがうかがわれる。また、中村・兼松等(2002)は小学校3年生から中学校3年生までを対象に生活の満足度を調べた結果、年齢が高くなるほど満足度が低くなる傾向を示し、本研究での小学生の満足感が高いという結果と一致している。グラフの変化からも両国の小中学生が経験する日常生活上のストレスの発達変化は多少の違いもみられるが、大体同じ傾向になっていることがわかる。両国とも9年間の義務教育を行っており、基本的な教育制度は類似していることから同様の発達的変化がみられたと思われる。

日本では中学生より小学生が受けているサポート得点が高かった。中国では両親からのサポートに関して小学校と中学校との差がなく、教師、友だち、きょうだいからのサポートは中学生が多く受けている。この理由として、本研究の対象者である中国の中学生は寮生活をしており、教師、友だちと接する時間が多いことが考えられる。

第2節　ストレスの異同点から中日異文化　背景へのアプローチ

本節では両国におけるストレスの異同点を、主にジェンダー意識や教育制度から分析する。

1. ストレスの性差からみる両国のジェンダー意識

筆者の質問紙調査から、ストレスにおける性差が中日両国で異なっていることがわかった。日本では男子より女子の方がストレスを多く抱えているが、中国では小学生のストレッサーにおいて女子より男子の方の得点が高いものの、ほかには性差がみられていない。つまり、中国では性差があまり存在しないことがわかる。中国の中学生のストレス認知についての先行研究（刘，2005）でも性差がみられていない。それに対して、日本の多くの先行研究（三浦，2002；嶋田，1998）では性差がはっきり表れており、男子より女子の方の得点が高い。刘（2005）は両国で性差が異なっている原因について、性役割への期待が中国よりも日本で高いことが学校教育にも影響を与えているのではないかと推測している。

ここでは、両国小中学生のストレス認知において性差が生じた原因を両国の社会におけるジェンダー意識から探ってみる。

（1）中国におけるジェンダー意識

风（2013）によると、中国は1949年以来30年の間に、意識形態、法律や政策など社会のあらゆる分野で男女平等を基本的国策として貫いてきた。中国は約10年間で、西欧の女性が200年間かけて歩んできた歴史の道を一挙に歩んだことになる。この政策が成功したために、男女平等意識は多くの人々に浸透している。また、中国は一人っ子政策のために特に都市部で一人っ子が多い。一人っ子の親は一人の子どもに息子と娘の期待を全部寄せているので、無意識のうちに、性差を無視してしまう傾向がある。

佟（2005）は、「両性化人格、男性人格や女性人格のなかで、両性化人格がもっとも望ましい。両性化人格の特徴は男女が性別役割に限定されることがなく、より有効に各情況に対応でき、独立性が強く、自信感が高く、心理が健康的である。」と述べている。中国の青少年は一人っ子や男女などに関係なく、異性の性別特徴を受け入れており、両性化人格が普遍的に受け入れられている（风，2013）。このような社会背景の下で、中国の小中学生は自然に両性化人格が形成されるようになっている。

また、性別中立教育（Gender-neutral Education）が中国ですでに半世紀にわたってなされてきた（周，2011）。性別中立教育では、男女が平等であるという観念に基づき、男女が同じ教育を受けている。20世紀70年

代末、中国で始まった一人っ子政策は男女平等であるという意識の浸透を一層加速させた。それは、「男女共学、性別による違いがない教育」という政策に現れている。また、女性は男性と同じ教育権利を享受することができ、男性が働く分野にも進出することができるようになった。

　広東省301人の小中学校の教師を対象に行った調査から、性別中立教育の観念を見てとることができる。調査では「礼儀正しく、目標を持ち、親孝行ができ、知識に対する欲求が旺盛で、利己的でなく、成績が優秀である」という像が教師のなかで男女学生の理想像である。つまり、教師は性別の差を認識せずに、「よい学生像」を判断しているといえる。許・張（2007）はこの理由を教師のジェンダー意識と密接な関係があると指摘している。また、このような性別中立教育の環境は、男子より女子の発展に有利であるという結果を示している。女子は男子の「勇敢、自信、自己主張、強さ、ユーモアなど」の特質を発展させやすいが、男子は女子の「優しさ、利口さ、細かさ、相手への思いやり、紀律を守るなど」の特質を発展させることが難しいようである。今の教育現場で行われている多くの評価方法は、男子の天性を抑制し、自信感の育成に有効ではないと言われている。

　中国では小中学生が両性化人格や性別中立教育に影響されているために、ジェンダー平等の意識が強く、「ストレスの認知において、性差があまりみられていない」という結果が得られたと思われる。

（2）日本におけるジェンダー意識

　日本では20世紀70年代まで、「性別に基づく教育」の伝統が保たれ、性別の特徴に合わせて異なった教育が提供されている。例えば、家庭課は女子向けの科目として存在してきた。しかし、80年代に入ってから、小中学校において、家庭課は男女とも受けるべき必修科目になった。1989年の学習指導要領の改訂で、1994年から高校での家庭一般の選択必修が実施され、中学校では1993年から、小学校では1992年から技術・家庭課における男女の区別がなくなった。このことによって学習指導要領における男女差別が解消された。現在、教育現場ではもっとも理想的である「性別敏感教育（Gender Sensitive education）」が提唱されているが、性別差に基づく教育が行われた時間が長く、その影響がまだ残っていると考えられる。

　また、「男女の役割は自由に決めるべき」だと考える人の割合は日本で48.2%であるのに対して、中国で75.3%である。男女の役割分担について

日本はアジアの中でも伝統的意識が強い国であるといえる（日本能率協会総合研究所，2005）。「世論調査年鑑」(2006)によると、山梨県20歳以上の1,557人を対象に「男女共同参画に関する県民意識・実態調査」について調査を行った結果、「男子優遇」「どちらかといえば男性優遇」と答えた割合は、「家庭生活において」62.1%、「学校生活において」13.6%、「職場内において」60.8%、「地域において」63.2%、「社会全体において」71.7%である。この二つの調査結果から日本では性役割分担の伝統意識がまだ強いことがわかる。

　1990年代以降の大学進学率に伴い、進学率の男女差は縮小傾向にある。しかし、文部科学省「学校基本調査」によると、2012年時点では依然として約10ポイントの差がある。鳶島（2013）は、「近年では女性の大学進学率が男性を上回っている国も多く、大学進学の面で男性のほうが有利な日本の状況は国際的にみて特徴的なものになりつつある」と述べている。同様の状況は15歳の生徒（日本では高校1年生）の教育期待についても確認されている。すなわち、PISAに参加したOECD加盟国（カナダを除く）のうち、女子より男子のほうが大学進学を期待しやすいのは日本（と韓国）だけであった（McDaniel 2010）。このように日本では教育期待へのジェンダー差が存在している。日本は長い歴史の影響で性別役割の意識が強く、男女平等意識も中国より弱いので、性差が多くみられたと思われる。

　このように両国の歴史的・社会的背景において異なるジェンダー意識が小中学生に影響を与えたことによって、学校教育現場でのストレス認知に異なる性差が現れたと思われる。

2. 学業ストレスや「二極化傾向」からみる中国の「素質教育」と日本の「ゆとり教育」

　質問紙調査では、日本の小学生が中国より学業ストレッサーの影響を強く受けているが、それは主に授業からのストレッサーであることがわかった。しかし、中国の中学生は学業ストレッサーの影響を強く受けている。さらに、面接調査から、中国の小中学生において学業負担や成績によるストレスが突出しているが、日本では学業と同様に友人関係や部活からストレスを受けていることがわかった。両国の小中学生とも学業ストレスを感

じるものの、日本より中国でその程度が深刻である。

　また、中国より日本でストレッサー認知やストレス反応において、二極化傾向がみられた。このような状況を両国における教育制度や社会環境から考えてみる。

(1)　中国における「素質教育」

　中国では 2000 年に教育部から「基礎教育課程改革を深化し、『素質教育』をさらに推進する教育部の意見（教育部关于深化基础教育课程改革进一步推进素质教育的意见）」や「小学生の学業負担の軽減に関する緊急通知（关于在小学减轻学生过重课业负担的紧急通知）」など小中学生の「素質教育」に関する文書が提出され、「減負」教育が行われるようになった。このような教育方針の下で、各地では「学校で学習の時間を減らす、宿題の量を減らす、成績の順位をつけない、一日一時間以上の運動時間を与える、授業の効率を高める、心理健康センターを設立し、心理健康教師を配置する」などの措置を取り、成果がみられる学校も多くなりつつある。しかし、進学率や成績で学校や学生を評価する社会環境のなかで、「素質教育」の道のりは平坦ではない。中国では小中学生の学業負担を軽減することが常に教育改革の重要な内容になっているが、あまり効果的ではなく、小中学生の学業ストレスは増えるばかりである（路, 2008）。

　「素質教育」の問題は学校で現れているが根源は社会にあると思われる。社会の教育目標や教育価値に対する認識が明確でないため、学校の「素質教育」を目指す改革も窮地に置かれている。学生の主体性を生かし学習者の「全面かつ自由」な成長のための目標が掲げられている一方、学生は現実の進学競争や受験ストレスを強いられている。このような矛盾する二つの現象は同時に存在し、学校の教育実践者と学生たちを苦しめている。いわゆる「『素質教育』は大きく叫ばれており、『応試教育』は確実に行われている」という矛盾のなかで、多くの教師、学生や両親は苦しんでいる。

　そのなかで、「一人っ子」政策による、家族からの期待がそれに追い打ちをかけており、子どもの精神的負担は重く、抑うつや焦燥感が広がっていると言われている。一人っ子の家庭では一人っ子に高い期待を寄せているので、子どもが激しい競争のなかで勝ち抜くために、学校では「減負」を行っているが、家庭ではそれに反する「増負」教育を行っている。2008 年に天津市婦聯と天津市家教研究会が天津市 9 つの区県の 1054 人の未成年の親

について調査を行い、以下の結論を得ている。小中学生の親のうち49.3%が子どもを塾に通わせており、57.6%が家庭宿題を出したり、子どもがテキストや関連文化知識を事前に勉強するように家庭教師を雇っている。これらの学業負担は子どもの睡眠時間や遊び・運動の時間を減らし、子どもの心身の健康を脅かしている。このような状況の下で中国の小学生は学業ストレッサーからの直接的影響より親からの期待やプレッシャーを通しての間接的影響を強く受けたと思われる。

中国では高度経済成長の継続と急速な格差社会の進行によって、激烈な競争社会の様相を呈している。学校教育も例外ではなく、都市部における受験戦争の熾烈さは弱まることがない。中学生や高校生の学校での滞在時間は長く、多くの宿題や試験に追われているのが現状である。小学校高学年を対象にした学習についての国際6都市比較調査（Benesse教育研究開発センター企画・制作, 2008）においても、東京と対照的な北京の姿が認められる。そこでは北京の子どもの特徴として、①3分の2に近い子どもが、競争が激しいとする社会観をもつこと、②多数が大学院までの進学を希望する高学歴志向、③頑張れば最上位の成績が取れるという認識、④宿題に取り組む時間の長さなどが示されている。勉強に熱心に取り組む子どもの意識の背景には、競争社会と格差の急速な拡大による「勉強することが家庭や自分自身の状況を変える主要な手段」であるという歴史的・文化的考え方と学歴社会がある（劉・付, 2008）。

「素質教育」の元来の目標は「詰め込み教育」や「応試教育」からの学業ストレスを減らし、児童生徒の心理健康を促進させつつ全面的能力を発展させることであるが、実際に小中学生の学業ストレスは減ることなく、「素質教育」は矛盾のなかに置かれている。いかに「素質教育」を実現し、過度な学業ストレスを軽減するかは中国教育領域における喫緊の課題といえる。

(2) 日本における「ゆとり教育」

日本では、1970〜1980年代の団塊ジュニア世代の詰め込み教育、管理教育、受験戦争によって発生した校内暴力、いじめ、登校拒否、落ちこぼれ、受験戦争など、学校教育や青少年に関わる数々の社会問題を背景に、「ゆとり教育」が展開されてきた。寺脇（2001）によると、「ゆとり教育」の原点は、1970年代の「詰め込み教育」批判にあるという。「過大」な負担を減

らすことによって「ゆとり」を手に入れた子どもたちが「生きる力」をはぐくむことを目指す、という教育課程の理念全体が「ゆとり教育」と表現されている。「ゆとり教育」という理念の下で、学習指導要領（2002 年度から実施）が改訂され、完全週 5 日制になり、総合的学習の時間も始まるなどの学習内容の大幅な変更が行われた。。

しかし、「ゆとり政策」は文部科学省の思惑どおりに進行しなかった。学校教育における各教科は、それぞれが独立しつつ相互に関連しあっているはずなのに、内容の削減によって各教科が孤立してしまい、相互のつながりが分からなくなってしまった結果、「授業が難しい」という感覚に陥るという指摘もなされている（酒井, 2005）。また、丸山（2009）によれば「1992 年代以降の学校 5 日制の実施」は「ゆとり教育」の理念の実現の障壁となってしまった。丸山（2009）は学校 6 日制の場合、ゆとりをもたらしたが、学校週 5 日制が実施されると授業時数の削減と学力低下の問題が前面に出て、ゆとりのもつ本来的な意義は薄れたのであると指摘している。そして、苅谷ら（2002）は、「ゆとり教育で学習離れ・学習意欲の減退、忍耐や持続からの逃走が起きているし、指導内容の定着がおろそかになっている。学校での勉強に価値を見出せなくなり、ほどほどの努力しかしない。その問題は学習時間の減少にある。」と述べている

学習時間の減少や知識軽視の風潮が全体的な学習意欲の低下をもたらしている。「国際教育到達度評価学会」（略称：IEA）による 2003 年（平成 15 年）国際数学・理科教育調査（TIMSS）の結果は次のとおりである（文科省・生涯学習政策局政策課）。①「宿題をする時間」は、日本が 1 時間であり 46 か国中最も少なく、国際平均値の 1.7 時間より 0.7 時間少ない。②「テレビやビデオを見る時間」は 2.7 時間と 46 か国中最も多く，国際平均値の 1.9 時間より 0.8 時間多い。③「数学の勉強が楽しいか」と勉学意欲を問う問題では日本が 9％で、国際平均の 29％を大きく下回っている。

児童生徒の学習意欲の低下は社会的背景にその原因がある。（1）少子化で入試が緩和され、受験圧力が弱くなった。（2）社会的な豊かさや環境・価値観の変化のため、子どもがこつこつ勉強したり、努力することに価値をおかなくなった。学歴信仰が崩れ、勉強してよい大学に入っても、社会的な成功に結びつくものではないという社会的風潮がある。（3）社会的な教育力が減衰している。親が子に対して、学習することの大切さを

言わなくなっている。親の教育や学校に対する要望が多様化しており、社会の階層化が進展しつつある。以上のような社会的背景の下で児童生徒の学業負担は軽減されたが、学習意欲の低下を招き、学力低下につながったといえる。日本の小学生が授業からのストレッサーを強く感じたのも学習意欲の低下から生じたものと理解できる。

　苅谷ら（2002）は「子どもたちの学力が全般的に落ちている」というわけではなく、むしろ「できる子とできない子の格差が拡大して、ふたコブ化が進んでいる。」と指摘している。生徒の自主性にまかせると、できる子とできない子の格差をいっそう広げることになる。上位の社会階層の子供は塾や私学で意欲や学力を維持でき、下位の社会階層の子供はますます勉強しなくなり、学習意欲も低くなる。「ゆとり教育」による、児童生徒の学校での学習時間が減少したために、階層間の二極分化の傾向が現れている。それには地域格差・階層的文化格差・家庭格差・親の学歴格差・収入格差などが背景としてある。このような背景で、本研究の小中学生のストレッサー認知とストレス反応において、中国より日本において二極化傾向が顕著にみられたと思われる。

　以上のことから、中国での中途半端な「素質教育」と日本の「ゆとり教育」の影響で、小中学生の学業に対する態度や重視度が異なっていることによって、学業ストレスの内容が異なっていると考えられる。中国では過度な学業負担や進学競争によるストレスであるのに対して、日本では学習意欲や学力の低下で生じた学業ストレスである。

第 15 章　中日両国におけるストレス予防対策と学校における心理健康教育

　前章まででは小中学生のストレスについて、質問紙調査と個人面接により分析を行った。本章では小中学生の置かれている学校心理健康教育の現状について比較検討を行い、ストレス予防対策を考えてみる。

　ストレスが、児童生徒の日常生活にあり、誰もが経験するものであるなら、「ストレスをなくす」という発想よりも、「ストレスと上手に付き合う」「ストレスをうまく乗り越える」といった発想をもつことが妥当であるといえよう。現代社会を生きて行くためには、ストレスに押しつぶされることなく、ストレスを乗り越えて行くための力（ストレス耐性）を高めることが重要なのである（三浦，2007）。児童生徒にとって、学校教育を受けて、新しい知識やスキルを獲得することは、喜びもあれば苦しみやストレスを伴うことである。学校教育においてストレスの付き合い方を教えながら、学習にはストレスもあれば、喜びもあることを伝える学校教育の方法が求められる。

　問題行動の予防のために、ストレスフルな状態にある児童生徒を早期に発見して働きかけを行うことは効果的であるが、同時に、日常の学校教育のなかでそれぞれの児童生徒のストレス耐性を高めるための指導も必要である。このようなストレス予防対策や児童生徒のストレス耐性を高めるためには、学校での日ごろからの心理健康を維持するための教育や援助が必要である。大野・高元・山田（2002）によると、ストレスマネジメント教育とは、自分のストレスを自分で管理・コントルールする術を教えることである。すなわち、①ストレスの原因であるストレッサーへの気づき、②適切な対処スキルの修得、③ストレス反応への気づき、④ストレス反応のコントロールスキルの習得からなる。また、これらに、ソーシャルサポート、ストレス耐性、自己評価などのストレス緩衝要因を学び、修得する学習も加えた総合的な生き方教育にも発展する。心理健康教育はストレス

マネジメント教育を含むストレス予防のための教育であるといえる。ストレス社会といっても過言ではない現代に生きる児童生徒にとって、心理健康教育は児童生徒がストレスに強くなれるために行う教育活動であると理解することができる。

　中国と日本の両国ともで児童生徒の心理健康を重視し、一連の対策が講じられてきた。肖（2005）は小中学心理健康教育の比較研究が少ない現状を指摘し、中国での実効性を高めるためには他の国との比較から良い経験を吸収すべきであると指摘している。

　本章では中国と日本の学校における心理健康教育の現状について紹介し、問題点を分析する。本研究を通して中日両国がストレスに強い児童生徒を育成するのに必要な心理教育制度やストレス予防対策を提示することで、児童生徒が自らの問題改善をするための示唆を与えることができると思う。

第1節　中国の小中学校における心理健康教育

1.　中国の小中学校での心理健康教育の発展経緯

　中国では1980年代から小中学校での心理健康教育が始まり、90年代に徐々に発展し、21世紀に入ってから全国各地で重視されるようになった。肖（2005）は中国における小中学校の心理健康教育を以下の4つの段階に分けている。①調査宣伝段階（80年代初期）②試行・探索段階（80年代中・後期）③発展推進段階（90年代初期）④全面重視・全体発展段階（90年代中後期から今まで）。

　80、90年代当時の児童生徒の心身健康状態は決して望ましくなかった。重い学業負担、激しい競争、遅れている教育理念の下で小中学生は多くの心理問題と心理障害を抱えていた。当時の児童生徒は心理的問題を自分で解決しなければならず、不適当な教育によってかえって心理問題は加速されていた。そのような状況において、多くの研究で心理素質が人材の重要な要素であることが指摘され、良好な心理素質を鍛えることは学校における教育の主要目的とされるようになってきた。中国では児童生徒の心理問

題を生じさせる大きな環境原因として、「応試教育」が指摘されるようになった。したがって「応試教育」の改善を目的として、「素質教育」という言葉が生まれ、「心理素質教育」は「素質教育」の重要な構成部分となった。

1993年に中国心理学会第6回理事会が開催された時、中国科学協会は元の学校管理心理学委員会を学校心理学委員会に名前を変更した。これは中国で最初にできた学校心理学の専門組織である（林・魏，2001）。学校における心理健康教育は学校心理学の核心内容でもある（徐，2009）。1999年に中国教育部は「心理健康教育を高めるための若干意見」を提出し、心理健康教育は学校教育体系のなかに含まれ、重要視されるようになった。その後、心理健康教育を促進するため、2002年9月に教育部は「小中学生心理健康教育指導綱要」を提出し、心理健康教育の指導思想、原則、任務と目標、異なった年齢段階における教育内容、心理健康教育を展開する方法及び実施する際に注意すべき点について明確に規定した。総目標は「学生全体の心理素質を高め、学生の潜在力を充分に発揮させること。学生の楽観主義や向上心を育て、人格の健全な発展を促進すること」である。心理健康教育の主な内容は以下のとおりである。「心理健康の基本知識を普及し、心理健康意識を確立させる。簡単な心理調節方法を分かってもらい、心理異常現象を理解させ、心理保健の常識を初歩的に身につけさせる。その際に勉強、人間関係、進学・就職及び生活と社会適応における常識などの面を重視する。」また、小中学校で心理的カウンセリングや心理指導活動を行う教師を「心理健康教育教師（以下は心理健康教師と称する）」と名付けている。心理健康教師は、「心理学や教育学の理論的知識をもっており、専門技能の研修を受け、心理健康教育の方法や手段を身につけており、運用することができる。」と定義されている。心理健康教師は学校現場で心理健康教育を実践していく主な担い手である。

このように中国の心理健康教育は21世紀に入って、国の政策方針の下で急速に発展するようになったといえる。

2. 中国の学校における心理健康教育の運営システムと方法

（1）心理健康教育の運営システム

まず、浙江省における小中学生の心理健康教育への評価基準を紹介し、

学校の心理健康教育機関が行っている業務内容について理解する。小中学校ではTable15-1-1にある基準に基づいて心理健康教育を行い、また関連する上級部門の審査を受けている。小中学校の心理健康教師の資格証はABCの三種類があり、それぞれ異なるレベルにある。C証は基本的な心理指導の理論や技能をもっている心理健康教師に与えられ、A証はもっとも高い指導能力と実践能力をもっている心理教師に与えられる。

Table 15-1-1　浙江省における小中学生心理健康教育への評価基準

評価項目	比重	評価内容及び点数
組織と機構	12	★2. 学校は必ず心理健康センターを設立すべきであること。センターの責任者は全校の心理健康教育の展開や実施を行うべきであること。（2）　他3項目は省略
教師チームの建設	20	★5. 専門職或いは兼職の教師の人数は2人以上である。教師と在学生との人数の比例は1：1000より高いこと。（4） ★6. 心理健康教師は心理健康教師C級の資格証を持っている。心理健康センターの責任者はB級或いはそれ以上の資格証をもっていること。専門職或いは兼職の教師は相応する仕事量に合う報酬が得られること。（5） 他2項目は省略
宣伝及び経費保障	10	★11. 心理健康教育のための経費が用意されているかどうか。一人あたりの経費は10元（約150円）以上であり、学校の経費予算に計上されるべきである。同時に心理教育センターの基礎施設への投入や更新を保障するべきであること。他3項目は省略。
心理指導科目の開設	15	★12. 学校は計画通り心理指導課を開設すること。各クラスの毎学期の授業時間は5コマ以上であること。（5） 他2項目は省略
心理指導室の設置	15	★15. 学校には専用の心理指導室、電話、コンピューター、机といすなど基礎施設がそろっており、環境が良好であること。（2） ★16. 学校心理指導室には≪心理指導に関するマニュアル≫があり、規範的な心理指導カードや心理テスト表などがあること。（2） 他2項目は省略
心理ポートフォリオと他の	13	★19. 学校は定期的にアンケート調査や心理テスト表などを使って学生の心理健康状況について分析や評価をすること。（3） ★22. 学校は学生の心理危機の予防や対処の機制を徐々に改善し、

評価項目	比重	評価内容及び点数
機構への紹介体制		正常に運行しているかどうか。（3） 他2項目は省略
学校心理健康教育の成果	15	★25. 学校は健全な心理健康教育ネットワークを通して、教師と児童生徒の心理的な需要を観察し、適切に対処しているかどうか。3年以内に、学校で自殺した者がおらず、心理的な危機は適切に解決されているかどうか。（4） 他2項目は省略

★のついている項目は必ず実行すべき内容である。他の項目は必ず実行すべき内容ではないので省略した。（浙江省中小学心理健康教育指導中心，2008）

　次に、小中学校における心理健康教育の運営システムを紹介する。中国の学校心理健康教育は校長の指揮の下で、専門職或いは兼職の心理健康教師と担任教師が主要メンバーになって、各職務部署が相互に関わりながら、全員（教師、家長、学生）が一緒に参与する形になっている。心理健康教育の効果を保障するため、学校では専門の心理健康教育部門を設置している。例えば、心理健康教育センター（以下は心理健康センターと略する）である。このセンターで学校心理健康教育の企画と実施を行っている。中国の学校では心理健康教育センターが教務処か政教処（学生の道徳などの教育を行う部署）に所属しているか、或いは校長室に所属している。学校心理健康センターでは心理健康教師が担任教師、学科教師、心理クラブのメンバー及び児童生徒の家長と一緒に心理健康教育を行い、学生の心理健康を促進している。心理健康教育の理論や方法を学校教育のなかに浸透させ、学生全体に目を向け指導や援助を行い、学生全員が積極的な心理になれるようにサポートをしている。その運営システムを図式で表すとFigure15-1-1のとおりである。

　心理健康センターのメンバーはセンターの責任者、専門職或いは兼職の心理健康教師から構成されている。優秀な家長も加わることができる。その職責は以下のとおりである。①学校の全体的な企画に基づき、心理健康教育の年度計画や実施方案を制定し、上級部門に提出する。②需要に基づき、心理健康教育センターの施設や設備を配備する。③計画通り実行する。例えばクラスの心理指導活動課、講座、教師と親向けの研修などである。

④他の部門と連携し、担任教師或いは学科教師が授業のなかで心理健康教育を浸透させるように助ける。⑤心理健康教師を会議や研修会に参加させ、専門の素質を高める。しかし、范・王・王（2013）は中国の8つの地域にある72個の小中学校の心理健康教師や学校管理者173人に対して調査を行い、調査学校のなか28%の学校でしか専門の心理健康センターを設立していないと報告している。実際に心理健康センターを設立している学校はまだ少ないといえる。

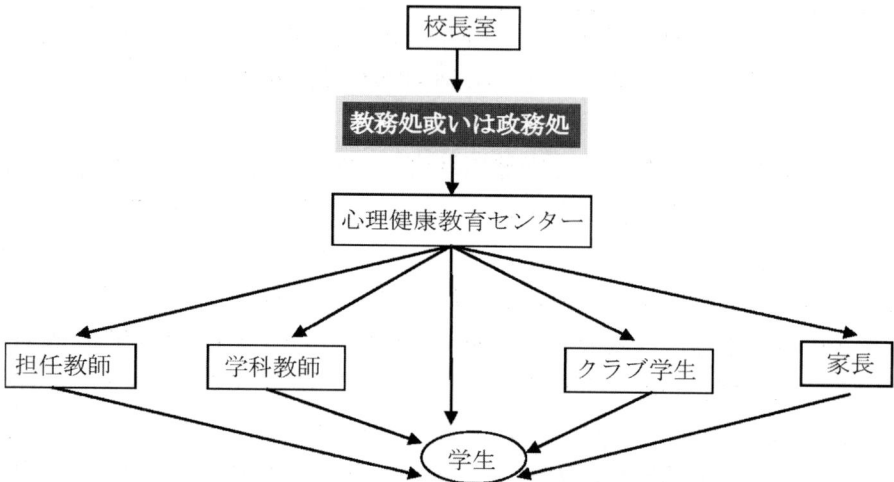

Figure15-1-1　中国の小中学校における心理健康教育のシステム

出所：中小学心理健康教育的理論与実践（山東省教学研究室編，2012）

　以上の心理健康教育の評価基準や運営システムから小中学校の心理健康教育の制度や運営体制が基本的に確立されているといえる。しかし、これは心理健康教育が先進的に進められている地域や学校に限られていることを言及しておきたい。

（2）心理健康教育の方法

　ここでは、中国の小中学生の心理健康教育で使われている主な方法を紹介する。

　第一、浸透教育、つまり心理健康教育を学校の教育活動全体のなかに浸透させることである。たとえば、学科教育、課外活動、クラス会などで行われている。これは、学校心理健康教育のもっとも有効な方法である。浸透教育とは日常の学校教育業務を通して、学生の心身の健康に有利な環境

を形成することといえる。教師や関連職員は心理健康意識や授業のやり方などの改善を通し、不適切な教育によって起きる心理問題をなくそうとしている。浸透教育の鍵は教師と職員が学生の成績を教育の目標にするのではなく、学生の心身健康教育を目標にすることにある。中国の担任教師制度は心理健康教育の浸透に良好な基礎を提供している。

山東省教学研究室（2012）による実践研究を通して、中国の学校で行われている浸透教育について理解しよう。「担任教師による浸透教育」が学生の健康に与える影響を確認するため、18のクラスを実験班と対照班の9クラスずつに分け、実験班において毎週月曜日の午後3限目の授業時間にクラス会を行い、心理健康教育を行った。クラス会での心理健康教育のテーマや活動方案は専門職の心理健康教師によって提供された。担任教師は提供されたテーマや方案に基づき、クラスの状況に合わせながらクラス会を行った。テーマは個人の長所、学習ストラテジー、自己効力感、情緒のコントロール、人とのコミュニケーション、幸福感などの内容である。一学期後、実験班と対照班の成績や心理健康レベルについて比較した結果（実験前の期末試験や心理健康には有意な差がない）有意な差がみられ、いずれも実験班の成績と心理健康の得点が高かった。

第二、心理健康教育関連の課程を開設する。心理健康教育を学校の授業のなかで行うことである。学生に必要な心理学や心理健康知識などの課程を設置し、学校の思想品徳課、思想政治課、生理衛生、青春期教育などの授業内容と有機的に結びつけるほか、クラス活動で心理健康教育の講座や報告、討論、座談会などを行っている。

第三、心理健康教育教師により、心理カウンセリングや指導を行う。学校は学生のカウンセリングルームや指導センター、活動室を設け、専門教師或いは兼職教師を配置し、心理問題や心理障害のある学生に個別に面談を行い、学生が心理問題を解決するようにサポートを行う。また、心理問題のない学生に対して予防的心理健康教育を行ったり、学生のためのポートフォリオを作り心理健康状況を把握する。

以上のことにより、中国の小中学校において心理健康教育の運営体制や具体的内容、方法が重視され、一定の成果を上げていることがわかる。

3. 中国の小中学校における心理健康教育の現状および課題

(1) 心理健康教育の現状

　中国の学校における心理健康教育の歴史的変遷や運営体制及び方法の紹介などを通して、現状を以下のようにまとめることができる。

　①心理健康教育の体制が出来上がっている。中国教育部は 1999 年に「心理健康教育を高めるための若干意見」と 2002 年に「小中学生心理健康教育指導綱要」を提出し、小中学生の心理健康教育について明確な規定を行っている。国の方針に従って、各地方で企画し、校長の指揮の下で心理健康教育教師と担任教師を中心とする学校心理健康教育体制が形成されている。学校では校長がリーダーとなり、心理健康教育の課程や心理指導室を設置し、専門或いは兼職の心理健康教師が担任教師と共同で心理健康教育を行っている。各都市や各地域ではまず心理健康教育の模範学校を建設し、一定の経験を得た後、徐々に他の学校に広げていくという方法を取っており、順調な発展ぶりをみせている。

　②「三次元介入理論」の下で、心理健康教育が行われている。徐（2001）は「三次元介入理論」を導入し、心理的指導や援助を行うことを提唱している。一次的介入は学生全体向けの発展性指導である。学校生活の指導や適応指導、学習方法の指導、一般的な人間関係の指導などが含まれる。二次的介入は心理的問題をかかえるリスクの高い一部分の学生に対して、カウンセリングや心理技法を使って心理問題が悪化しないように予防的指導を行うことである。三次的介入とは心理面や学業の面で不登校、孤独、暴力などの心理問題を抱えている学生に対して治療的指導を行うことである。実際に小中学校では一、二次的介入の心理健康教育が行われており、三次的介入はほとんど外部の専門機関に任せている。

　③心理健康教育の手段と方法が多様化している。現在、授業や課外活動における浸透教育が広く行われている。授業のなかでは、学生が楽しく勉強できるような学習環境づくりに力を入れている。学生の学習動機を促進したり、よい学習習慣を育てたり、有効な学習方法を身につけるように、授業の内容や方法を工夫している。課外では心理健康教育と徳育教育を融合させ、クラスや学校で各種の活動を行っている。また、心理健康センターでは心理課程を設けたり、心理カウンセリングを行ったり、ポートフォ

リオを作って学生の心理状態を把握している。そして、教師向けに心理保健活動を行ったり、家庭と協働で参与できるように宣伝や指導を行っている。他にもインターネット上で心理問題のある学生に援助を行っている。

(2) 心理健康教育における課題

　ここでは3つの調査研究を通して、心理健康教育の現状における課題を理解してみる。肖（2005）は上海市453校（中学250校、小学203校）における心理健康教育の実施状況について調査し、以下のような結論を得ている。①上海市の小中学校の心理健康教育の普及率は高い。453校の学校のうち、428校がカウンセリングルームや心理指導室を設けており、全体の94.5%を占めている。②専門の心理健康教育関係の職員が少ない。453校で働く468名の教師のなか、専門的に心理健康教育の仕事をしている教師は83名で17.7%しかない。ほかの教師は教学や行政の仕事と同時に心理健康教育の仕事をしている。③心理健康教育の職員の専門性が足りない。468人の心理健康教師のなか、心理健康教育の資格を持っている人は56.8%を占めているが、心理学や教育学を専攻した教師は92人で、19.7%しかいない。④上海市各区の教育局によって心理健康教育を重視する程度が異なっている。⑤家庭向けの心理健康教育の宣伝が足りない。⑥学校における心理健康教育資源の利用率が低い。⑦小学校低学年の心理健康教育が重視されていない。⑧心理健康教師の職場環境がよくない。学校には心理健康教師という専門職の枠がなく、校長の採用になっており、待遇の面でも専任教師よりよくない。心理健康教師が学校側から全面的支持が得られないので、大々的に心理教育を展開することが難しく、専門技術のサポートも得られない。

　潘（2003）は小中学生の心理健康に関する研究は上昇傾向になっているが、もう「高原期」に入っていると指摘している。つまり、小中学生の心理健康教育は、教材どおり授業を行い、心理相談室を設け相談を行えばよいという固定モデルにはまっている。そのために、活力がなく、吸引力が足りないし、また実効性が足りないという現状を指摘している。

　范・王・王（2013）は中国の北京市、吉林省、新疆ウィグル自治区、四川省、河北省、広東省、河南省、雲南省の8つの地域における72個の小中学校の心理健康教師や学校管理者173人に対して調査を行い、心理健康教育の現状を分析している。この調査によると、①心理健康教師のうち、

ただ 29.8％だけが心理学を専攻しており、8.7％の教師だけしか心理健康教育と関連する専門を学んでいない。②45.5％の心理教師はまだ心理教師の資格証がないにも関わらず心理健康教育に携わっている。③心理教師の専門職についている割合は48％であり、半分くらいの心理教師は兼職で心理健康教育を行っている。④調査学校のなか、28％の学校でしか専門の心理健康教育センターを設立されておらず、心理健康教育を組織し、管理していない。⑤学校施設の面では、84.4％の学校に心理相談室が設けられている。⑥72.9％の心理教師は待遇の面で他の教師よりよくないと思っている。

李（2014）は厦門市を中心とする福建省小中学校の心理健康教育教師120人を対象に調査を行い、以下の報告を行っている。①専門職の教師のうち、75％が心理学を専攻し、13％が教育学を専攻している。②96％の学校にカウンセリングルームが設置されている。学校からどの程度重視されているかを確認したところ、43％の教師が学校側からあまり重視されておらず、11％の教師はカウンセリングが学校でただ形式的にしか実行されていないと回答している。また、困っていることをたずねたところ、「監督・指導が足りない、専門知識が足りない、学校の雑務を頼まれているため、カウンセリングの時間が足りない、社会の心理サポート的資源が足りない」などが40％以上の教師によって指摘されている。

以上の3つの調査研究から中国の学校での心理健康教育は確実に発展しつつあるが、心理健康教育の理念や実行の面で以下の問題点が存在していることがうかがわれる。

第1、心理健康教育は孤立化の状態にある。中国では「素質教育」のスローガンのもとで心理素質が重要視されつつあるが、実際の学校の現場では成績を重視し、心理健康をなおざりにする傾向がある。進学率が求められる今の教育制度の影響で「応試教育」の観念から抜け出すことができず、学生の学業成績を重視し、心理健康を軽視する雰囲気があるために、心理健康教育が重視されず、孤立状態にある。

第2、心理健康教育が極度に形式化されている。学校心理健康教育は心理相談室や心理教師の設置などの面では迅速に発展しているが、伝統思想と社会因素の影響で多くの教育関係者はまだ心理健康教育を学校教育の重要な部分として認識していない。そのために、心理学の課程を不適切に

徳育課のなかで行ったり、専門家を招いて講演を行うなどして教育委員会の要求に対応している。これは形式的で表面的な心理教育と言わざるをえず、学生向けの心理的援助を行えていない。天津市が 2009 年に行われた調査によると、ただ21.2％の学校でしか系統的な心理健康教育専門活動課程を開設していない。74.1％の学校では心理相談室を設けているが、規定時間に開放している学校が 32.5％であるのに対して、予約が入れば開放する学校は 56.6％で、基本的に開放していない学校は 10.8％である（刘，佟，孟，2013）。このことからも形式化の現状がうかがわれる。

　第 3、心理健康教育に関わる職員の専門性が足りない。近年、心理学専攻の教師を心理健康教育教師として採用したり、経験の豊富な教師を心理健康教師に任命したり、研修会に参加させ関連資格を取る制度が作られている。しかし、資金不足や成績優先などの影響で、心理健康教育への資金の投入は限られており、心理教師の専門性がなかなか伸びていないというのが現状である。また、心理教師の待遇の面でも普通の教師より低いために、心理健康教師の意欲も低い。学校の他の雑務に追われて心理健康教育に専念できない心理教師も少なくない。

　第 4、心理健康教育の発展レベルは地域や学校によって異なっている。地域の経済発展レベル、学校長の観念や教師のレベル等の影響は、中国の心理健康教育にアンバランスをもたらしている。北京、上海、広州など大都市では心理健康教育の普及率は高いが、他都市の多くの学校では心理健康教育の必要性や重要性が十分認識されていない。また、同じ都市の学校のなかでも学校長の教育理念によってその重視程度に大きな差がある。

　第 5、学校と家庭や社会との連携が少ない。児童生徒の心理健康教育における家庭の重要性を認識していながらも、実際には学校側が家庭に連絡するのは問題行動や心理問題を抱えている場合だけというケースが多い。予防的心理健康教育の段階から学校側は家庭や社区と連携しながら、家庭における心理健康教育の重要性の認識を高めることが必要である。また、社会における心理援助資源も限られており、学校側との連携も少ないのが現状である。

　中国には心理健康教育のための相談室の整備や心理健康教師の配置、運営システムの設立などのハード面においては近年大きな成果をあげているが、実施面においてまだたくさんの課題が残っている。学業成績を唯一

の評価基準とする今の教育現場での評価制度を変えない限り、心理健康教育における課題を解決することは難しいと思われる。

第2節 日本の小中学校における心理健康教育

1. 心理教育的援助サービスの理論と発展経緯

近年日本では「キレる」行為や「引きこもり」といった子どもたちの対人関係調整能力の低下、「学級崩壊」「保健室登校」「非行の増加と質的悪化」といった現象をよく耳にする。そのため、子どもの心身の健康を維持・増進することが現代の重要な課題になっている。

学校における健康教育は、子どもの心身の健康維持・増進を目標とし、子どもの心理的症状や問題行動に対処するための生涯学習的な教育活動であり、保健室における活動やスクールカウンセラーの心理カウンセリングおよびコンサルテーション活動、あるいは生徒指導活動も健康教育の一環として捉えることができる（大野・高元・山田，2002）。学校はあらゆる機会を通して、子どもたちに健康教育を行っている。その中で、特に児童生徒の心理健康を維持するための教育や援助として「心理教育的援助サービス」に注目したい。「心理教育的援助サービス」とは、「一人ひとりの子どもの学習面、心理・社会面、進路面、健康面など学校生活における問題状況の解決および危機状況への対応を援助し、子どもの成長を促進する教育活動」である（石隈, 1999）。

石隈（1999）によって「心理教育的援助サービス」の概念が定義され、実践モデルが提案されて以来、学校における健康教育の実践や研究が活発に行われてきた。「心理教育的援助サービス」の専門家として、「学校心理士」の資格認定が 1997 年より始まっている。この学校心理士資格と学校内の職名との間に直接の関係はないが、一般に「学校に常勤する教諭および養護教諭がなんらかのレベルで学校組織たとえば校務分掌に位置付けられ、児童生徒や保護者、同僚教員、管理職などに心理教育的援助サービスを行っている者」（大野，2004）が想定されているようである。学校心理士とは学校等をフィールドとした心理教育的援助の専門家である。学校生活に

おけるさまざまな問題について、アセスメント・コンサルテーション・カウンセリングなどを通して、子ども自身、子どもを取り巻く保護者や教師、学校に対して「学校心理学」の専門的知識と技能をもって、心理教育的援助サービスを行っている。

　心理教育的援助サービスではすべての子ども或いは大部分の子どもに共通する援助ニーズに応えながら、特別な援助ニーズへの対応を加えて行くとされる。石隈（1999）は三段階の心理教育的援助サービスを提唱している（Figure15-2-1）。それはすべての子どもに対する一次的援助サービス、一部の子どもに対する二次的援助サービス、そして特定の子どもに対する三次的援助サービスである。二次的援助サービスは、登校をしぶる子ども、学習意欲が下がってきた子ども、友人ができにくい子どもなど、危機に陥る危険性の高い子どもたちが対象になる。長期欠席、いじめ、非行、障害などの問題により、特別な援助が必要な子どもが三次的援助の対象になる。

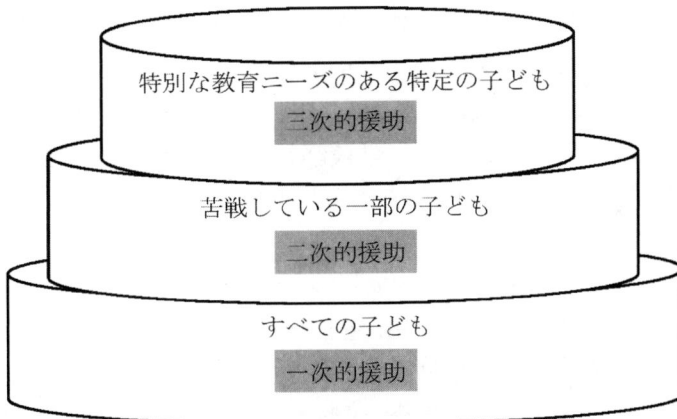

特別な教育ニーズのある特定の子ども

三次的援助

苦戦している一部の子ども

二次的援助

すべての子ども

一次的援助

Figure15-2-1　三段階の心理教育的援助サービス（石隈, 1999）

　東原（2011）は、2000年と2010年の教育心理学会総会論文集における「心理教育的援助サービス」の実践的研究（2000年：全737件中22件、2010年：全562件中25件）について比較分析し、10年間の動向を以下のようにまとめている。①心理問題が深刻化する前の予防的役割をなす一次的・二次的援助がますます盛んになっている。②小中学校間の連携や中学校と高等学校との連携のような移行支援をねらった研究がみられるようにな

った。③CSST，ピアサポートプログラム、抑うつ予防プログラムなどの心理教育の授業実践に担任や研究者だけでなく、養護教諭やスクールカウンセラー、学校心理士の資格をもつ教員が関わるようになった。④メタ認知に焦点を当てた授業も心理教育的援助サービスの範囲であると考えられるようになった。

　以上のことから、日本の心理教育的援助サービスの理論や実践の発展経緯が示された。

2．日本の学校における心理教育的援助サービスのシステム

（1）三段階の援助チーム

　ここでは学校での「心理教育援助サービス」の運営システムについて紹介する。学校が教師を中核とする組織として「心理教育的援助サービス」をどのように提供するかは、きわめて重要な課題である。日本ではスクールカウンセラー（SC）が中心となって心理教育的援助サービスを行うというよりは、学校のなかで教師やそのほかの職員と協力して心理教育的援助サービスを実施しており、教師の担う部分は大きいと考えられる。牧(1998)によると、学校における相談・援助体制をつくるためには、学校経営が重要であることはいうまでもない。学校経営とは校長を中心として各学校が自校の教育目標を達成するために必要な組織づくりを行い、これを効果的に運営することである。

　学校心理学では、援助サービスのシステムが、三段階の援助チームで構成されている（石隈・家近・飯田，2014）。三段階の援助チームは、学校全体の教育システムの運営に関する「マネジメント委員会」、恒常的に機能する「コーディネーション委員会」、特定の児童生徒に対して編成される「個別の子どもへの援助チーム」である（Figure15-2-2）。「マネジメント委員会」は、学校全体の教育活動や学校行事や学校全体の教育計画に関わる援助サービスの決定など、学校の経営と関連する相談を行う委員会である。「マネジメント委員会」の機能として、①問題解決・課題遂行、②校長との意思の共有、③職員の教育活動の管理、④組織の設定・活用・改善の四つが示されている。個別の子どもへの援助チームは、子どもの問題状況に応じてつくられ、子どもの問題状況の解決とともに解散される援助チー

ムである。援助チームのメンバーは、子どもの問題状況の解決を目指して、子どもの援助の必要性に応じて学級担任、学年主任や養護教諭、ときには保護者が含まれる。「コーディネーション委員会」は、マネジメント委員会、教育相談部会、特別支援教育に関する校内委員会や学年会などを総称した委員会である。参加者は、教育相談係、SC、養護教諭、障害児教育担当などの援助サービスのリーダーとなる者や管理職など、学校の校務分掌の編成と関連して決定される。

　家近・石隈（2003）は「コーディネーション委員会」の四つの機能について以下のようにまとめている。①「コーディネーション委員会」では異なる専門性をもつ者同士が協力して問題解決を行っており、コンサルテーションおよび相互コンサルテーションの機能をもつ。②「コーディネーション委員会」は単に情報を交換する場ではなく、把握した問題状況に対する方針を立てたうえで、必要に応じて校内の子どもへのチーム援助や、各委員会、運営委員会に対して情報の提供、役割の明確化、判断についての連絡や調整を行う。つまり、学年・学校レベルでの連絡・調整の機能を果たしている。③「コーディネーション委員会」では、個別の援助チームに共有された情報と援助方針の連絡を行うことによって、個別の子どもへのチーム援助を促進しているといえる。④「コーディネーション委員会」は、管理職が参加することにより、教職員との連携や校長のリーダーシップを発揮させるマネジメント促進の機能をもつ。

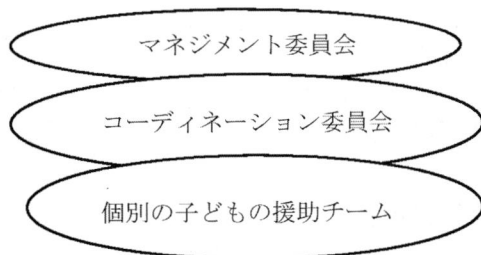

Figure15-2-2　３段階の援助チーム（出所：石隈・家近・飯田, 2014）

　学校で、心理教育的援助サービスの中心的な担い手は教師である。学校での援助ニーズの高い子どもへの援助では、教師、特に担任教師の果たす役割が非常に大きい。担任が役割を有効に果たすためには SC や養護教諭などとのコンサルテーションが必要である。

（2）スクールカウンセラー（SC）の役割

　近年のいじめの深刻化や不登校の児童生徒の増加など、児童生徒の心の在り様と関わる様々な問題が生じていることを背景として、児童生徒や保護者の抱える悩みを受け止め、学校におけるカウンセリング機能の充実を図るため、臨床心理に専門的な知識・経験を有する学校外の専門家を積極的に活用する必要が生じてきた。スクールカウンセラーは、1995年度から公立学校への配置が開始された。2007年度には派遣校が全国10,000校を超え、特に2008年度からは全公立学校への配置・派遣が計画的に進められている。SCは、子どものカウンセリングを行うだけでなく、保護者との相談活動や、教職員とのコンサルテーション、外部機関との連携など、さまざまな活動も期待されている。また、SCは専門的ヘルパーとして捉えられ、一次的援助サービスから三次的援助サービスまで、すべての段階の援助サービスを担うことが期待されている。文部科学省（2007）によると、実際、スクールカウンセラーを派遣した学校の暴力行為、不登校、いじめの発生状況を全国における発生状況と比較すると、いずれもスクールカウンセラーを派遣した学校の発生状況の方が低い数値となっている。また、過去5年間で中学校へのスクールカウンセラーの配置率が50％を超えた県におけるいじめの減少率（－27％）が全国平均値（－23％）を上回っている状況が見られる。

　しかし、SCは非常勤職員で、その8割以上が臨床心理士（ほかにも精神科医や大学専門領域の教員がSCになれる）である。また、相談体制は1校あたり平均週1回、4～8時間という学校が多い。このようにスクールカウンセラーの学校での勤務時間に限りがあることから、期待されるすべての活動を充分に行うことは難しい。そのため、教職員とのコンサルテーションに重点を置くことによって、間接的に多くの子どもに援助サービスを提供しようという傾向が強まっている。2010年の日本教育心理学会の発表論文で、SCがカウンセリングルームの外に出て、通常学級の総合的学習の時間などを利用しソーシャルスキルトレーニング（SST）などの心理教育を行うケースがみられ、実践研究の様相が多様化している（東原，2011）。以上のことからわかるように、日本では本来のSCの在り方にある問題点を解決し、SCの機能を充分発揮させるように模索されつつある。

(3) 保健室と養護教諭の役割

　小中学校の保健室と養護教諭は心理教育援助サービスにおいて欠かせない重要な役割を担っている。

　徳山（1995）は、学校精神保健の3つの機能（①開発的機能：一次予防、②予防的機能：二次予防、③治療的機能：三次予防）と養護教諭のかかわりについて整理し、予防的機能（二次予防）の目標を「1、心の健康問題の早期発見を図る。2、1のための環境作りをする」としている。そして、その具体的な方法として、養護教諭・保健室の機能や位置づけの確立やＰＲ、各種調査の実施・統計、学校内外における情報交換などをあげている。また、学校心理学の立場から石隈（1999）は、養護教諭は子どもの問題兆候の発見に大きな働きをし、保健室が、子どもの居場所、あるいはサロンとして機能していることが、二次的援助サービスの提供につながっていると指摘している。

　学校の保健室は、空間（場）として固有の特性を有し、子どもたちが頻繁に利用したり、養護教諭の開かれた保健室運営によって、多様な機能を発揮している。また、最近では「保健室は心のオアシス」「子どもたちの心の居場所」と言われるように、身体面だけではなく、心の健康にも関してかかわっていく場であることが広く認識されてきている。養護教諭は他の教諭とは違った視点から子どもたちの発するサインに気付きやすい立場にあること、また保健室の特性を生かしながら自然な形で、心身両面への援助サービスの提供を行える特徴をもっている（水野, 2009）。最近では、学校保健（健康相談活動）の立場から、養護教諭は「子どもを中心として取り巻く人々を一体化して機能させるコーディネーターとしての能力」が求められている（飯田・岡田, 2007）。

　このように養護教諭も SC も心身の健康を守る専門的な知識をもち、児童生徒の悩みを受け止め、支援していく点で大きな役割を担っている。体の不調を訴えてきた児童生徒の中には、背後に心理的問題が隠されていることもあり、保健室を心の居場所として利用している場合も多い。

3. 日本の小中学校における心理教育的援助サービスの現状

　日本の学校心理学は「教師が中心となる心理教育的援助サービスの充

実」という視点では先進国といえる（石隈・家近・飯田，2014）。ここでは日本の心理教育的サービスの在り方を探ってみる。

(1) 三段階の心理教育的援助サービスの現状

一次的援助サービスは、対象とする集団（例：学校の子ども、各学年の子供、各学級の子ども）のすべての子どもがもつと思われる基礎的な援助ニーズや多くの子どもが共通してもつと思われる援助ニーズに応えることを目指す（石隈，1999）。一次的援助サービスには、分かりやすい授業や居心地のよい学級・学校などの「環境面」での働き掛けや、スキルの向上やキャリア意識の向上など「個人」への働きかけがある。一次的援助サービスは学校教育の中核であり、授業や特別活動で日常的に行われるものである。

二次的援助サービスは、学校生活の中で子どもが苦戦しているとき、あるいは苦戦する可能性が高いとき、子どもの援助ニーズに応じることを目指す。二次的援助サービスでは、子どもの苦戦や困り感を予測し、気づくこと、そしてタイムリーな援助を提供することが重要である。二次的援助サービスを行う場として、教室だけでなく、保健室や相談室、部活の場面など、援助場面の広がりが求められる。日本では「SOS チェックリスト」（石隈，1999）や「自己発見チェックリスト」「Q—U（楽しい学校生活を送るためのアンケート）」（河村，1998）を用いて調査を行い、学級の状態のアセスメントと苦戦する子どものアセスメントを同時に行っている。

三次的援助サービスは、特別な教育ニーズのある「特定の子ども」に対して、個別的に計画されたサービスである。不登校、いじめ、非行、虐待など、重大な危機にある子どもが対象になる。特別な援助ニーズをもつ子どもは、授業や部活動、ホームルーム活動を含めたさまざまな場面で援助される必要がある。さらに、①特別支援学級や通級指導教室、②保健室、③相談室（カウンセリングルーム）、④適応指導教室などが三次的援助サービスの場となる。

一次的援助サービスを基盤とし、二次的・三次的援助サービスを含めた援助サービスを行える学校づくりの実践は、学校における心理健康教育の最前線の象徴である（石隈・家近・飯田，2014）。このように、日本では三段階の心理教育援助サービスの理論に基づき、多くの実践研究を行いな

がら、児童生徒への援助体制を充実させていることがわかる。

(2) 代表的心理教育プログラムの紹介

　義務教育の課程においてすべての知識や技能を習得することは不可能であることから、児童生徒には、学び続ける姿勢、時代に柔軟に対応する態度、逆境をはねかえす回復力といった要素を身につけることが求められている。このことは、2008年の学習指導要領の改訂においても「生きる力」の育成ということで強調されている。学校現場では「生きる力」を育成するための教育が盛んに行われており、普遍性をもつ心理教育プログラムも多く開発されている。

　心理教育プログラムとは、心理学やカウンセリングのなかで用いられてきた技法を、学校教育に適用する形で広がった教育プログラムである。心理教育プログラムは、①心理学の研究や理論に基づいており、実証的基盤がある、②単なる知識の伝達にとどまらず、参加者が積極的に行動を練習する要素が含まれている、③発達段階や参加者の生活している場の影響が考慮されている、という特徴をもっている（石隈・家近・飯田，2014）。

　ここでは、日本の学校現場で実践されている代表的な心理教育プログラムとして、ソーシャルスキルトレーニング（SST）、構成的グループ・エンカウンター（SGE）、ストレスマネジメントについて、その概要および実践を紹介する。

①ソーシャルスキルトレーニング（SST）

　近年、学校でもっとも頻繁に実践されている心理教育プログラムの一つに、ソーシャルスキルトレーニングがある。ソーシャルスキルとは、「人と効果的にかかわっていく上で必要とする行動（技能）」である。そこには、ストレスを処理することも含まれている。子どもたちの対人関係を築く力の低下が危惧されるなか、学校で学級集団を対象としたSSTの実践研究が増えている。

　藤枝・相川（2001）は、小学校4年生を対象に実験を用い、ソーシャルスキルが低い生徒へのSSTの効果を検証している。具体的には、「仲間への入り方」「仲間の誘い方」「やさしい言葉かけ」「相手を思いやる」「上手な頼み方」「暖かい断り方」をターゲットスキルとし、10回の学級単位のSSTのセッションが行われた。その結果、社会的スキルの教師評定と二つのターゲットスキル（「上手な頼み方」「暖かい断り方」）の自己評定において効

果がみられた。

　また、中学生を対象とした集団 SST に、江村・岡安（2003）の研究がある。江村・岡安（2003）は中学校 1 年生 4 学級を対象に、「自己紹介」「仲間の誘い方」「暖かい言葉かけ」「協力の求め方」「お互いを大切にする」「上手な断り方」「気持ちのコントロール」の七つをターゲットスキルとして総合的学習の時間に約半年間で 8 回の学級単位の SST を実施した。その結果、社会的スキルの増加がみられた生徒には主観的適応状態の改善がみられた。

②構成的グループ・エンカウンター（SGE）

　構成的グループ・エンカウンター（SGE）は、國分（1992）が開発したプログラムであり、エンカウンター、すなわち出会いを主たる目的とするグループ体験である。出会いには、人との出会い（他者理解）と自分との出会い（自己理解）の両面がある。SGE では、自己開示をともなうグループ体験に参加することで、他者理解や自己理解を深めていく。SST とともに、SGE は、近年教育現場で最も活用されている心理教育プログラムの一つである。

　河村（2001）は小学校 5 年生 2 学級を実験群・統制群に分け、実験群に対し学級経営に SGE のプログラムを活用した 1 年間の取り組みを実施した。年間カリキュラムの学級活動、道徳、特別活動、教科学習のまとめの時間に、20 時間を超える SGE のエクササイズを実践した。その結果、スクールモラールの得点では実験群で 4 月・10 月・3 月の 3 回の調査時期において継続的な得点の上昇が示された。このことにより、SGE を取り入れた学級経営は、人間関係の活性化や豊かな人間性の育成に効果的であることが示された。

　小野寺・河村（2005）は、中学校 17 クラス 631 人を実験群、18 クラス 665 人を統制群に設定し、実験群に対して身近な話題の自己開示を含む SGE のショートエクササイズプログラムを約 3 週間毎日朝の自習の時間に約 15 分間、担任教師がリーダーとなり、生活班を単位とした小グループで実施した。その結果、生徒の学校生活満足度の得点で一部の実験群の得点が統制群より有意に上昇し、部分的にだが効果があることが示された。

③ストレスマネジメント教育

　ストレスマネジメント教育に含まれる内容は多岐にわたっており、ラザ

ラスとフォルクマン（Lazarus&Folkman, 1984）のストレスモデルにしたがって、ストレッサー、認知的評価、コーピング、ストレス反応のそれぞれに働きかける包括的ストレスマネジメント教育のモデルが提唱されている（嶋田, 1998）。ストレスマネジメントにおける介入方法は、環境への介入（刺激統制）、考え方や捉え方への介入（認知的評定）、対処努力（コーピング）への介入、ストレス反応への介入という4つの要素から構成されている。鈴木（2004）によると、環境への介入は、ストレッサーの軽減・除去を目的としたものであり、サポート体制の構築や組織的取りくみ、教師との連携、環境改善・整備などが含まれ、集団内に存在するストレッサーを除去・軽減することができる。

　児童生徒を対象とした場合、有効なストレスマネジメントパッケージには、「心理的教育」「個人的ストレス耐性の強化」「リラクゼーション訓練」の3つの要素が含まれていることが望ましいと報告されている（Shimada & Sakano, 1996）。「心理的教育」には「ストレス発生のメカニズムの教育」「ストレスマネジメント効果の教育」などが含まれる。「個人的ストレス耐性の強化」に分類される方法には、セルフ・エフィカシーの向上、適切な社会的スキルの獲得、ソーシャルサポートの利用可能性の認知の充実などをあげることができる。

　学校現場で導入されているいくつかの実践研究を概観すると、2時間あるいは3時間のプログラムで、①ストレスの仕組みに関する講義、②ストレス軽減方略[漸進的筋弛緩法；呼吸法]の実習から構成されているものが多く、それらはストレス反応の軽減やスクールモラールの向上に一定の効果を示している（石隈・家近・飯田, 2014）。

　このような心理教育プログラムは児童生徒のために行うストレス予防対策としての教育活動の一環であり、また「生きる力」の向上に寄与していることがわかる。

(3) 心理教育的援助サービスの問題点

　東原（2011）は主に2000年と2010年に発表された心理教育的援助サービスの実践研究について分析し、問題点を以下の3点にまとめている。それは①実践の効果の評価の問題、②獲得されたスキルの一般化・維持の問題、③子どもを「主体的な学習者」として尊重することである。

　また、石隈・家近・飯田（2014）によると心理教育プログラムの実施者の

問題は、もっとも難しい問題の一つである。今までの心理教育プログラム
は、担任教師が行うことを意図したものが多い。日本の学校の場合、学級
活動の時間や道徳の時間、総合的学習の時間など、担任教師の裁量の時間
が多く、担任教師が自分の学級で実施しやすい状況であった。しかし、今
までのように担任の裁量にまかされた状態であると、学校全体で取り組む
ことや効果をきちんと検討するところまでいたらないのが現状である。予
防教育の重要性が過去にもまして高まっている現在の学校教育において、
心理教育プログラムの実践のための、連絡・調整・推進の役割を担う教師
の配置は、喫緊の課題である。

　また、問題となっているのが、心理教育プログラムを実施するための時
間の確保である。脱ゆとり教育の方針のもと、各学校は授業時間の確保に
追われている。そのなかで、全学年を対象とした体系的な心理教育プログ
ラムの実施を行うための時間の確保は難しいというのが現状である。

　日本の心理教育的援助サービスの主な問題点は実践上の効果をあげる
ことであることがわかる。

第3節　中日両国の小中学校における心理健康教育の実態の比較

　児童生徒がかかえる多くの心理問題は学校や家庭、社会からのストレス
によるものだと言っても過言ではない。言いかえると心理健康教育はスト
レスマネジメント教育を含む、広い意味での「ストレスに強くなるために
行う教育」と言ってもよい。

　中国の心理健康教育は日本の「心理教育援助サービス」に相当するとい
える。両国で心理教育の目指す目標は児童生徒の心の健康である。両国と
も90年代の後半に政府から児童生徒の心理健康に関する重要な公文書が
提出され、学校では心理教育がより重視されるようになり、その後一定の
成果をあげている。両国ともが様々な問題点を抱えているが、中国より日
本の方で心理健康教育が重視され、援助体制が充実しており、実践研究が
多く行われているといえる。中国では心理健康教育の在り方について問題
点が多くあげられているが、日本では心理健康教育の実践上の具体的問題

が多く上げられている。両国の相違は具体的に以下の五つの面で現れている。

①両国における心理教育の運営システムは大体類似しているが、関わるメンバーが少し異なっており、中国より日本の心理教育の体制の方が充実しており、職員の専門性が高い。両国とも学校では校長の指揮の下で心理教育が行われている。中国の「心理健康教育センター」（Figure15-1-1）は日本の「マネジメント委員会」（Figure15-2-2）に相当する。中国で心理健康教育教師は専門職或いは兼職として働いている。心理教師になるには「心理健康教育資格証（ABC証）」を必要としている。しかし、現実には資格を持たずに心理健康教師になっているケースが多い。日本では学校の教師や養護教諭が「学校心理士」という資格を得て心理教育に携わっている。「学校心理士」の資格認定は1997年度から始まり、2011年度には、上位資格の「学校心理士スーパーバイザー(CSP-SV)」資格の認定も開始している。

日本のスクールカウンセラーや養護教諭のような存在は中国の学校にはいない。中国の心理健康教師はカウンセリングを行っているが、日本のスクールカウンセラーの持っている臨床心理士や精神科医のような専門性をもっていない。また、日本の保健室は身体面だけではなく、心の健康にもかかわる場になっている。また、養護教諭は担任教師とコンサルテーションを行い、心理健康教育の援助をしている。中国の医務室（保健室）は日本のような心理健康の援助機能をもっていない。中国は心理健康教育センターの設立の普及率を高めるのと同時に、心理健康教師の専門性を高めることが喫緊の課題である。日本ではコーディネーション委員会の機能を充分発揮し、心理教育的援助を行うための連絡、調整、推進の役割を担う教師の配置が喫緊の課題である。

②両国ともに学校心理学理論の下で、三段階援助サービ理論が提唱されている。しかし、中国より日本で心理教育援助サービス理論が学校教育現場に浸透しており、実践研究が多く行われている。

中国の浸透教育は日本の一次的援助サービスに相当し、両国ともに学生全員に向けた予防的教育を重視している。両国で授業や課外活動を通して行う浸透教育や、担任教師を中心として行う心理健康教育は同じ様に行われている。両国ともで学級担任制度があり、担任教師は学生との接触がもっとも頻繁で、浸透教育を行いやすい立場にある。担任教師による援助効

果を高めるために、心理健康教育教師とのコンサルテーションが行われている。

　日本では「ストレスチェックリスト」「SOS チェックリスト」(石隈, 1999)や「自己発見チェックリスト」「Q—U（楽しい学校生活を送るためのアンケート）」(河村, 1998) などを用いて調査を行い、学級の状態のアセスメントと苦戦する子どものアセスメントを同時に行い、危険に陥りやすい児童生徒、つまり 2 次的援助サービスの対象を早期に発見し、心理問題を起こさないように指導やサポートを行う。中国では早期発見のための模範化されたチェックリストやその活用の実践研究があまりみられない。また、3 次的援助サービスの対象となる児童生徒への治療は心理健康教師の専門性が足りないため、外部の関連部門に任せている。

　③両国で心理健康教育に対する認識に差がある。中国より日本の方がより学生の主体性を生かしながら積極的に心理健康援助サービスを行っていると思われる。近年、中国では心理健康教育がだいぶ発展してきたが、理論が先行し、現場における実践はだいぶ遅れているという現状にある。また学校のリーダーや教師は「応試教育」の影響で心理健康教育をあまり重視しておらず、どうしても成績優先の教育を行う傾向が強い。そのために、心理健康教育は孤立化や形式化の傾向にあり、心理健康教師の専門性も足りていない。中国では「応試教育」を徹底的に見直し、小中学生の心理健康の需要に基づいて、心理健康教育の重要性を再認識する必要がある。

　④両国ともに主にアメリカから心理健康教育を学んでおり、一次的予防教育を中心に心理教育を行っていることは同じである。日本の学校現場では心理教育プログラムが多く開発され模範化され、実践されている。代表的なプログラムとしてソーシャルスキルトレーニング（SST）、構成的グループ・エンカウンター（SGE）、ストレスマネジメントプログラムなどがある。これらのプログラムは学級活動の時間や道徳の時間、総合的学習の時間などで実践されている。中国の学校現場で行われている心理教育活動は日本の心理教育プログラムの内容と似ており、いずれも社会的スキル、人との付き合い方、ストレスの対処の仕方などが含まれている。しかし、中国では日本のように心理教育プログラムが模範化されていないために使いにくい。中国の小中学生向けの心理教育プログラムを開発・模範化し、全国の小中学校に普及させる必要性があると思われる。日本では獲得

されたスキルの一般化・維持の問題を追及する必要がある。

　⑤中国では「応試教育」のため、心理健康教育の時間を確保することが非常に難しい。日本でも 2008 年から「脱ゆとり教育」のもとで授業時間の確保に追われている。両国とも心理教育プログラムを学級活動の時間、道徳の時間など、人間関係の学習をするのに適した時間に組み込む必要がある。また、通常の授業のなかで、心理教育プログラムの要素を取り入れることを検討してもよいかもしれない。例えば、協働学習のなかに、コミュニケーションスキルやライフスキルの学習の要素をいれて授業を実施することが可能であろう。

第16章　総合的考察および提言

第1節　本研究で得られた結論および研究意義

1．本研究の結論

　本研究では日本と中国の小中学生のストレス状況について文化間比較研究を行った。ストレスに関連する諸変数について両国における変数間の関連及び次元の異同を見出し、比較文化心理学の視点に立ち両国の小中学生のストレス状況を理解した点は、現時点で初めての試みであると言える。つまり、平均値の直接比較を避けて、両国におけるストレス諸変数の特徴や変数間の関連についてその布置の比較を行っている点が本研究の独自性といえる。

　まず質問紙調査を通してストレッサー、ストレス反応、コーピング、ソーシャルサポートと満足感の5つの変数の特徴と変数間の関連について分析を行い、中国と日本における小中学生のストレス状況を理解した。さらに半構造化面接を行い、量的調査で得られた結果を確認する一方で、両国の小中学生の学校生活やストレス状況について理解を深めた。これらの質的調査と量的調査の結果に基づき比較文化心理学の視点から中日比較を行い、ストレスの異同点から異文化背景を探った。最後に、両国小中学校における心理健康教育の現状について比較を行い、問題点をみつけ改善するための提言を行った。本研究で得られた結果をまとめると以下のとおりである。

（1）中国と日本におけるストレスの異同点

①ストレッサー認知とストレス反応における性差

　両国間では性差が異なっている。中国より日本で性差が顕著にみられ、日本では男子より女子の得点が高かったが、中国では男女差があまりみら

れていない。

②ストレッサーがストレス反応に与える影響

両国の小中学生においてストレッサーを強く感じているほどストレス反応の表出が頻繁になるという結果は同じである。しかし、ストレス反応を頻繁に生じさせるストレッサーが少し異なっている。

両国の小学生にとって「友人」「親」「学業」「教師」ストレッサーがストレス反応の原因になっている。「友人」と「親」ストレッサーがストレス反応に与える影響が強く、教師からの影響は少ない。日本では「学業」ストレッサーからの影響が中国より顕著にみられた。「学業」ストレッサーは主に授業と関連する出来事であり、日本の小学生は授業からのストレスを強く感じていることがわかる。

中国の中学生において、「学業」と「身体」ストレッサーがストレス反応の主な原因になっており、「教師」「親」「友人」ストレッサーの影響は弱い。日本は、「親」と「身体」ストレッサーがストレス反応に強く関連しており、友人と教師の影響が弱い。両国で「身体」ストレッサーからストレス反応への影響が顕著にみられ、中学生は思春期において身体的変化の影響を強く受けていることがうかがわれる。中国で「学業」ストレッサーからの影響が日本より顕著にみられたが、これは中国の中学生の置かれている社会的背景と関連しているといえる。

③コーピングがストレスに与える影響

両国の小中学生において、「回避的対処」がストレス反応を増加させるという結果は一致したが、「積極的対処」がストレス反応に与える影響が両国で異なっている。日本の小中学生にとって「積極的対処」が「抑うつ・不安」反応に正の関連を示したが、中国ではストレス反応に負の関連を示している。つまり、「積極的対処」は両国の小中学生において、その対処効果が異なっている。

④サポートがストレスに与える影響

両国の小中学生で両親と教師からのサポートはストレッサー評価に負の関連を示している。しかし、友だちサポートはストレッサー評価に正の関連を示している。また、友だちサポートは日本の小中学生のストレス反応にも正の関連を示している。中国の小学生でも友だちサポートはストレス反応に正の関連を示したが、中学生ではストレス反応に関連を示さなか

った。以上のことから友だちサポートは両国で小中学生のストレスの軽減にならないことが示された。

⑤満足感がストレスに与える影響

両国の小中学生にとって満足感はストレッサー評価とストレス反応に負の関連を示している。満足感の高い児童生徒は出来事についての評価がプラス思考であることから、ストレッサー評価が低く、ストレス反応の表出も少ないと思われる。

⑥ストレッサー評価とストレス反応のパターンの特徴

小学生のストレッサー評価においては日本で高群が 19.2%、低群が57.2%であり、中国で高群が 11.0%、低群が 47.8%である。また中学生のストレス反応の表出において日本で高群が11.7%、低群が65.4%であり、中国で高群が8.6%、低群が54.6%である。高低群の割合が両方とも中国よりも日本の方が多かったことから、中国より日本の方がストレッサー評価とストレス反応において二極化傾向にあることがわかる。

⑦ストレスモデルの構成

両国の小中学生のストレスモデルで諸変数間の関連はほぼ同じである。両国ともにストレッサーはストレス反応に高い正の関連を示した。それに対して、両国ともでコーピングからストレス反応への影響はあまりみられなかった。また、小中学生ともソーシャルサポートはストレスへの直接軽減効果より満足感を通しての間接効果が大きかった。

ストレッサーからコーピングへの過程において、両国の小学生のモデルでストレッサーはコーピングに正の関連を示しているが、中学生のモデルでは異なっている。中国の中学生では小学生と同じように出来事への一次的評価から二次的評価の過程を経ずに直接コーピングの実行に結びついているが、日本ではストレッサーからコーピングへの関係はみられなかった。日本の中学生にとってストレッサー（一次的評価）とコーピングの間に二次的評価が存在する可能性が推測できる。つまり、両国の小学生と中国の中学生では認知的評価が未分化状態にあるが、日本の中学生では認知的評価が分化していることが考えられる。

⑧小学校から中学校までの発達的変化

両国で小学校から中学校までの発達的変化も同じ傾向にある。出来事の経験率と嫌悪性は小学生の得点が高かったが、ストレス反応は両国とも中

学生が多く表出している。

　⑨質的研究からの結論

　中国では学業負担や成績のことをもっとも多く話しており、ストレスと感じる児童生徒が多く、成績がだめだと自己否定する傾向が強くみられた。また、親の学業への期待感からくるストレスも大きい。日本では学業ストレスよりも、友人関係や部活のことを中心に話す人が多く、成績が駄目な児童生徒でも部活のために学校生活を楽しく思っている。日本では「学業」ストレスを感じているものの、中国よりも明らかにその程度が低い。

　⑩心理健康教育の現状の比較

　両国の小中学校で心理健康教育が重視され、運営システムや方法も類似している。しかし、中国より日本の方がより「人間本位」の援助サービスを行っている。中国ではまだ、形式的に行われている傾向が強く、心理健康教育を重視する度合いが足りない。

　(2) ストレスの異同点からの示唆

　①ストレスの性差から両国においてのジェンダー意識の違いが示された。中国の方が日本より性役割分担への意識が弱い。

　②両国の小中学生の学業ストレスの状況から、中国の中途半端な「素質教育」と日本の「ゆとり教育」の教育環境の違いが示された。

　③両国の小中学生ともに友人からのサポートを必要としているが、友人サポートのストレスの軽減効果はみられなかった。これから、「児童生徒の人間関係は親密でないが、決定的に対立するものでもない」「友人からのサポートは評価懸念を伴っている」という人間関係の特徴が示された。

　④小学生のストレッサーと中学生のストレス反応において、中国より日本の方で二極傾向がみられた。このことから日本では「高い受験圧力にさらされている子ども及び家庭、そうでない子ども及び家庭の格差が徐々に現れつつある」「高度成長時代は終わり、人々の求めるものも多様化している」という社会背景が示された。一方、中国では「勉強することが家庭や自分自身の状況を変える主要な手段であるという歴史的・文化的考え方が強い」という社会背景が示された。

　⑤他にも、日本の小中学生における部活の存在感から部活制度の有効性や両国の心理健康教育の実態の比較から、中国の心理教育の「形式化」や

「孤立化」、「軽視化」が示された。

2. 本研究の意義

本研究は現時点で初めて中国と日本の小中学生のストレスについて、比較文化心理学の視点に立ち、「次元」の確認を行った。比較文化心理学の本当の課題とは、異文化の多様性における「次元」とされる（Matsumoto, 2000南・佐藤訳，2001）。本研究の主な意義は、心理的ストレス研究及び比較文化心理学の発展につながる知見を得たことにある。具体的に以下の3つの面で現れている。

（1）両国における小中学生のストレス状況を比較文化心理学の視点から検討することによって、両国の児童生徒のストレス状況を理解することができた。

（2）ストレスの異同点から両国の小中学生の置かれている社会文化的背景について比較・理解することができた。

（3）小中学校における心理健康教育の現状における問題点をみつけ、ストレス予防のための提言を行うことができた。

第2節　ストレスの予防的視点からの提言および課題

1. 本研究からの提言

（1）ストレス耐性を高めるための心理健康教育をさらに促進する

学校教育という場面は児童生徒に対してある程度のストレスを経験させる場所でもあるため、ストレスを効果的にコントロールする方法を教えたり、ストレス耐性を高めたりする心理教育を行う必要がある。児童生徒の過度の欲求に対して対処療法的に「ゆとり」を考えるといった近視眼的視点では、自分が不得意なことや嫌なことはしなくてもよいといった安易な風潮の蔓延を招きかねない。さまざまなストレス場面を乗り越えることによって、子どもが成長していくことも事実である。したがって子ども自身の「ストレス耐性」を高めるという視点が重要である。

日本では、例えば児童生徒にストレスについての理解を深め、悩みを解

決するには「積極的対処」だけでなく、その他のコーピングを組み合わせる方法などについて教えると同時に、自分の体験を話し合うなかでストレスの耐性を高める必要がある。特に、日本では「積極的対処」が「抑うつ・不安」反応を増加したことから、児童生徒の特徴に合うコーピングの指導が望ましい。中国では、心理健康教育の重要性をいっそう認識し、三段階援助サービスの理論を実践と結び付けながら、心理教育の実効性を高める必要がある。児童生徒を取り巻く環境はストレスにあふれていると言われているが、両国ともそのストレス体験を自分の成長体験につなげていけるような心理健康教育や学校環境作りが重要である。

(2) 評価基準を多様化させ、成績による学業競争を和らげる

本研究では中国の小中学生、特に中学生において、「学業」ストレスの影響が大きいことがわかった。中国では、ストレスを軽減する根本的対策として、早急に「応試教育」の観念を捨て、「素質教育」を実施すべきである。「応試教育」はただ進学率を高めることのみを求めているために、児童生徒の学習以外の時間が少なく、精神的負担が重くなり、豊かな性格を育成することが妨げられている。受験圧力を高めたり、競争の機会を増やしたりすることで意欲を盛り立てようとの主張は短期的には成果をあげるかもしれないが，いずれかは崩れてしまう(奈須，2008)。学業成績だけを評価基準にする教育制度の見直しが必要である。

日本では、「ゆとり教育」で学業ストレスはそれほどなかったものの、学習意欲や学力の低下が問題になっている。そのために2008年に「ゆとり教育」が見直され、学習時間や量を増やすことになったのである。

両国ともで確実に学力を高めながら過度の学業負担を軽減できる方策の模索が必要である。そのために、児童生徒の学習意欲を引き出すための工夫を行い、評価基準も多様化し、学業ストレスの現状を変えなければならないといえる。

(3) 部活動をストレス予防対策に生かす

本研究から日本の小中学生にとって部活動はストレスを軽減できる主要な活動であることがわかった。部活動のポジティブな側面に着目すると、活動性を上昇させ、動機を高め、高い成果へと導く動因の一つとなり、ストレス反応の生起を予防できると考えられる(手塚・上地・児玉，2003)。中国でも日本の部活動を参考にした課外活動制度を取り入れることで小

中学生のストレス予防につなげることができると思われる。しかし、日本では「部活動」がストレッサーとしてあげられることもある。行き過ぎた部活動は子どもたちにかえってストレスを与えてしまう可能性にも留意する必要がある。

(4) ジェンダー敏感 (Gender Sensitive) 教育を行う

本研究ではストレスに対しての両国の小中学生の性差が異なっており、その原因は日本の性別化教育や中国の性別中立教育のような学校教育制度や歴史的背景におけるジェンダー意識が異なっていることが示された。性別化教育、性別中立教育では教育と社会領域における真の意味での男女平等が実現しがたく、ジェンダー敏感教育がもっとも望ましいと考えられる（周, 2011）。よって両国でのジェンダー敏感教育の必要性が示された。

(5) 子どもの心のニーズに合わせて、家庭のサポートを行う

本研究からサポートのストレスを軽減する直接効果と児童生徒の満足感を高めストレスを軽減する間接効果が示された。両国とも学校側は家庭と連携しながらサポートを行うように心掛けるべきである。

中国では親の子どもたちへの過大の期待感によるプレッシャーがストレスになっている。中国では一人っ子が多く、親は子供に過大の期待を寄せて成績を上げるための最大のサポートを行っているが、その期待が子どもの限界を超え、逆効果を起こしかねない。日本では父親との交流が少なく、父親からのサポートが得られないという苦情が多かった。両国ともで子どもの心の需要を察しながら、サポートを行うことが必要である。

(6) 人間関係を活性化し、豊かな人間性を育成する

両国で友人サポートがストレスの軽減になっていないことから、友人関係の特徴や社会的スキルの欠乏が示された。ソーシャルスキルトレーニング (SST) や構成的グループ・エンカウンター (SGE) などの心理教育プログラムを学校心理健康教育のなかに浸透させることによって、両国の児童生徒の友人関係を活性化し、社会的スキルを育成することの重要性が示された。

(7) 児童生徒の満足感を高める

本研究では両国ともで満足感を高めることがストレスの軽減に有効であることが示された。児童生徒の全体的満足感を高めるための心理教育を学校教育のなかに浸透させ、実践する必要性がある。

2. 本研究の問題点

（1）本研究では主に質問紙調査による量的研究を行った。半構造化面接による質的調査を行ったが、調査対象は質問紙調査での対象と異なっており、ストレスという人の内的問題の研究であるだけに限界があると思われる。

（2）文化間比較研究として各国におけるストレスの諸変数間の関連は明らかにしたものの、文化的、社会的背景がどのように人に影響を与えて文化間の異同をもたらしたのかについての追及が足りない。例えば「積極的対処」が両国でストレス反応への影響が異なる原因についても、文化的背景や国民性などから検証する必要がある。

（3）小学校から中学校までの変化について発達的観点を取り入れ、縦断的研究を通して発達の連続的プロセスについての綿密な考察を行う必要があるだろう。

（4）調査対象者の在籍している学校の心理健康教育の現状について調査を行っていないので、両国の心理健康教育が実際のストレスにどのような影響を及ぼしたのかについての検討ができなかった。

参考文献 A（日本語）

東原文子　2011　学校心理学に関する研究の動向―学校の中で行われた
　　心理教育援助サービスを中心に―　教育心理学年報，50，155-163.

東洋　1994　日本人のしつけと教育：発達の日米比較に基づいて　東京大
　　学出版会.

Benesse 教育研究開発センター企画・制作　2008　研究所報　VOL. 45 学校
　　基本調査・国際 6 都市調査報告書（株）ベネッセコーポレーション.

江村理奈・岡安孝弘　2003　中学校における集団社会的スキル教育の実践
　　的研究　教育心理学研究，51，339-350.

鳶島修治　2013　教育期待のジェンダー差と学業達成に関する自己認識
　　日本教育社会学会大会発表要旨集録，65，238-239.

古守雪絵・大井修三　2008　小学生のストレスに関する研究―小学生にお
　　ける日常ストレッサーと友だちストレッサー対処行動の分析―　岐
　　阜大学教育学部研究報告人文科学，56(2)，145-157.

藤枝静暁・相川充　2001　小学校における学級単位の社会的スキル訓練の
　　効果に関する実験的研究　教育心理学研究，49，371-381.

藤崎春代　2006　こころの問題事典　平凡社，pp. 92.

福田美紀・倉田ツギオ　2003　学校ストレッサー尺度の信頼性と妥当性の
　　検討　神戸親和女子大学教育専攻科学紀要，7，33-37.

橋本剛　1997a　対人関係が精神的健康に及ぼす影響―対人ストレス生起
　　過程因果モデルの観点から―実験社会心理学研究，37, 50－64.

橋本剛　2000b　肯定的/否定的対人関係のストレス媒介効果　名古屋大
　　学大学院教育発達科学研究科紀要（心理発達科学），47，89－101.

橋本剛　2005　ストレスと対人関係　ナカニシヤ出版.

服部隆志・島田修　2003　中学生における両親サポートとストレッサーに
　　関する研究（Ⅰ）―親サポート尺度・ストレッサー尺度の作成―　川崎
　　医療福祉会誌，13(2)，271-281.

廣岡秀一・森田千恵子　2002　中学生のストレスとソーシャルサポートに

関する研究―ソーシャルサポートの緩衝効果を中心に― 三重大学
教育学部研究紀要, **53**, 167-178.

久田満 1987 ソーシャルサポート研究の動向と今後の課題 看護研究,
20, 170-179.

久田満・千田茂博・箕口雅博 1989 学生用ソーシャルサポート尺度作成
の試み(1) 日本社会心理学会第 30 回大会発表論文集, 143-144.

本間昭・新名理恵 1988 老年期の精神障害―疫学的立場から― 社会精
神医学, **11**, 229-234.

飯田順子・岡田加奈子 2007 養護教諭のための特別支援教育ハンドブッ
ク 大修館書店.

家近早苗・石隈利紀 2003 中学校における援助サービスのコーディネー
ション委員会に関する研究 ―A 中学校の実践をとおして― 教育心
理学研究, **51**, 230-238.

今村幸恵・服部恒明・中村朋子 2003 中学生のストレッサー、自己効力
感、ソーシャルサポートとストレス反応の因果構造モデル 学校保健
研究, **45**, 89-101.

石原金由・福田一彦 2007 小学生から成人まで利用可能なストレス反応
質問紙(健康調査)の作成 ノートルダム清心女子大学紀要(生活経営
学・児童学・食品・栄養学編), **31**(1), 1-8.

石隈利紀 1999 学校心理学―教師・スクールカウンセラー・保護者のチ
ームによる心理教育的援助サービス― 誠信書房.

石隈利紀・家近早苗・飯田順子著 2014 学校教育と心理教育的援助サー
ビスの創造 学文社.

伊藤美奈子 2006 思春期・青年期の意味 伊藤美奈子(編) 思春期・青
年期臨床心理学 朝倉書店, pp. 2-4.

苅谷剛彦・志水宏吉・清水睦美・諸田裕子 2002『「学力低下」の実態』岩
波ブックレット No. 578、岩波書店.

金子邵榮・胡勇 2000 中学生のストレスに関する中・日比較 金沢大学
教育学部紀要, **50**, 159-175.

嘉数朝子・井上厚・上里真喜子・島袋美津恵 1996 児童の対処行動と統
制感：社会的経験との関連で 琉球大学法文学部ヒューマンサイエン
ス, **2**, 57-68.

上長然　2007　思春期の身体発育と抑うつ傾向との関連　教育心理学研究，55，21-33.

上地広昭・竹中晃司・岡浩一郎　2000　子どもの身体的活動とストレス反応の関係　健康心理学研究，13，1-8.

菅佐和子　2006　思春期・青年期の心理臨床―女性の場合　伊藤美奈子（編）　思春期・青年期臨床心理学　朝倉書店，pp. 163-176.

菅沼崇・古城和敬・松崎学・上野徳美・山本義史・田中広二　1996　友人のサポート供与がストレス反応に及ぼす効果　実験社会心理学研究，36，22－41.

川原誠司　1994　子どもを対象としたソーシャル・サポート研究の動向　東京大学教育学部紀要，34，245-253.

川原誠司　2000　中学生の高校受験に際してのソーシャルサポート―心理的側面への影響に焦点を当てて―　宇都宮大学教育学部紀要第一部，50，175-191.

河地和子　2003　自信力はどう育つか―思春期の子供　世界4都市調査からの提言　朝日新聞社.

河村茂雄　1998　楽しい学校生活を送るためのアンケート「Q－U」実施・解釈ハンドブック（小学校編，中・高等学校編）図書文化.

河村茂雄　1999　生徒の援助ニーズを把握するための尺度の開発(1)―学校生活満足度尺度(中学生用)の作成―　カウンセリング研究，32，274-282.

河村茂雄　2001　構成的グループ・エンカウンターを導入した学級経営が学級の児童のスクール・モラールに与える効果の研究，カウンセリング研究，34，153－159.

河野友信・吾郎晋浩(編)　1990　ストレス診療ハンドブック　メディカル・サイエンス・インターナショナル.

菊島勝也　1999　ストレッサーとソーシャルサポートが中学時の不登校傾向に及ぼす影響　性格心理学研究，7(2)，66-76.

菊島勝也　2001　ストレスからみた神経症的不登校事例の検討　愛知教育大学教育実践総合センター紀要，4，273-280.

恒吉僚子　2008　「学習意欲」の捉え方をめぐる国際比較―今後必要とされる「社会的公正」の観点―　Benesse教育研究開発センター，13，1－4.

國分康孝　1992　構成的グループ・エンカウンター　誠信書房.

金外淑・嶋田洋徳・坂野雄二　1998　慢性疾患患者におけるソーシャルサ
　　ポートとセルフエフィカシーの心理的ストレス軽減効果　心身医学,
　　38, 318−323.

金玉花　2007a　中学生のストレッサーとストレス反応に関する研究　―
　　中・日両国の比較検討を通して―　東海心理学研究, **3**, 18−27.

金玉花　2007b　中・日両国中学生のストレスに関する研究―コーピング、
　　ソーシャルサポートと満足感に注目して―　愛知学院大学総合政策
　　研究, **10**(1), 41-49.

金玉花　2008　中国小学生のストレスについての研究―ストレッサー、ス
　　トレス反応、ソーシャルサポートと満足感に注目して―　愛知学院大
　　学総合政策研究, **10**(2), 45-61.

国際教育到達度評価学会　2003　国際数学・理科教育調査（TIMSS）
http://www.mext.go.jp/b_menu/shingi/chukyo/chukyo3/004/siryo/0709
　　2002/001/004.htm（2014.7.31 検索）

小杉正太郎(編)　2006　ストレスと健康の心理学　朝倉書店.

越河六郎・藤井亀・平田敦子　1992　労働負担の主観的評価法に関する研
　　究-1-CFSI(蓄積的疲労徴候インデックス)改訂の概要　労働科学, **68**,
　　489-502.

児玉昌久・片柳弘司・嶋田洋徳・坂野雄二　1994　大学生におけるストレ
　　スコーピングと自動思考、状態不安、および抑うつ症状との関連　ヒ
　　ューマンサイエンス, **7**(1), 14-26.

雷秀雅・堂野佐俊　2002　中国及び日本における思春期の心理的ストレ
　　スとその要因　山口大学教育学部研究論叢(芸術・体育・教育・心
　　理), **3**, 9-25.

李相蘭　2004　日・韓高校生における無気力傾向に関する比較研究：進路
　　発達との関連に注目して　発達心理学研究, **15**(3), 302-312.

劉堅・付宣紅　2008　北京の調査結果の特徴に関する分析　Benesse 教育
　　研究開発センター　企画・制作研究所報　Vol.45　学習基本調査　国
　　際6都市調査報告書（株）ベネッセコーポレーション, 80−86.

牧昌見　1998　学校経営の基礎・基本　教育開発研究所.

牧野篤　2006　中国変動社会の教育－流動化する個人と市場主義への対

応一　勁草書房.

丸山　義王　2009　「ゆとり教育」に見る日本の教育改革　明治学院大学社会学・社会福祉学研究，131, 169-195.

水野治久編　石隈利紀監修　2009　学校での効果的な援助をめざして　ナカニシヤ出版.

三井宏隆　2005　比較文化の心理学　ナカニシヤ出版.

三浦正江　2002　中学生の学校生活における心理的ストレスに関する研究　風間書房.

三浦正江　2007　ストレス耐性を育てる―問題から逃げない姿勢の大切さ　児童心理, 61 (2), 221.

三浦正江・福田美奈子・坂野雄二　1995　中学生の学校ストレッサーとストレス反応の継時的変化　日本教育心理学会第 37 回総会発表論文集, 555.

三浦正江・坂野雄二　1996　中学生における心理的ストレスの継時的変化　教育心理学研究, 44, 368-378.

三浦正江・坂野雄二・上里一郎　1998　中学生が学校ストレッサーに対して行うコーピングパターンとストレス反応の関連　ヒューマンサイエンスリサーチ, 7, 177-189.

三浦正江・上里一郎　2002　中学生の友人関係における心理的ストレスモデルの構成　健康心理学研究, 15(1), 1-9.

森和代・堀野緑　1997　絶望感に対するソーシャルサポートと達成動機の効果　心理学研究, 68, 197-202.

森下正康　1999　「学校ストレス」と「いじめ」の影響に対するソーシャル・サポートの効果　和歌山大学教育学部紀要教育科学, 49, 27－41.

文部科学省ホームページ

http://www.mext.go.jp/a_menu/shotou/seitoshidou/kyouiku/houkoku/07082308/002.htm (2014.7.31 検索)

長根光男　1991　学校生活における児童の心理的ストレスの分析―小学 4, 5, 6 年生を対象にして―　教育心理学研究, 39, 182-185.

内閣府政策統括官　2001　日本の青少年の生活と意識　―青少年の生活と意識に関する基本調査報告書―　財務省印刷局.

中村伸枝・兼松百合子・遠藤巴子・佐藤浩一・宮本茂樹・野田弘昌・大西

尚志・今田進・佐々木望　2002　小学校高学年から中学生の生活の満足度(QOL)質問紙の検討　小児保健研究，61(6)，806-813.

中山勘次郎　1995　中学生におけるソーシャルサポートと学習統制感との関連　上越教育大学研究紀要，14，537-547.

奈須正裕　2008　学習意欲が湧いてくる授業づくり　教育と医学，56，20-26.

日本子ども資料年鑑　2007　KTC中央出版社.

日本子ども資料年鑑　2008　KTC中央出版社.

日本能率協会総合研究所　2005　日本人の価値観　データで見る30年間の変遷　生活情報センター.

日本青少年研究所　2007　小学生の生活習慣に関する調査－東京・北京・ソウルの3都市の比較－　日本児童教育振興財団.

新名理恵　1991　心理的ストレス反応の測定　佐藤昭夫・朝長正徳(編)　ストレスの仕組みと積極的対応　藤田企画出版，pp73-79.

新名理恵・坂田成輝・矢冨直美・本間昭　1990　心理的ストレス反応尺度の開発　心身医学，30(1)，30-38.

布施美和子・小杉正太郎　1996　心理的ストレスにおけるコーピング研究の展望―その概念の変遷とストレスモデルにおける役割―　早稲田大学心理学年報，29(2)，11-20.

岡田佳子　2002　中学生の心理的ストレス・プロセスに関する研究―二次的反応の生起についての検討―　教育心理学研究，50，193-203.

岡田佳子　2005　中学生のストレスコーピングに関する研究―学校ストレス研究へのATIパラダイムの応用―　早稲田大学教育学部学術研究(教育心理学編)，53，15-27.

岡安孝弘　1994　学校ストレスと学校不適応　坂野雄二・宮川充司・大野木裕明（編）　生徒指導と学校カウンセリング　ナカニシヤ出版　pp76－88.

岡安孝弘・片柳弘司・嶋田洋徳・久保義郎・坂野雄二　1993　心理社会的ストレス研究におけるストレス反応の測定　早稲田大学人間科学研究，6，125-134.

岡安孝弘・嶋田洋徳・神村栄一・山野美樹・坂野雄二　1992　心理的ストレスに関する調査研究の最近の動向－教育場面におけるストレッサ

　　一測定を中心として－　早稲田大学人間科学研究，5(1)，149-158.

岡安孝弘・嶋田洋徳・丹羽洋子・森俊夫・矢冨直美　1992　中学生の学校
　　ストレッサーの評価とストレス反応との関係　心理学研究，63(5)，
　　310-318.

岡安孝弘・嶋田洋徳・坂野雄二　1992　中学生用ストレス反応尺度作成の
　　試み　早稲田大学人間科学研究，5，23-28.

岡安孝弘・嶋田洋徳・坂野雄二　1993　中学生におけるソーシャル・サポ
　　ートの学校ストレス軽減効果　教育心理学研究，41(3)，302-312.

尾見康博　1999　子どもたちのソーシャル・サポート・ネットワークに関
　　する縦断的研究　教育心理学研究，47，40-48.

小野寺正巳・河村茂雄　2005　ショートエクササイズによる継続的な構成
　　的グループ・エンカウンターが学級適応に与える効果　カウンセリン
　　グ研究，38，33-43.

大竹恵子・島井哲志・嶋田洋徳　1998　小学生のコーピング方略の実態と
　　役割　健康心理学研究，11(2)，37-47.

大対香奈子・大竹恵子・松見淳子　2007　学校適応アセスメントのための
　　三水準モデル構築の試み　教育心理学研究，55，135-151.

大塚泰正　2006　ストレスと健康の測定と評価　小杉正太郎(編)　スト
　　レスと健康の心理学　朝倉書店　pp193-206.

大野太郎・高元伊智郎・山田冨美雄(編集代表)　ストレスマネジメント
　　教育実践研究会(PGS)編　2002，東山書房.

大野精一　2004　学校という組織体と学校心理士　「学校心理士」認定運
　　営機構(企画・監修)松浦宏・新井邦二郎・市川伸一・杉原一昭・堅
　　田明義・田島信元(編)講座「学校心理士—理論と実践」1 学校心理士
　　と学校心理学　北大路書房.

尾関右佳子　1993　大学生用ストレス自己評価尺度の改定：トランスアク
　　ショナルな分析に向けて　久留米大学大学院比較文化研究科年報，1，
　　95-114.

尾関友佳子・原口雅浩・津田彰　1994　大学生の心理的ストレス過程の共
　　分散構造分析　健康心理学研究，7(2)，20-36.

斉藤誠一　1987　思春期における身体意識について　上越教育大学研究
　　紀要，6(1)，79-91.

酒井 博世　2005　ゆとり教育の現状と課題　名城大学教職センター紀要，**2**，1-15.

坂田成輝　1989　心理的ストレスに関する一研究—コーピング尺度(SCS)の作成の試み—早稲田大学教育学部学術研究(教育・社会教育・教育心理・体育学編)，**38**，61-72.

坂野雄二・三浦正江・嶋田洋徳　1994　中学生の心理的ストレッサーに対する認知的評価がコーピングに及ぼす影響　ヒューマンサイエンス，**7**(1)，5-13.

佐野孝子　1996　「小学生らしい期間が短くなった」『月刊学校教育相談 3月号』ほんの森出版．14−17.

生活情報センター編集部　2004　中学生・高校生のライフスタイルを読み解くデータ総覧　生活情報センター．

嶋田洋徳　1993　児童の心理的ストレスとコーピング過程—知覚されたソーシャル・サポートとストレス反応の関連—ヒューマンサイエンスリサーチ，**2**，27−44.

嶋田洋徳　1998　小中学生の心理的ストレスと学校不適応に関する研究　風間書房．

嶋田洋徳・秋山香澄・三浦正江・岡安孝弘・坂野雄二・上里一郎　1995　小学生のコーピングパターンとストレス反応との関連　日本教育心理学会第 37 回総会発表論文集，556.

嶋田洋徳・岡安孝弘・坂野雄二　1992　児童の心理的ストレスと学習意欲との関連　健康心理学研究，**5**(1)，7−19.

嶋田洋徳・岡安孝弘・坂野雄二　1993　小学生用ソーシャルサポート尺度短縮版作成の試み　ストレス科学研究，**8**，1-12.

嶋田洋徳・岡安孝弘・津田彰・洪光植・坂野雄二　1994　小学生の学校ストレッサーの日韓比較　日本心理学会第 58 回大会発表論文集，409.

嶋田洋徳・坂野雄二・上里一郎　1995　学校ストレスモデル構築の試み　ヒューマンサイエンスリサーチ，**4**，53-58.

嶋田洋徳・戸ヶ崎泰子・坂野雄二　1994　小学生用ストレス反応尺度の開発　健康心理学研究，**7**，46−58.

神藤貴昭　1998　中学生の学業ストレッサーと対処方略がストレス反応および自己成長感・学習意欲に与える影響　教育心理学研究，**46**，

442-451.

七條正典・五條しおり編著　尾田幸雄監修　1999　「心の教育」実践大系
　　第3巻　中学生の心の教育　日本図書センター.

総務庁青少年対策本部（編）1999　青少年白書（平成10年度版）大蔵省
　　印刷局.

菅沼崇・古城和敬・松崎学・上野徳美・山本義史・田中宏二　1996　友人
　　のサポート給与がストレス反応に及ぼす効果　実験社会心理学研
　　究, 36, 32－41.

鈴木綾子・豊田秀樹・小杉正太郎　2004　項目反応モデルによるストレス
　　反応尺度の構成とテスト特性曲線によるその深化の過程　心理学研
　　究, 75(5), 389-396.

鈴木伸一　2004　ストレス研究の発展と臨床応用の可能性　坂野雄二（監
　　修）嶋田洋徳・鈴木伸一（編）学校, 職場, 地域におけるストレスマ
　　ネジメント実践マニュアル　北大路書房　pp. 3－11.

鈴木伸一・嶋田洋徳・三浦正江・片柳弘司・右馬埜力也・坂野雄二　1997
　　新しい心理的ストレス反応尺度(SRS-18)の開発と信頼性・妥当性の検
　　討　行動医学研究, 4, 22-29.

周玉恵　1993　在日中国系留学生と日本人学生におけるソーシャル・サポ
　　ートの比較　広島大学教育学部紀要, 42, 63-69.

高倉　実・新屋信雄・平良一彦　1995　大学生の Quality of life と精神
　　的健康について　―生活満足度尺度の試作―　学校保健研究, 37,
　　414-422.

高倉実・城間亮・秋坂真央・新屋信雄・崎原盛造　1998　思春期用日常生
　　活ストレッサー尺度の試作　学校保健研究, 40, 29-40.

高倉実　2008　個人・集団レベルの心理社会的学校環境が生体的ストレス
　　反応に及ぼす影響　平成16年度～平成18年度科学研究費補助金（基
　　盤研究（B））研究成果報告書.

田中美由紀・小杉正太郎　2000　職務満足感と疲労・抑うつとの関連の検
　　討　日本心理学会第64回大会発表論文集, 1170.

谷口弘一・福岡欣治　2006　対人関係と適応の心理学　北大路書房
　　pp. 19-23.

手塚洋介・上地広昭・児玉昌久　2003　中学生のストレス反応とストレッ

サーとしての部活動の関係　健康心理学研究，**16**(2)，77-85.

寺脇研　2001　なぜ、今「ゆとり教育」なのか　教育の論点，文藝春秋，190-207.

徳山美智子　1995　学校精神保健のなかの養護教諭　心の科学，**64**，22-29.

豊田秀樹・前田忠彦・室山晴美・柳井晴夫　1991　高等学校の進路指導の改善に関する因果モデル構成の試み　教育心理学研究，**39**，316-323.

渡辺弘純・武勤・陳麗・クリスタル，D.S、2008　日本と中国における思春期の心の動揺　愛媛大学教育学部紀要，**55**，27-40.

鵜養啓子　2004　いま，思春期の友だち関係はどうなっているか　児童心理，**11**，1-9.

世論調査年鑑—全国世論調査の現状—　2006　内閣府大臣官房政府広報室編.

山本ちか　2004　中学生の自己概念の短期縦断的変化　日本心理学会第68回大会発表論文集，1051.

翟宇華　2007　中国における中学生の学校生活満足感とスクール・モラールとの関連および学校生活に対する認識　カウンセリング研究，**40**，17-25.

張日昇　2007　中国の「一人っ子」と子どもの心の教育　日本認定心理士会ニューズレター，**16**，1.

参考文献 B（中国語）

陈旭. 中学生学习压力，应对策略及应对的心理机制研究. 西南师范大学博士学位论文，2004.

陈植乔、王松花、袁立新. 农村初中生心理健康状况调查与分析. 广东教育学院学报，2000，20（5）：119-124.

狄敏. 中学生生活压力事件问卷的初步编制. 西南师范大学硕士学位论文，2004.

范福林、王乃戈、王工斌. 中小学心理教师专业化现状调查及发展研究. 教育学报，2013，9（6），91-101.

风笑天. 中国独生子女问题研究. 经济科学出版社，2013：27-97.

冯永辉、周爱保. 中学生生活事件，应对方式及焦虑的关系. 心理发展与教育，2002，1：71-74.

高平. 影响中小学生心理健康的因素分析. 天津师范大学学报，2002，2：76－81.

黄希庭、余华、郑勇、杨家忠、王卫红. 中学生应对方式的初步研究. 心理科学，2000，23（1）：1-4.

景英. 中学生社会适应与心理健康状况及其影响因素分析. 山东大学硕士论文，2007.

金华、吴文源、张明园. 中国正常人 SCL-90 评定结果的初步分析. 中国神经精神疾病杂志，1986：12（5）：260-263

林崇德、魏运华. 试论学校心理学的未来趋势. 教育研究，2001，7，31.

李文道、邹弘、赵霞. 初中生社会支持与学校适应的关系. 心理发展与教育，2003，19（3）：73-81.

李金钊. 上海市中学生的心理压力与心理健康的关系研究. 华东师范大学硕士论文，2003.

李田伟、陈旭、廖明英. 社会支持系统在中学生学业压力源和应对策略间的中介作用. 心理发展与教育，2007，1：35-40.

李远. 当前中小学心理咨询存在问题的调查研究. 中小学心理健康教育，

2014，6：14-16.

刘恒、张建新. 我国中学生症状自评量表(SCL-90)评定结果分析. 中国心理卫生杂志，2004，18(2)：88-90.

刘金明、佟德强、孟四清. 中小学心理健康教育服务质量标准研究. 中小学心理健康教育，2013，19：13-15.

刘丽、张日升. 青少年应激及应对研究综述. 心理发展与教育，2003，2：85-90.

刘旺、田丽丽. 小学生生活满意度现状研究. 上海教育研究，2005，11：42-44.

刘贤臣、刘连启、杨杰、柴福勋、王爱祯、孙良民、赵贵芳、马登岱. 青少年生活事件量表的信度效度检验. 中国临床心理学杂志，1997，5(1)：34-36.

刘岩. 学生自我效能感，心里控制源与应激的关系，中国心理卫生杂志，2003，17(1)：36-38.

刘志宏. 初中生校园压力因果模型建构与压力疏导团体辅导研究. 辽宁师范大学. 博士学位论文，2005.

楼玮群、齐铱. 高中生压力源和心理健康的研究. 心理科学，2000，23(2)：156-159.

路海东. 聚焦中国儿童学习压力：困境与出路. 东北师大学报哲学社会科学版，2008，6：24-28

潘月俊. 对当前心理健康教育"高原期"现象的思考　中小学心理健康教育，2003，5：6-8.

齐亚莉. 吉林市 1018 例小学生抑郁情绪调查及危险因素分析. 北华大学学报（自然科学版），2006，7(5)：1-3.

山东省教学研究室编. 中小学心理健康教育的理论与实践（小学分册）山东画报出版社，2012，58-81.

山东省教学研究室编. 中小学心理健康教育的理论与实践（初中分册）山东画报出版社，2012，58-81.

申东红. 初中生心理压力现状及辅导策略的研究. 华中师范大学硕士学位论文，2006.

田丽丽、刘旺、石孟磊. 初中生心理应激及其与一般生活满意度的关系. 中国特殊教育，2007，2：86-89.

佟新. 社会性别研究导论. 北京大学出版社，2005.

王玲凤. 浙江省湖州市 559 名小学生压力与心理健康状况调查. 中国公共卫

生，2006，**22**(2)：133-135.

韦有华、汤盛钦.几种主要的应激理论模型及其评价.心理科学，1998，**21**(5)：441-444.

肖计划、许秀峰.应对方式问卷效度与信度研究.中国心理卫生杂志，1996，**10**(4)：164-168.

肖水源.《社会支持评定量表》的理论基础与研究应用.临床精神医学杂志，1994，**4**(2)：98-100.

肖旻婵.中小学心理健康教育研究：中美比较研究.华东师范大学博士学位论文，2005.

徐光兴.临床心理学—心理健康与援助的学问.上海教育出版社，2001.

徐光兴.学校心理学教育与辅导的心理.华东师范大学出版社，2009.

许思安、张积家.教师的性别角色观：阴盛阳衰现象的重要成因.华南师范大学学报（社会科学版），2007，**4**：110-118.

杨宏飞.我国中小学心理健康研究的回顾.中国心理卫生杂志，2001，**15**(4)：289-290.

俞国良、辛自强、罗晓路.学习不良儿童孤独感，同伴接受性的特点及其与家庭功能的关系.心理学报，2000，**1**：59-64.

余欣欣、郑雪、宛燕.桂林市小学生心理压力源状况分析.中国学校卫生，2007，**28**(10)：908-910.

曾凡敏.汉，藏族中学生心理应激源比较研究.教育探索，2006，**7**：100-102.

张虹、陈树林、郑全全.中学生心理应激及中介变量的研究.心理科学，1999，**22**(6)：508-511.

张涛、陈平.4-6年级小学生心理健康状况的调查分析.扬州教育学院学报，2001，**19**(3)：59-63.

张卫东.应对量表(COPE)测评纬度结构研究.心理学报，2001，**33**(1)：55-62.

张兴贵、何立国、郑雪.青少年学生生活满意度的结构和量表编制，心理科学，2004，**27**(5)：1257-1260.

赵建平、葛操.初中生社会支持与心理健康的相关研究.中国健康心理学杂志，2006，**14**(2)：132-135.

赵芳、赵烨烨.父母的过高期待与中学生的压力关系的研究.青年研究，2005，**8**：11-19

赵丽霞、袁琳.中学生学习压力的现状调查.天津市教科学院学报，2006，**2**：

18-21.

郑全全、陈树林.中学生应激源量表的初步编制.心理发展与教育，1999，4：
45-49.

郑全全、陈树林、郑胜圣、黄丽君.中学生心理应激的初步研究.心理科学，
2001，24(2)：212-213.

郑晓齐、田实、郭小兰.关于中国、日本大学生应激行为的比较研究.应用心
理学，1995，1(2)：17-22.

郑延平、杨德森.生活事件，精神紧张与精神躯体疾患.　中国神経精神疾病
杂志，1983，9（2）：116-118.

郑延平、杨德森.中国生活事件调查，1990，4(6)：262-288.

中国统计年鉴.中华人民共和国国家统计局（编）中国统计出版社，2007，
799.

邹泓.中学生的社会支持系统与同伴关系.北京师范大学学报(社科版)，
1999，151(1)：34-42.

周小李.社会性别视觉下的教育传统及其超越.教育科学出版社，2011.

参考文献 C（英語）

Beck, A.T. Depression: causes and freatment. Philadelphia: University of Pennsylvania Press, 1967.

Beck, A.T., & Beck, R.W. Screening depressed patients in family practice: A rapid technic. Postgraduate Medicine, 1972, **52**, 81-85.

Carver, C.S., Scheier, M., & Weintraub, J. Assessing coping strategies: A theoretically based approach, Journal of personality and Social Psychology, 1989, **56**, 267-283.

Cannon, W.B. Stress and strains of homeostasis. American Journal of Medical Sciences, 1935, **189**, 1-14.

Cobb, s. Social support as a moderator of life stress. Psychosomatic Medicine, 1976, **38**, 300-314.

Cohen, S., & Wills, T.A. Stress, social support, and the buffering hypothesis, Psychological Bulletin, 1985, **98**, 310-357.

Cohen, S., Evans, G,W., Stokols, D., & Krantz, D.S. Behavior, health, and environment-tal stress. New York: Plenum Press, 1986.

Derogatis, L.R. SCL-90: Administration, Scoring, and procedures manual-1 for the revised version, Baltimore, MD: Author, 1977.

Hockey, G.R.J. Compensatory control in the regulation of human performance under stress and high workload :A cognitive-energetical framework. Biological Psychology, 1997, **45**, 73-93.

Holmes, T.H. & Rahe, R.H. The social re-adjustment rating Scale, Journal of Psychosomatic Research, 1967, **11**, 213-218.

Huebner E S. Preliminary development and validation of a multidimensional life satisfaction Scale for children. Psychological Assessment, 1994, **6**(2), 149-158.

Kim KwangLei, Won Hotaek et al. Students'stress in China, Japan, Korea: A transcultural study. The International Journal of Social Psychiatry, 1997, **43**,

87-94.

Lazarus,R.S.,& Folkman,S. Stress, appraisal and coping, New York: Springer. [本明寛・青木豊・織田正美(監訳) ストレスの心理学：認知的評価と対処の研究 実務教育出版]，1991.

Lewinsohn, P.M., Roberts, R.E., Seeley, J.R., Rohde, P., Gotlib, I.H., & Hops, H. Adolescent psychopathology: Ⅱ.Psychosocial risk factors for depression. Journal of Abnormal Psychology, 1994, **103**, 302-315.

Marshall H.Segall, Pierrre R.Dasen, John W.Berry, & Ype H.Poortinga. Human behavior in global perspective-An introduction to crosscultural psychology (田中國夫・谷川賀苗訳 1995 比較文化心理学-人間行動のグローバル・パースペクティブ- 北大路書房)，1990.

Matsumoto, D Culture and psychology: People around the world. Wadsworth, (南雅彦・佐藤公代訳 2001 文化と心理学 北大路書房) 2000.

McDaniel, A., Cross-national gender gaps in educational expectations: the influence of national-level gender ideology and educational systems Comparative education review, 2010, **54**(1): 27 −50.

Phillips, B.N. An analysis of causes of anxiety among children in School. Austin, Texas: University of Texas, 1966.

Schaufeli, W.B., & Bakker, A.B. Job demands, job resources and their relationship with burnout and engagement: A multi-sample study. *Journal of Organizational Behavior*, 2004, **25**, 293-315.

Selye, H. A syndrome produced by diverse nocuous agents. Nature, 1936, 138, 32.

Shimada, H., & Sakano, Y. Enhancement of tolerance to psychological stress in children. Proceedings of the International Conference on Stress Management Education, 1996, 29-36.

Spielverger, C.D., Gorush, R. & Lushene, R. manual for the state-trait anxiety inventory. Palo Alto, CA: Consulting Psychologist Press, 1970.

Windle, M. A longitudinal study of stress buffering for adolescent problem behaviors. Developmental psychology, 1992, **28**, 522-530.

Zung, W. A self-rating depression Scale. Archives of General Psychiatry, 1965, **12**, 63-70.

付録（半構造化面接の録音内容）

　中国と日本の小中学生合計 24 人に対して面接調査を行い、その内容を録音し、録音内容を文字化した。中国の小中学生の面接内容は筆者の翻訳によるものである。答えの内容は紙幅のため、「だ・である」形に記す。

一、中国の小学生（5 人）

1．S1 さん

【学年：小学 6 年生　性別：男　面接時間：2008.6.30.（15 分）　面接場所：学校の教室】

問：学校の勉強以外に何を習っていますか。

S1：作文、英語、オリンピック数学、囲碁、バスケットボールの塾や稽古に通っている。

問：こんなにたくさんのことをやっていて疲れないですか？

S1：疲れるときもあるけど、楽しい。

問：小学校 4 年生から 6 年生まで何か悩んだことがありましたか？

S1：あまりない。友達とけんかしたことがあったけど。相手に先に手を出されたから。また、ものを返してくれなかったこともあった。お金をあげるから宿題をかわってやってくれないかという同級生もいたけど、時間がないと言って断った。このようなことが嫌だったが、あまり悩んではいない。

問：そのほかで、勉強や成績とか、両親とか、先生のことでは？

S1：親からも「勉強しなさい」と言われるし、6 年生になって成績の順位をつけたりして、勉強のプレッシャーが大きかった。また、先生が生徒を罵るやり方が気に入らない。先生なのに。

問：このような嫌なことがあったとき、どうしますか。

S1：気にしない。寝てからは忘れる。

問：困ったことがあるとき、相談できる人は誰ですか？

S1：あまりいない。やはり両親かな。

問：学校にカウンセラーがいますか？

S1：いない。心理健康教育の授業はあって、道徳の先生が教えたりする。

2. S2さん

【学年：小学6年生　性別：女　面接時間：2008.3.30.（15分）　面接場所：学校の教室】

問：最近何かストレスを感じていますか。

S2：はい。6年生の第2学期になって、最初の試験の成績が下がって、ショックを受けている。

問：それでどうしますか。

S2：成績を上げるため、夜11時に寝て、朝5時に起きながら勉強したが、成績があがらない。最近、勉強する気もないし、授業も集中できない。

問：他には何かストレスがありますか。

S2：私の成績が下がったので、両親も失望している。両親に他の人と比べられたりするので、プレッシャーになっている。成績をあげないと両親に申し訳ない気がする。

問：困る時、誰に相談しますか。

S2：両親に相談する。成績が下がって悔しくて泣いた。両親は私に努力してるから成績が少し悪くても構わないと言ってくれた。

問：友人に相談しますか。

S2：いいえ。友達が私のことを軽蔑しているように思われてしかたがない。

問：今の自分や周りの環境に満足していますか。

S2：いいえ、今の自分が嫌、また競争が激しい学校も嫌です。

3. S3さん

【学年：小学6年生　性別：男子　面接時間：2008.3.30.（15分）　面接場所：学校の教室】

問：最近何かストレスを感じていますか。

S3：はい。勉強が苦しい。土日の午前中も授業を受けないといけない。自

分の自由時間がほしい。

問：土日に何の授業？

S3：補習班に通って中学校の英語と数学の予習をしている。

問：どうして？

S3：周りの人がみんなそうやっているので、母に行かされた。うちの小学校は重点小学校で競争が激しい。

問：今の勉強にはついて行けますか。

S3：元々成績が10位以内だったが、補習班に通ってから2カ月間で20位以内に成績が落ちた。

問：それでどうしましたか。

S3：家に戻ると自分の部屋に入って勉強しているが、成績は上がらない。最近は食欲もないし、誰とも話したくない。

問：悩みがあると誰に相談しましたか。

S3：親に相談する。母は「辛かったら、補習班はやめてもいいよ」と言ってくれた。でも、周りの友だちがみんな通っているので、やらないと中学校に行って大変です。

問：今の自分や学校生活に満足していますか。

S3：いいえ。競争が激しくて、毎日勉強ばかりなので、憂鬱な気持ちである。

4. S4 さん

【学年：小学 5 年生　性別：女　面接時間：2008.3.30.（15 分）　面接場所：学校の心理相談室】

問：何かストレスはありますか。

S4：はい。大きい。主に両親からのプレッシャーです。自分の成績があまりよくないので、親から成績をあげてほしいと期待している。

問：成績はどうですか。

S4：クラスのなかで中の下レベルです。中間試験の成績が悪くて家で泣いた。母から「次の試験頑張ればよい」と慰めてくれた。

問：勉強がきらいですか。

S4：いいえ。国語は好き。数学がちょっと難しく、好きではない。でも勉

強が嫌いではない。

問：勉強頑張っていますか。

S4：毎日2－3時間のテレビをみているので、毎日親に言われる。

問：友だちとの関係はどうですか。

S4：よい。たまにトラブルもある。その時、親に告げると親は友だちの立場に立って道理を説明し、私のことを叱るので、腹が立ちます。でも後で考えてみると、自分のためだということが分かる。

問：親との関係は？

S4：親はまあまあ私のことを理解しているほうなので、関係はいい。

問：今の自分についての満足度は？

S4：10点満点だと8点くらい。

5. S5さん

【学年：小学5年生　性別：男子　面接時間：2008.3.20.（20分）　面接場所：学校の心理相談室】

問：何かストレスを感じていますか。

S5：はい。親からの要求です。毎回試験で何点以上取らなければいけないなどの決まりがある。また、社会からのプレッシャーかな。今から勉強を頑張らないと将来仕事がみつからないと言われている。

問：他のストレスは？例えば自分からのストレスとか友だちからのストレスなどは。

S5：ない。性格が外向的なので、仲のよい友だちも2，3人いる。

問：困った時、誰かから助けをもらったりしますか。

S5：はい、友だちからのサポートが一番多い。困った時には友だちに相談する。

問：夜何時まで勉強していますか。

S5：9時半まで宿題をしたり、復習したりする。

問：困ることがあると、どうしますか。

S5：まず自分で解決しようとする。どうしても無理だったら助けを求める。

問：自分への満足度は？

S5：10点満点だと7点くらい。親が私に対して厳しすぎると思う。

二、中国の中学生（5人）

6. S6さん

【学年：中学3年生　性別：女　面接時間：2008.6.29.（20分）　面接場所：学校の教室】

問：学校の生活は楽しいですか。

S6：友だちと話をしたり、分からなかった問題が分かるようになる時は楽しい。

問：中学3年を振り返るとつらかったこと、悩んだことは何ですか。

S6：中3になって勉強量が増え、学校での課外活動もほとんどなくなったことである。毎日睡眠時間が足りない。宿題が多いし、学校外でも補習を受けているから、とても疲れる。

問：両親から勉強しなさいと言われていますか。

S6：両親は努力した以上は、成績はどうであれ、かまわないと言っているが、成績が悪いと自分の面子がなくなる。また、あまり成績が悪いと私費でも高校に入れない。

問：勉強以外に嫌なことは？

S6：両親は私のことを全然理解してくれない。私が男の友達と遊ぶことを禁止している。このことで親と何度も口げんかをした。普通の付き合いなのに。また、友人からの嫉妬である。私の英語が少しよかったり、異性の友達と親しかったりすると悪口を言われたりする。それで悔しくて何度も泣いた。泣いてからはすっきりする。そして先生が成績のよい生徒にえこひいきをすることである。

問：このようなことがあるとどうなりますか。

S6：何でも嫌になる、八つあたりする、成績が下がると眠れない、友達とけんかする。

問：このようなストレスに対処するためにどのような行動を取っていますか。

S6：「友だちと話す、食べる、日記を書く、一人で静かにいる」などの方法を使っている。去年の中3の時、家に私の世話をしてくれる人がいなくて（両親が商売で忙しい）、親戚のいる河北省のある中学校に転校

したんですが、勉強もついていけないし、友人もいないし、親戚の家で自分をサポートしてくれる人もいなくて、本当に苦しくてリストカットをしたこともある。痛いけど心はすっきりした。今年は元の学校に戻って中3を留年した。もうこのようなこと（リストカット）はしない。

問：困ったとき、誰に相談しましたか？

S6：友だちに相談したり、インターネットで知らない人に相談したりする。両親と先生には相談しない。両親は忙しいし、話が通じない。専門のカウンセラーに相談したい。

問：自分と周りに不満なところは？

S6：英語が少し上手なところ以外には自慢できるものがなくて、ひけ目を感じている。成績はクラスのなかで中程度ぐらいなので、成績をもっと上げようと努力している。「応試教育」で課外活動が少ない、そして競争が激しい、このような状況を改善してほしい。

7. S7さん

【学年：中学1年生　性別：女　面接時間：2008.6.20.（20分）　面接場所：学校の教室】

問：最近ストレスになっていることは？

S7：現在班長の仕事をやめたい。班長の仕事自体は好きだが、不安である。クラスメートに自分の成績がよくないことで文句を言われないか、みんなに軽蔑されないかとても心配である。自信のなさが大きいプレッシャーになっている。5位以内に入るようになってから、班長の仕事に復帰したい。

問：親から何か言われていますか。

S7：親も成績がそれほどよくないから専念して勉強しろという。母から「同じ教室で勉強しているのに、どうして他の人より成績が悪いのか」言われたりするので、プレッシャーになっている。母は毎日私のためにご飯を作ったり家庭教師を雇ってくれたりするのに、申し訳ない気がする。成績を上げて母を喜ばせたい。

問：ストレスを感じる時、どんな気持ちになりますか。

S7：心配、不安。陰鬱な気分になる、母に申し訳ない。

問：どのように解消していますか。

S7：日記を書く、友達と話す、学校のカウンセラーに相談する。

問：学校と自分への満足度は？

S7：自分のIQが低く、頑張っても成績が上がらない。自分の様子にも不満、私の成績があまりよくないので、親も同僚の前で面子がないと思っている。激しい競争の社会環境が嫌である。

8. S8さん

【学年：中学3年生　性別：男子　面接時間：2008.9.29.（20分）　面接場所：学校の教室】

問：最近何かストレスを感じていますか。

S8：中3になってから重い学業プレッシャーを感じている。毎晩宿題を完成するために夜12時ごろまで寝られない。朝2時に寝たこともある。朝は6時半に起きる。それなのに成績は下がるばかりである。最近の気持ちは暴れたくなる。

問：どうしてですか。

S8：元々成績がよかった。中2になって、物理が増えたが、興味を持たず成績もだんだん落ちるようになった。中3になって化学も増えたので、勉強しても成績も下がるばかりである。元々英語は好きだったが、今は英語にも興味がない。

問：他には。

S8：父は私の努力不足だと言っている。また、友達も私の成績がよい時は問題を聞いたり、遊んでくれたりしたが、今は成績が悪くなって、私のことを軽蔑しているように思う。先生も元々私のことを重視してくれたが、今は私に失望しているように思う。

問：今は、どのような気持ちですか。

S8：理科に恐怖を感じている。他の友達の成績は上がっているのに、自分の成績は下がっていて、とても焦っている。勉強しようとしても集中できない。父が理解してくれないので、怒りをぶつけたりする。

問：どう解決しようとしますか。

S8：高校受験のために、物理、数学、化学の補習班に通っているが、あまり効果がない気がする。最近は勉強のことで何度も両親と口喧嘩をしたことがある。両親は私を補習班に行かせたり、英語の家庭教師を雇ってくれているが、私の成績は上がらなくて、苦しい。

問：困った時には誰に相談したりしますか。

S8：友だち、母、カウンセラー

問：満足感は？

S8：自分には失望している。

9. S9さん

【学年：中学2年生　性別：女　面接時間：2008.9.30.（15分）　面接場所：学校の相談室】

問：最近何かストレスを感じていますか。

S9：まあまあ、勉強からのストレスが少しあるが、それほどストレスが多いとは思わない。

問：両親は何か学業について期待していますか。

S9：期待しているが、それほど私にプレッシャーを掛けたりしない。

問：友だちからのストレスは？

S9：あるけど、大丈夫です。

問：友だちとの付き合いは？

S9：私は外向的な性格で、友だちが多い。

問：困ったことがあると誰に助けを求めていますか。

S9：まず、友だちに相談する。

問：悩みがある時には、どのように対処していますか。

S9：一人で自分の好きな音楽を聞いて気分転換する。成績が下がると、もっと頑張って勉強する。両親も私が落ち込んでいる時には相談に乗ってくれる。

問：満足していることは？

S9：数学が得意で、区の数学大会に参加したこともある。その時は本当に嬉しかった。

10. S10 さん

【学年：中学 3 年生　性別：男子　面接時間：2008.9.30.（20 分）　面接場所：学校の相談室】

問：中 3 で学業ストレスは大きいでしょう。

S10：はい。そうです。まあ、成績はよいので、でも頑張らないと。親も私がずっと今のクラスでトップの成績を維持することを期待している。両親の生活は私を中心に行われており、私の生活上の世話をしてくれているので、どうしても少しプレッシャーを感じている。

問：友だちとの関係は？

S10：私の性格は外向的で、友人関係はいい。

問：何か悩みは？

S10：クラスではトップの成績になっているが、学年ではトップではないので、もっと頑張らないといけないと思う。成績が思ったとおりに出ない時には少し悲しい気持ちになる時もある。

問：その時にはどうしますか。

S10：テレビを見たり、寝たり、音楽を聞いたりする。

問：友だちに相談したりしますか。

S10：友だちには勉強のことだけ話す。分からない問題をお互いに聞いたりする。土曜日にも 6，7 時間の授業があるので、友だちとあまり付き合う時間もない。

問：睡眠時間は足りますか。体は大丈夫ですか。

S10：体は大丈夫ですが、睡眠時間が足りなくて居眠りする時もある。高校受験のため、大量の問題をしているので。

問：周りからサポートは？

S10：親はずっと私のことを励ましてくれている。でも親戚のお姉さんたちもみんな優秀なので、私もお姉さんに負けないようにと思うとどうしてもストレスを感じる。

三、日本の小学生（3人）

11．S11 さん

【学年：小学5年生　性別：女　面接時間：2008.4.14.（50分）　面接場所：S11 ちゃんの友達のお部屋】

問：学校の生活が楽しいですか。何が？

S11：はい。国語と音楽の授業が楽しい。例えば国語で新しい漢字を覚えたり、作文を作ったり・・・。また、友だちと遊ぶ時が楽しい。例えば鬼ごっこ、鉄棒。

問：何かストレス（悩み、嫌だと思うこと）を感じていますか？

S11：特にない。

問：（アンケート調査でのストレッサー尺度の項目に基づいて聞いた）親から勉強しなさいと言われたりします？

S11：テストの成績がよくない時、言われるけど、嫌な気持ちにならない。自分もこれからもっと頑張って勉強しようと思う。

問：友だちとけんかしたりしますか？

S11：いいえ。友だちと意見が違うとき話し合って決める。

問：勉強のことでなにか困ったことは？

S11：授業時、先生の声が小さかったり、早口だったりすると時々分からない。いつも苦手な科目はないが、部分的に難しい時もある。

問：親が自分を理解していると思う？

S11：たまに理解してくれない時もあるけれど、それは自分の説明が足りなかったと思う。

問：他に、何か？

S11：朝早起きがつらい、夜早く寝たいが宿題が残ったりする時とても嫌。また、予定がない時1人で寂しい、習い事は疲れる時にはちょっと嫌だけと普段は楽しい。

問：寂しい時、どうしますか

S11：友だちと遊ぶ。

問：困ったことがあると、どうしますか？

S11：お母さんに助けを求める。<u>お父さんは忙しくてコミュニケーション</u>

<u>が取れない。</u>宿題が分からない時にはお母さんに聞き、忘れ物をした時は友だちに借りる。低学年の時は母に怒られ、泣いたことがあるが、今は泣いたりしない。

問：悩み(困ったこと)がある時、最初に誰に相談したい？

S11：お母さん、次はおばあちゃん、その次が友だち。

問：現在、自分の周りの環境(家族、学校、社会)についてどう思いますか(よい、悪い)。一番不満に思うことはなんですか。

S11：お父さんともっと交流したい。お父さんが忙しくて疲れている時が多くて交流できない。先生にもっと優しくしてほしい。今も優しいけど、個々人にもっと優しくなってほしい。また、算数の成績が上がったらいいなと思う。友達は今も5人、6人いるけれどももっと増えたらいいなと思う、10人ぐらい。

問：自分のことが好きですか。

S11：好きなところもあるし、嫌なところもある。好きなところは「優しい子」だとほめられること。作文もほめられて自信がついた。嫌なところは、早起きができないこと。勉強ももっとできるようになりたい。忘れ物を減らしたい。

12. S12さん

【学年：小学4年生　性別：女　面接時間：2008.4.26.（30分）　面接場所：小学校トワイライトスクール】

問：塾や稽古に通っていますか。

S12：はい、英語塾に通っている。でも楽しくない。お母さんに行かされてしかたなくやっている。アメリカ人が教えていて何を言っているのかよく分からない。

問：学校の生活は楽しいですか？

S12：学校でうまくやれないことはあるけど、友だちと遊ぶのが楽しい。あと、国語、算数、歌を歌うのが好き。理科と社会は好きではない。理科ができなくてくじけたりする。社会もよく分からない。友達は数え切れないほどいっぱいいてとても楽しい。

問：友だちとはいつも仲がいいですか？

S12：いいえ。けんかしたりする。例えば鬼ごっこをする時、タッチしたのにしてないと言われて口けんかになる。

問：また、嫌なことは何かありましたか？

S12：お母さんから「ペットの世話をしなさい」と言われる。すぐやらないと怒られる。結局はむりやりやらされる。でも「かわいいペットだし、しかたないな」と思う。お母さんも私たちのためにいつもご飯を作ってくれるから。

問：お母さんから「勉強しなさい」と言われたりしますか？

S12：いいえ。お母さんが言わなくても自分からやるから。

問：また、何か嫌なこととか、困ったことはありましたか？

S12：掃除当番の時、1人男の子が何もしなくて、あの子に「掃除しなさい」と言ったら、「おばさん」と言われて「おじさん」と言い返した。それで口けんかしたりする。また、妹のだらしないところです。妹がちゃんと話を聞いてくれない。

問：今まで一番悩んだことは何ですか？

S12：2年生の時、勉強も嫌いだし、友達関係がうまくいかなくて「自殺」しようと思った。

問：本当にそう思いましたか？

S12：はい。2年生の時、とても悩んで自殺するしかないかなと思ったことがある。それで、お父さんにこの話をしたら「死ねばいい」と言われた。お母さんに言ったら「死んだらだめだよ、お父さんのことは気にしなくていいよ、お父さんはうまく口に出せないから」と慰めてくれた。「お父さん、お母さんも好きだし、ペットもかわいいし、やっぱり死にたくないな」と思ってやめた。その時、自分はがまんができないし、本当にだめだった。それで「嫌だな。死にたいな」と思った。しかし、今はもう大丈夫。

問：また、何か嫌なことはありましたか？

S12：両親に「〜しなさい」と言われて嫌だけど、「自分のために言ってくれるから、しようがないな」と思う。でもどこかの気持ちで嫌だと思う。

問：勉強のことで悩んだことは？

S12：たまに授業が嫌な時はあるけど、楽しい時が多い。

問：悩みがある時、どんな気持ちになりますか？

S12：心配な気持ち。また、怒りたい。

問：その時、どうしますか？

S12：お母さんに相談したり、寝る。寝てから忘れるから。

問：一番相談したい人は？

S12：お母さんとお父さん。でもお父さんは忙しくてあまり会えないからたまにしか話しできない。後は友だちかな。

問：自分のことは好きですか？

S12：嫌いです。自分もだらしないところがあるし、人と話す時の言い方がきつい。例えば掃除の時「ちゃんとやってね」と言ったら友達もやると思うんだけど、「ちゃんとやれ」と言うからかえってやってくれない。友達から言われて気が付いた。後は服のセンスがないところ。

問：自慢できるところは？

S12：勇気のあるところ、優しい部分もある、何でもやることが早い、やる時はやる。

問：これから頑張りたいことは？

S12：友だち関係です。友だちは多いけれど、もっと増やしたい。勉強も頑張りたい。

13. S13 さん

【学年：小学4年生　性別：女　面接時間：2008.4.26.（30分）　面接場所：小学校トワイライトスクール】

問：学校の生活は楽しいですか？

S13：はい。今学校の部活でトランペットをやっていてとても楽しい。また、理科の観察とか、天白川で遊ぶこととか。国語の授業とか、先生と会話をすること。

問：嫌だったことは？

S13：男の子と遊ぶのが好きだけと、男の子はトラブルを起こす時が多い。「やめて」と言ってあげると、「うるさい、だまれ、ばば」と言われる。むかついて、「じゃ、そっちこそじじい」と言い返して口げんかになる。先生に言うと大変なことになるから、自分でだまっておく。

問：また、何かありますか？

S13：お母さんに「自分の部屋を片付けなさい」と言われてすぐやらないと、怒られる。すごく嫌。また、テストの前は、「勉強しなさい」と言われる。家では勉強したくないのに。弟とはたまに口げんかをするが、仲がいい。

問：塾は楽しいですか？

S13：はい。でも水泳がある日は夜7時から8時半までやって家に帰ると疲れてすぐ眠たくなる。それでソファで寝ようとすると、お母さんに「先にお風呂に入りなさい」「勉強しなさい」と言われて嫌。

問：友だちと仲がいい？

S13：いいえ。学校で掃除の時、水をかけられたりする。また、トイレ掃除の時、あまり掃除しない子がいて、悩む。「やってください」と言っても適当にやるから先生に言いつけたこともある。

問：また、何かある？

S13：親友のうち1人が自分勝手で、本当に嫌。自分はやることがあるのに、むりやり腕を引っ張られたりして。

問：このことを誰かに言った？

S13：お母さんにはあの子の悪口を言った。でも他の親友は3人いるけど、大丈夫。また、仲間はずれされて寂しかったことがある。クラスで遊ぶ時グループになっていて、「私も入れて」と言ったら「いいよ」と言ったのに、つぎの朝入れてくれなくて、ものすごく悔しかった。先生に二回も言ったが、先生が助けてくれなくて悩んだ。お母さんに言ったら「お母さんもそういうことがあったよ、気にしなくていいよ」と慰めてくれた。でもものすごく嫌な時はお母さんに言うけど、小さいことは怒られるから言わなくて自分で隠す。また、小2の時、引越ししてきたけれども、その時の親友に手紙を書いたりする。

問：友だちはどう言ってくれましたか？

S13：「その時は友だちに自分から言って謝ってもらって、また仲良くするんだよ」と慰めてくれて、とても嬉しかった。たまに弟にも言う。言ってからはすっきりする。

問：勉強のことでは？

S13：仲間はずれされた時とか、友だち関係が悪かった時、勉強に集中できなくて悩んだ。

問：そういう時はどうやって解決しますか？

S13：友だちに交換ノートを書いたりする。最後は思いっきりぶつけて解決する。

問：また、勉強のことで何か？

S13：算数の勉強がうまくいかなくて悩んだことがある。それですごく頑張った。

問：自分の成績に満足している？

S13：一応満足するけど、もっと成績のいい子がいるから、頑張らなくちゃと思う。

問：悩みがある時、一番相談したい人は？

S13：母、父、祖母、祖父そして友だち。

問：周りに不満を感じたことは？

S13：弟が暴れてけんかをすると自分だけが親に怒られること。

問：自分のことが好きですか？

S13：好き。水泳も得意、ピアノ、字も上手、音楽が得意、色をつけるのが好きでみんなに任されたりする。

問：自分の嫌なところは？

S13：男の子と危ないところに行ったりして、先生に怒られることです。

四、日本中学生（11人）

14. S14さん

【学年：中学1年生　性別：男　面接時間：2008.5.5.（20分）　面接場所：レストラン】

問：学校は楽しいですか？

S14：部活で野球をするのが楽しい。野球はもともと好きなので、ボールを追いかけたりするのが楽しい。監督に怒られてやめたいと思ったことはあったけど、チームのみんなに励まされた。また、友だちと一緒に遊んだり、話をするのが楽しい。恋している人のうわさとか。塾も楽しい。たくさん友だちも作れるし、先生のお話も楽しい。たまに塾に行きたくない時もあるけど、自分の将来のためだと思って我慢する。

問：恋していますか？

S14：いいえ。あまり思ったことはない。クラスの半分ぐらいが恋してい

るけど。

問：今ちょっと困っていることとか、悩みは？

S14：中学生になったばかりで勉強量が多くなってちょっと不安。一番の
　　悩みは部活の野球で打てないことです。できない時には自分にむかつ
　　く。小学生の時には悩んだことはない。

問：友だちとの関係は？

S14：たまに口げんかとかしたりするけど、すぐ話し合って仲直りする。
　　自分はいじめられたことがないが、友だちとあるクラスメートをいじ
　　めたことがある。先生に呼び出されて叱られた。

問：先生のことでは？

S14：小学校の時、先生が自分の意見を聞いてくれなかったことがある。
　　みんなで遊びたいからその遊びの日を作ろうと言いだしたら、みんな
　　忙しいからやめとくと言われて、自分を理解してくれないなと思った
　　ことがある。

問：勉強のことでは？

S14：成績が悪くないので親に言われることもない。たまに「勉強しなさい」
　　と言われて、ちょっと嫌だけと、勉強する。自分の成績には満足して
　　いる。

問：悩みとか困ったことがある時の対処方法は？

S14：相談する、野球で思いっきりバットを振るったりする、友だちと遊
　　ぶ、寝る、諦めないで頑張る。

問：誰に相談しますか？

S14：お母さん、友だち、お父さん。お父さんは忙しいけど、会える時に
　　は野球とか学校の話をしたりする。

問：自分のことは好き？

S14：好きです。野球も上手だし、嫌いなところはない。

15．S15 さん

【学年：中学校 1 年生　性別：男　面接時間：2008.5.5.（20 分）　面接
場所：レストラン】

問：学校の生活は楽しいですか？

S15：野球が楽しいです。体育時間も好きです。

問：野球が大変で嫌だとか、やめたいと思ったことないですか？

S15：訓練で学校の周りを走るのがとても疲れる。坂もあるし、距離もあるから。でもやめたいとは思っていない。野球で一時スランプで打てなくて悩んだことはある。とても不安でクラブチームのコーチに相談した。それでボールの持ち方を教えてもらって、できるようになってとても楽しかった。将来野球選手になりたいので、野球は大事だと思う。

問：それ以外は何か、困ったこととか、ストレスを感じたことはありましたか？

S15：小学校の時から算数が分からなくて、ついて行けなくて大変だった。一時頑張ろうと思ったがすぐやめた。

問：お母さんから「勉強しなさい」と言われますか？

S15：よく言われるけど、気にしないし、なんとも思っていない。しかし、お母さんから「成績がだめだと野球やめさせる」と言われて悩んだことはある。その後、学校では前より少し勉強するようにした。

問：成績のことは気にしますか？

S15：気にしない。勉強はどうでもいいと思う。野球さえできれば。

問：友だちとか部活で先輩との関係で困ったことは？

S15：今中学校に入ったばかりで、新しい先生と友だちにちゃんと絡めていけるかちょっと不安。小学校の時はしょっちゅう口けんかとか殴り合いもあったが、すぐ仲直りして悩んだことはない。

問：どんなことでけんかしましたか？

S15：お互いに侮辱するような言い方（でぶとか）をしたりして、その時はむかついて手を出したりした。

問：部活の監督と学校の先生からは？

S15：部活の監督に言われるけど、気にしない。先生はみんな優しくてぜんぜん嫌だと思ったことはない。

問：困った時とか悩んだ時、どうしますか？

S15：悩みはあまりないし、気にしない。普通にしていればすぐ忘れてしまう。

問：誰かに相談したりしますか？

S15：他人には迷惑かけたくないから、自分で解決する。今まで相談した
　　ことは野球でスランプで打てなくてコーチに相談したことだけ。誰に
　　も相談したくない。しかし、これから自分ではどうしようもない時は
　　友だちに相談しようかなと思う。

問：家族の人には？

S15：相談したくないし、相談したこともない。

問：今の自分には満足？

S15：野球ができて根性があることはいいと思う。しかし、これから野球
　　でレギュラーになって大会に出られるか不安。

問：自分のことで嫌なところは？

S15：ない。

16．S16さん

【学年：中学3年生　性別：男　面接時間：2008.5.5.（30分）　面接場
所：レストラン】

問：学校の生活が楽しいですか？

S16：楽しい。部活でみんなと楽しんだり、つらい時も協力したりする。
　　また、家族と学校での出来事や楽しかったことを話したりすること。

問：つらい時は？

S16：：監督に叱られて落ち込んだりむかついたりする時、友だちがなぐさ
　　めてくれる。

問：その時どう思いましたか？

S16：しかられるのは自分が悪かったから。監督の思うようにプレーでき
　　なくて。

問：今悩んでいることは？

S16：勉強と高校進学のこと。中1、2年の時、あまり勉強しなくてそれが
　　溜まっていて、今勉強のことで悩んでいる。勉強しようとして机に向
　　かうとやる気を失ってしまう。努力しようとしたが、実行できなかっ
　　た。勉強しない分、成績も悪かったのでこんなのも当たり前だと思う。

問：親から「勉強しなさい」と言われますか？

S16：しょっちゅう言われる。言われるのももっともだけと、プレッシャー

を感じる。さすがやばいと思うと勉強する。お父さんが勉強に付き合ってくれたりする。お父さんから「勉強できなかったら部活やめさせるぞ」と言われた時、本当にショックだった。部活は好きでやめたくない。

問：その時の気持ちは？

S16：不安。「なんで自分はだめなんだろう」と思っていらいらする。

問：授業はどうですか？

S16：つらい時もあるが、基本的に楽しい。授業中分からない時、「まあいいか」と思って諦める時が多い。重要な部分は集中し聞いたりする。

問：友人関係は？

S16：友だちとは仲がいいので悩んだことはない。中 2 の時、ある子をいじめたことはあった。クラスのみんながいじめていたので、自分だけでかばおうとすると自分もいじめられるようになるから。あの子は自分が悪いのに他人が悪いと言ったりして、いじめられるような理由を作る。けんかとかはない。

問：先生のことでは？

S16：先生は優しいのでぜんぜん嫌なこととか感じたことがない。

問：異性関係は？

S16：部活で男友だちと遊ぶのが楽しいので、恋愛についてあまり考えないし、悩んだことはない。

問：ストレス対処方法は？

S16：部活でテニスして発散する。また勉強のことで分からない時はお父さんに聞いたりする。諦める時も多い。

問：悩みがある時、相談したりしますか。だれに？

S16：お父さんには何でも安心して話せる。そのつぎはお母さん、先生、友だちかなあ。

問：自分のことについて満足していますか？

S16：テニスがうまくて、いい友達を持っていること。しかし、すぐあきらめて努力できないところが嫌。

問：将来どんな仕事をしたいですか？

S16：：高校に進学してテニスするのが今の目標です。将来のことまでまだ考えていない。

17. S17 さん

【学年：中学 3 年生　性別：男　面接時間：2008.5.5.（20 分）　面接場所：レストラン】

問：学校の生活は楽しいですか？

S17：はい。部活(テニス)でボールを打ったり、友だちと運動ができること。友達といろいろ話をすること(テレビ、部活、勉強)も好き。

問：嫌いなことは？

S17：体育の時間に持久走があるけれども、とても疲れる。数学の計算が好きでない、部活で連帯責任を取られるのはちょっと嫌、しかし、みんな仲もいいし、仕方がないと思う。

問：今一番の悩みは何ですか？

S17：勉強と進路のこと。勉強ができないのでテストの前はとても心配、分からない問題があったらいらいらして友だちに聞いたりするけど、勉強の方法がよく分からないので悩む。

問：中 1、2 の時も勉強とか成績のことを気にしましたか？

S17：ぜんぜん気にしていなかった。お母さんに言われても。中 3 になってからもっとしっかり勉強しないといけないなと思うようになった。今成績が少し上がっているので、ちょっと嬉しい。

問：友だち関係とかで悩んだことは？

S17：部活でみんな仲がいいし、クラスでも仲が悪くはない。悩んだことはぜんぜんない。

問：異性関係（恋愛）とかは？

S17：周りに恋愛している人がいるけど、自分はなんとも思っていない。

問：このような悩みを誰かに相談したりしますか？

S17：担任の先生が部活の顧問も兼ねているので先生に相談したりする、次は友だち、お母さんには勉強のことを相談しない、怒られるから。

問：自分なりのストレス発散方法は？

S17：運動をしたり、友達と話す。頑張る時もあるけど、諦める時もある。

問：自分と周りの環境に満足していないところは？

S17：太ってきて運動が前よりできなくなったところ。将来スポーツに携わる仕事がしたいので。

18. S18 さん

【学年：中学 3 年生　性別：男　面接時間：2008.5.5.（30 分）　面接場所：レストラン】

問：学校の生活は楽しいですか？

S18：部活の試合で勝ったりする時楽しい。友だちとテニスとか恋の話をする時も楽しい。

問：今恋愛している？楽しい？

S18：今は恋愛していて楽しい。恋愛する前（中 2 の後半から中 3 の初め）に好きな女の子がいて、どうやって告白していいか分からなくて悩んだ時がある。それで友だちに相談した。

問：ほかの悩みは？

S18：言葉の発音が難しくて（生まれつきの声帯の病気で発音がはっきりしていない）、小学校から中 2 までずっと友だちにからかわれたりした。落ち込んで先生に相談したりした。今はみんなが理解してくれて大丈夫。

問：勉強のことは？

S18：ちょっと分からなくて友達に聞いてもよく理解できなくて困る時もあるけど、大丈夫。英語と美術がだめで困る。

問：友だち関係では？

S18：中 2 の時、友だちに言われたくないことを言われて自分も知らないうちにかっとなって「きもい、死ね」とか言いながらその友だちをいじめたことがある。（どんなことを言われたについては話したくない）。自分が気分的に変になる時がある。その後は自分から謝ったりする。けんかしたのは自分も悪かったから。

問：ストレスがたまった時の発散方法は？

S18：テニスで解消している。テニスをやると何でも忘れて楽になる。たまにテニスで悩む時もあるけど、自分から解決しようとする。気分転換のためゲームをやったり、ボーリングをやって嫌なことを忘れようとする。成績が悪かった時は今度頑張ろうと思う。

問：誰かに相談したりしますか？

S18：はい、先生、お母さん、友だちぐらい。<u>お父さんは家にあまりいな</u>

くて相談しない。兄にも相談したりしないし、助けてもらったりすることもあまりない。

問：自分と自分の周りの主な悩みは何だと思いますか？

S18：いじめです。

19. S19さん

【学年：中学3年生　性別：男　面接時間：2008.5.5.（30分）　面接場所：レストラン】

問：学校の生活は楽しいですか？

S19：はい。部活でサッカーをやるのが楽しい。リーダーをやっていて、まとめるのが大変だけど、試合で勝ったりすると嬉しい。今、中1（1年生）が入ってきたばかりでうまく教えなかったと言われて部活の先生に蹴られて怪我までした。ひどいと思ってやる気もなくなった。その後先生から謝られたが、やりすぎだし自分を理解してくれなかったと思って悩んだ。

問：ほかは？

S19：部活で疲れて勉強する気にならない。でも高校進学もあるし、いい高校に入りたいので頑張らなくてはいけないと思う。中1の時、自分なりには勉強したが、成績が上がらなくてちょっと悩んだ。親にも勉強しなさいと言われたりして、なんで分かってくれないんだろうと思ったことはある。今は成績が上がってきたので大丈夫。

問：塾は楽しい？

S19：先生の教え方が面白いし楽しい。学校と塾の両方で宿題があったりするとちょっと大変だけど、受験のために頑張れる。分からないことがあったら納得するまで聞く。

問：友だち関係では？

S19：友だち関係はうまくいっていてぜんぜん悩んだことはない。クラス変えしたばかりの時にはちょっと不安もあったりするが、すぐ友だちになる。今仲良しが4人、5人ぐらいいて、そのうち1人は何でも話せる親友である。

問：ストレスが溜まった時の対処方法は何かありますか？

S19：サッカーを思いっきりやったり、友だちに話したり、音楽を聴いたりする。

問：誰かに相談したりしますか？

S19：最初自分で考えてみてだめだったら、友だちに相談してアドバイスをもらったりする。両親には心配掛けたくないので、相談しない。お父さんには勉強が分からなかったりすると聞いたりする。

問：自分のことは好きですか？

S19：スポーツが上手なところと、わからない時はとことんやる性格が好きです。しかし、たまに気分が悪かった時、妹に当たるのはよくないと思う。

20．S20 さん

【学年：中学3年生　性別：女　面接時間：2008.4.18.（40分）　面接場所：S20 さんのお家】

問：学校の生活が楽しいですか？

S20：体育、部活、国語が楽しい。バスケットボールが好きだから。

問：今、何かストレス（悩み、嫌だと思うこと）を感じていますか。

S20：はい。恋愛のことで。同じクラスの半分ぐらいの友だちが恋愛している。自分も好きな人はいるけど、同じ人を何人かが好きになったりして、悩む。でもそろそろ受験だし、中学の間は恋愛しないようにした。また、高校受験もあるし、部活で勉強ができなくて悩む。部活はとても厳しい、全国優勝を目指しているから。成績のことが気になる。友だちは塾に通っていて成績がいいのに自分はそれができなくて。親から勉強しなさいと言われる時、嫌な気持ちになる。言っていることは正しいけれども、自分も分かっているのに言われるから。

問：友人関係は？

S20：中1年生の時、いじめたこともあるし、いじめられたこともある。

問：その時、どうしましたか。

S20：友だちに相談して助けてもらった。自分はある子を無視する形でいじめたことがある。しかし、今はいじめがなくなっている。仲間はずれも中1の時、けっこうあったが、今は仲良くなっている。しかし、

別の部活の人とかかわらない。自分は信頼できる友達が二人いる。

問：いじめられた時、どんな気持ちでしたか？

S20：腹がたった。友だちが自分勝手でむかついた。

問：困ったことがある時、どうしますか。

S20：最初に友だちに相談する。その次はお姉さんに相談する。親には相談したくない。成績が悪い時にショックを受けて、今度頑張ろうと思うが、でもすぐ忘れてしまう。長い間悩んだことは恋愛のことです。彼氏がいるほうが楽しそうに見えてうらやましい。友だちに相談したりしたら「告白したら」とアドバイスされた。でも恋愛のことでだめになる子が多いし、部活でも恋愛は禁止されていて、学校でも勉強が一番だと強調されている。

問：これから勉強、部活、恋愛のことをどうやって対処していきたいですか？

S20：一番大事なのは部活だけと、部活で高校に行けるわけはないから勉強もしないといけないと思う。部活の先輩に「引退してから勉強すると遅いから今から勉強しなさい」とアドバイスされた。

問：周りの環境（家族、学校、社会）についてどう思いますか（よい、悪い）？

S20：お父さんが別居して会えなくて寂しい。お父さんに会いたい。でも部活で忙しくて会いに行けない。

問：自分のことが好きですか？

S20：嫌いです。人の悪口を言うし、人の話しは聞かないし、自分勝手だから。自分の性格も嫌い。好きなところはない。

21．S21 さん

【学年：中学1年生　性別：女　面接時間：2008.4.23.（30分）　面接場所：ピアノ教室】

問：塾とか習い事は楽しい？

S21：塾は楽しくない。お母さんに行きなさいと言われているし、自分も通ったほうがいいかなと思う。夢で二度も塾に引っ張られて行ったことがある。塾は嫌い。しかし、ピアノは好き。

問：学校生活は楽しいですか？

S21：楽しい。国語、音楽、体育、特に給食の時間がとても楽しい。しかし、数学と技術が嫌い。技術の先生は暗いし、内容もよく分からない。また、放課後友だちと話したり、委員会の活動をするのも楽しい。声を出すのが好きだから。

問：今、何かストレス（悩み、嫌だと思うこと）を感じていますか。中学生になったばかりで中学校生活に慣れましたか？

S21：はい。親しい友だちが 4 人できた。しかし、塾にまだ慣れていなくて、他人よりできなくて悔しい。

問：小学校の時、なんか悩みとかありましたか？

S21：小学校 6 年生の時、クラスに静かなグループと元気なグループがあったが、どっちにも入れなくて、浮いている気がして友だちとの関係で悩んだ。むりやり元気なグループに入ってみんなに合わせようとしたのが疲れた。

問：誰かに相談しましたか？

S21：いいえ。自分から友だちを見分けることができなくて、自分と似ているような友達が見つからなかった。

問：仲間はずれされたこととかはありましたか？

S21：修学旅行の時、元気なグループの一員だったが、自分を含む静かな子 3 人は「あなた達はどいて」という雰囲気でそのグループに入れてもらえなかった。3 人でがまんするしかなかった。

問：また、何かありましたか？

S21：6 年生の時、友だちとけんかをした。友だちが学校に電子辞書を持ってきて注意したが（学校では電子辞書を使うことが禁止されている）、また持ってきてけんかになった。自分は相手のためだったのに相手には要らなかったみたいで悔しくて泣いた。その後、あの子が物をなくした時、慰めてあげて仲直りした。

問：友人関係以外に何か悩んだことはありますか？

S21：<u>お父さんは普段は忙しい</u>。土、日と休日は弟の野球のコーチをやっていてお父さんと挨拶ぐらいしかできない。また、弟が野球でホームランを打つとすぐ弟が好きな焼肉を食べに行くが、自分と妹の絵が上手で賞をもらっても「よかったね」と言うだけで、弟とは扱いが違う。それで寂しい。

問：そのことを両親に言いましたか？

S21：お母さんに言ったら「ごめんね」と言われた。弟は悪くないが、両親が弟だけを大事にしている気がして悔しい。また、自分の算数の成績が悪かった時、お父さんに「もっと頑張れ」と言われた。「自分は頑張ったけれどもできないのは仕方がないのに」と思って悔しくて泣いた。お父さんは夜遅くに帰宅するから、私が勉強しているのを見なくて、そう話をしている気がして悔しかった。お母さんに相談したら「お父さんのことは気にしなくていいよ」と慰めてくれた。

問：このような悩みがある時、どうしますか。

S21：お母さんに相談したりするが、全部は言えなくて自分でメモしながらストレス発散する。言いたいことをいっぱい書いてからそのメモをぐちゃぐちゃにしてゴミ箱に捨てる。

問：両親に勉強しなさいと言われる？

S21：たまに言われるといい気持ちではないが、その後勉強するようにする。また、授業参観の時指名されても答えられなくて恥ずかしかった。

問：このような嫌なことがある時はどうしますか。

S21：人の前では泣かないが、自分の部屋で泣く。泣いた後はすっきりする。また、庭で犬と遊んだりする。友達とはあまり遊ばない。友達は自転車に乗って遊んでいるが、自分は自転車に乗るのが下手だから。

問：困ったことがある時一番相談したい人は誰ですか？

S21：お母さん、友だちとおばあさん。先生とお父さんには相談しない。

問：自分のことが好きですか？

S21：はい。自慢できることは 6 年生の時、歌がきれいだとほめられたこと。嫌いなところは自分が心配性であること。例えば「明日遠足だけど、熱が出ないかな」心配したりする。

22．S22 さん

【学年：中学 1 年生　性別：女　面接時間：2008.4.23.（30 分）　面接場所：ピアノ教室】

問：学校の生活は楽しいですか？

S22：楽しいです。友だちとしゃべるのと絵を描くのが楽しい。部活の先

輩は怖いけど楽しい。頑張れば声もかけてもらえる。できない時はプレッシャーが大きい。

問：今、何かストレス (悩み、嫌だと思うこと) を感じていますか？

S22：今までの仲良しの友だちと分かれて新しい友だちを作るのが心配です。自分は友だちを作るのが下手だから。

問：小学生の時、何か悩んだことはありますか？

S22：クラスに二つのグループがあって、仲良しの友だちが自分のなじんでいるグループを嫌っていた。それで仲良しの友だち (リーダー的存在) に悪口を言われた。自分は両方のグループと仲良くしたいのに。その時はとてもむかついた。すごく悩んでいたのにお母さんが気付いてくれなくて、1人で大変だった。

問：誰かに相談したいと思ってないですか？

S22：自分から相談したくはなかった。たまにお母さんに相談しても「あの子と分かれなさい」と言われる。自分は分かれたくないなのに。友だちも自分と似た悩みを抱えているから、友だちにも言えない。しかし、6年生の時は信頼できる担任先生がいて相談したりした。

問：勉強のことでは？

S22：6年生になって社会の成績が急に落ちた。授業がつまらないし、眠たい。楽しい勉強は理科、技術、保健、先生が楽しいから。

問：勉強のことで両親から何か言われたりしますか？

S22：お姉さんが高校生だけと、「基礎からちゃんと積んでください」と言われる。

問：お姉さんと仲がいい？

S22：たぶんいい。でも悩みは相談したくない。

問：習いごとは？

S22：ピアノで自分の好きな曲を弾いたり、弾けなかった曲を弾けるようになったりすると楽しいし、ストレス発散にもなる。

問：嫌なことがあったりするとどんな気持ちになりますか？

S22：とてもいらいらする。友人関係がめちゃくちゃになってずっと自分で悩んだ。答えが見つからなくて。友達に相談したけど、みんな自分のことで精一杯だったから。幼稚園からの友だちもリーダー的存在に悪口を言われてとても悩んでいた。助けたかったけど、どうしたらい

いか分からなかった。

問：相談したい相手は？

S22：6年生の時の担任と幼稚園からの友人。でも友人も私と似ている悩みを抱えている。両親には相談したくない。お父さんにはほとんど会えないし、交流したいと思わない。

問：困った時、どうしますか？

S22：自分で考える。助けてもらいたくない。誰にも話したくない。

問：周りのことに不満を持っていることは？

S22：人間と動物を平気で殺してしまうこと。

問：自分のことが好きですか。

S22：嫌いです。自分が思っていることを行動に出せないから。友だちを助けられなくて。

問：自慢できることは？

S22：絵が上手。

問：これからどういう中学生活をおくりたい？

S22：友だちを大切にしたい。高校があるから勉強も頑張りたい。

23．S23 さん

【学年：中学2年生　性別：女　面接時間：2008.4.23.（30分）　面接場所：ピアノ教室】

問：学校の生活が楽しいですか？

S23：はい。授業と部活が楽しい。

問：どんなところが？

S23：授業で分からないものが分かるようになって楽しい。部活では小学校からバスケットボールをやったというプライドもあって抜かされるのはちょっと嫌で、プレッシャーは少しあるけど、とても楽しい。

問：何かストレス（悩み、嫌だと思うこと）を感じていますか？

S23：特にない。毎日楽しいから。

問：友だちのなかでいじめたりすることはありますか？

S23：激しいいじめはなく、悪口を言ったりすることはある。大体目立っている子が目立たない子の悪口を言ったりする。私も悪口を言うのは

嫌だけど、流されて言ってしまったことはある。

問：学校の先生には何か不満を感じたことがありました？

S23：2年生の時スカートを短くし、先生に注意された。「他の子は私より短いのに、なんで私だけ言われるの」という気持ちで嫌だった。先生に自分の不満を言ったら、「他の子にも注意したよ。そのように言い出すと切りがないよ」と言われた。

問：それで、納得しましたか？

S23：はい。基本的に先生と仲がいい。

問：成績のことで悩んだことは？

S23：ない。「まあまあ出きればいいかなと思う」。たまに成績がちょっと落ちると「頑張らなくちゃ」と思う。でも満遍なく勉強するのが難しい。

問：親から「勉強しなさい」と言われますか？

S23：試験の前は言われる。でも言って欲しくない。たまにはいいけど。

問：親とよく交流したりしますか？

S23：はい。夏休みになるといつも家族全員で旅行に行ったりする。

問：友人関係については？

S23：信頼できる友達が4人いる。部活でもみんな仲がいい。クラスでもいくつかのグループで分けられているけど、それなりにクラスの仲がいい。友だちのことで悩んだことはない。

問：他に何か嫌だったことは？

S23：1年生の時、自分の入っているグループが、ある太い子をいじめたと誤解されて悔しかった。ぜんぜんいじめたことはないのに。先生に説明したが、その後先生はずっとあの太い子にえこひいきした。

問：今まで一番プレッシャーになったことで何？

S23：自分の仲良しの友だちが他の人と仲良くなった時、私と別れるかなと思ってちょっと不安だった。でも今も私と仲がいい。

問：困ったことがある時、誰に相談しますか？

S23：友だち、次がお姉さん。お姉さんとも仲がいい。両親にはよくないことは相談しない。先生にも相談しない。

問：相談してからはどうなりますか？

S23：すっきりする。

問：現在、自分の周りの環境(家族、学校、社会)について不満に思うこと
　　は？

S23：環境問題。CO2 の排出量とか。

問：自分が好きですか？

S23：はい。友だちが多い。初め初めての人でもすぐ話すことができてな
　　じみやすい。

問：嫌いなところは？

S23：マイナス的思考。今恋愛しているけど(中 1 の終わり頃から)、恋愛
　　について友だちからマイナス的思考だと言われる。

問：恋愛して楽しい？勉強には影響ない？

S23：とても楽しい。勉強にも影響がない。彼氏とも仲がいい。

問：同じクラスどのぐらいの人が恋愛している？

S23：半分ぐらいかな。

問：これからの計画は？

S23：友だちとの関係も続けて行きたいし、勉強も頑張りたいと思う。

24．S24 さん

【学年：中学 3 年生　性別：女　面接時間：2008.5.5.（30 分）　面接場
所：レストラン】

問：学校の生活は楽しいですか？

S24：友だちとお話をしたり、学校のいろんな行事に参加するのが楽しい。
　　修学旅行とか、体育大会、コンクールでピアノを弾くのも聞くのも楽
　　しい。

問：何か悩んでいることは？

S24：みんな進学のことばかり言っているけど、自分はまだ実感があまり
　　ない。危機感がなくて勉強のことをそんなに気にしない。でもいい高
　　校に入ることは将来につながることだから勉強は頑張ろうと思って
　　いる。

問：親から「勉強しなさい」と言われますか？

S24：言われない。中 1、2 年の時はとりあえず今の勉強頑張ろうと思って、
　　自分なりに勉強した。

問：ほかに悩んだことは？

S24：毎日楽しいからそれほど悩んだことはない。嫌なことがあってもすぐ忘れる。クラス変えとか塾に入ったばかりの時、新しい人とうまくやっていけるか不安。どうやって仲良くするのか悩んだことはある。考え方が食い違ったりする時には交換ノートを書いたり手紙を送ったりする。お互いに分かるようになっていいと思う。

問：恋愛のことでは？

S24：恋愛したいと思うけど、そんなに悩んだことはない。

問：普通、ストレス発散方法は？

S24：音楽聴いたり普段やらないことをやってみたりする。

問：相談したい相手は？

S24：友だちです。4人グループに入っているけど、みんな仲がいい。趣味が似ている。後はお母さん。お父さんには相談しない。

質問紙

小 学 生 的 意 識 調 査

| | 这份调确查表是调查你平时的想法和行为的。答案没有正确或错误之分，请你如实回答。对你的回答我们会保守秘密。
回答问题时请回答所有的问题。 |

愛知学院大学大学院総合政策研究科

金 玉花 ·二宮 克美

2007年09月

i. 首先请回答你的基本情况。

　1. 学年:（　　　　）年级

　2. 年龄:（　　　　）岁

　3. 性别:（男 · 女）

ii. 请问家中兄弟姐妹的情况，请把符合的答案圈起来。

　1. 独生子女

　2. 二人

　3. 三人以上

iii. 你跟谁住在一起，请把跟你住在一起的人圈起来。

　1. 父亲　2. 母亲　3. 爷爷　4. 奶奶

　5. 兄弟姐妹（哥 · 姐 · 弟 · 妹）

iv. 你对以下的事满意吗?

请把符合的数字圈起来。

		满足	普通	不满
1. 自己的成绩	(1)	3	2	1
2. 校规	(2)	3	2	1
3. 课外活动	(3)	3	2	1
4. 心理辅导	(4)	3	2	1
5. 自己现在的生活	(5)	3	2	1
6. 跟同学相处的情况	(6)	3	2	1
7. 上课的内容和方式	(7)	3	2	1

Ⅰ.	以下情况在最近6个月内发生的频度有多高？ 请在「经验程度」里把符合的数字圈起来。 还有，你对这种情况厌恶的程度如何？ 请在「厌恶程度」里也把符合的数字圈起来。		经 验 程 度				厌 恶 程 度			
			常有	偶儿有	不常有	根本没有	非常厌恶	有点厌恶	不怎么厌恶	根本不厌恶
1.	父母总唠叨叫你学习	(1)	3	2	1	0	3	2	1	0
2.	老师不听你的解释，对你发脾气	(2)	3	2	1	0	3	2	1	0
3.	因为太晚下课，结果休息时间变短	(3)	3	2	1	0	3	2	1	0
4.	考试成绩不好	(4)	3	2	1	0	3	2	1	0
5.	被同学欺负	(5)	3	2	1	0	3	2	1	0
6.	担心自己的体重	(6)	3	2	1	0	3	2	1	0
7.	老师不理睬你	(7)	3	2	1	0	3	2	1	0
8.	跟同学打架	(8)	3	2	1	0	3	2	1	0
9.	父母叫你上你不愿意上的课外补习班或才艺班	(9)	3	2	1	0	3	2	1	0
10.	同学拿走你的东西不还或者弄坏你的东西	(10)	3	2	1	0	3	2	1	0
11.	听不太懂上课内容	(11)	3	2	1	0	3	2	1	0
12.	必须保持安静，不能出声	(12)	3	2	1	0	3	2	1	0
13.	担心自己的身高	(13)	3	2	1	0	3	2	1	0
14.	有你讨厌上的课	(14)	3	2	1	0	3	2	1	0
15.	同学叫你难听的绰号或者说你的坏话	(15)	3	2	1	0	3	2	1	0
16.	被同学排挤	(16)	3	2	1	0	3	2	1	0
17.	父母对你的期望太高	(17)	3	2	1	0	3	2	1	0
18.	不满意自己的长相	(18)	3	2	1	0	3	2	1	0
19.	父母不了解你的心情	(19)	3	2	1	0	3	2	1	0
20.	上课时，回答不出来老师的问题	(20)	3	2	1	0	3	2	1	0
21.	老师偏心其他同学	(21)	3	2	1	0	3	2	1	0
22.	对第二次性征(月经，遗精)的出现感到困扰	(22)	3	2	1	0	3	2	1	0

Ⅱ.	在最近6个月里、遇到厌恶的事情时，你会怎么样？			经常	偶尔	很少	从不	
	请把符合你的数字圈起来。							
1.	头晕	(1)		4	3	2	1	
2.	悲伤	(2)		4	3	2	1	
3.	浑身乏力	(3)		4	3	2	1	
4.	心情烦躁	(4)		4	3	2	1	
5.	寂寞	(5)		4	3	2	1	
6.	想对别人发脾气	(6)		4	3	2	1	
7.	情绪低落	(7)		4	3	2	1	
8.	无法专心	(8)		4	3	2	1	
9.	头痛	(9)		4	3	2	1	
10.	没有办法全力以赴	(10)		4	3	2	1	
11.	忧虑	(11)		4	3	2	1	
12.	对什么都感到厌烦	(12)		4	3	2	1	
13.	感到恶心	(13)		4	3	2	1	
14.	没有心情学习	(14)		4	3	2	1	
15.	不高兴而容易发脾气	(15)		4	3	2	1	
16.	没有想做的事	(16)		4	3	2	1	
Ⅲ.	当你碰到厌恶的事情时,你会怎么想或者是怎么做？			经常	偶尔	很少	从不	
	请把符合的数字圈起来。							
1.	问别人该怎么办	(1)		4	3	2	1	
2.	努力改变自己	(2)		4	3	2	1	
3.	大吼大叫	(3)		4	3	2	1	
4.	找出问题的原因	(4)		4	3	2	1	
5.	跟朋友去玩	(5)		4	3	2	1	
6.	尽量不去想	(6)		4	3	2	1	
7.	跟别人诉苦	(7)		4	3	2	1	
8.	没有办法,所以就算了	(8)		4	3	2	1	
9.	躲起来哭	(9)		4	3	2	1	
10.	找人来解决问题	(10)		4	3	2	1	
11.	玩游戏机	(11)		4	3	2	1	

IV.	在最近6个月里，你从父亲，母亲，老师，亲密的朋友，兄弟姐妹那里得到援助的情况如何？							
	请把符合的数字圈起来。							
	★父亲，母亲，兄弟姐妹里，如果没有就不用答此项目。							
				经常	偶尔	很少	从不	
	父亲的时候							
1.	在你情绪低落的时候来鼓励你	(1)		4	3	2	1	
2.	平常就理解你的心情	(2)		4	3	2	1	
3.	在你不知道怎么办才好时，想方设法来帮你	(3)		4	3	2	1	
4.	经常倾听你的诉说	(4)		4	3	2		
	母亲的时候							
1.	在你情绪低落的时候来鼓励你	(1)		4	3	2	1	
2.	平常就理解你的心情	(2)		4	3	2	1	
3.	在你不知道怎么办才好时，想方设法来帮你	(3)		4	3	2	1	
4.	经常倾听你的诉说	(4)		4	3	2	1	
	老师的时候							
1.	在你情绪低落的时候来鼓励你	(1)		4	3	2	1	
2.	平常就理解你的心情	(2)		4	3	2	1	
3.	在你不知道怎么办才好时，想方设法来帮你	(3)		4	3	2	1	
4.	经常倾听你的诉说	(4)		4	3	2	1	
	亲密的朋友的时候							
1.	在你情绪低落的时候来鼓励你	(1)		4	3	2	1	
2.	平常就理解你的心情	(2)		4	3	2	1	
3.	在你不知道怎么办才好时，想方设法来帮你	(3)		4	3	2	1	
4.	经常倾听你的诉说	(4)		4	3	2	1	
	兄弟姐妹的时候							
1.	在你情绪低落的时候来鼓励你	(1)		4	3	2	1	
2.	平常就理解你的心情	(2)		4	3	2	1	
3.	在你不知道怎么办才好时，想方设法来帮你	(3)		4	3	2	1	
4.	经常倾听你的诉说	(4)		4	3	2	1	
	谢谢你的合作！							

中 学 生 意 識 調 查

这份调查表是调查你平常的想法和行为的。答案没有正确或错误之分，所以请如实回答。所有回答的答案均用电脑处理，对各个调查内容严守秘密。

这份调查不带强制性，完全依靠大家的支持。请各位尽量回答完整。

谢谢各位的大力支持与配合。

日本爱知学院大学大学院综合政策研究科

金 玉花

2005年3月

ⅰ．先请问你的情况。

　1．年级：（　　　　）年

　2．年龄：（　　　　　）岁

　3．性别：　男　•　女

　4．你所在班人数：（　　　　）名

ⅱ．请问你的兄弟姐妹的情况。请在符合你的地方打〇号。

　1．　独生子女

　2．　俩兄弟姐妹　　→　｛a．老大　　　b．老二｝

　3．　三人以上　　→　｛a．老大　　　b．老小　　　c．此外第（　　　）位｝

ⅲ．你跟谁住在一起。请在跟你住在一起的所有人上面打〇号。

　1．父亲　　2．母亲　　3．爷爷　　4．奶奶

　5．兄弟姐妹　　→　　（哥 • 姐 • 弟 • 妹）

　6．此外（具体的　　　　　　　　　　　　　　　　　　）

		[经历的程度]				[厌烦的程度]			
		经常有	时常有	偶尔有	根本没有		非常厌烦	相当厌烦	有一点厌烦	根本没厌烦

I. 在最近 6 个月里，你对下面的事件**经历的程度**如何。

如果经历了，感到**厌烦的程度**如何。请在最接近你的想法的一个数字上打〇号。

★ [经历的程度] 里在 1 上面打〇号的人不用回答厌烦的程度。

1. 被人欺负的事	(1)	4	3	2	1	—	4	3	2	1
2. 老师把自己和别人比较的事	(2)	4	3	2	1	—	4	3	2	1
3. 朋友对自己的性格或所做的事说坏话的事	(3)	4	3	2	1	—	4	3	2	1
4. 老师不理解自己的事	(4)	4	3	2	1	—	4	3	2	1
5. 没得到老师或父母所期待的成绩的事	(5)	4	3	2	1	—	4	3	2	1
6. 别人能轻松地做的题目自己却做不了的事	(6)	4	3	2	1	—	4	3	2	1
7. 被班里的同学所排挤的事	(7)	4	3	2	1	—	4	3	2	1
8. 对老师所做的事或所说的话不满意的事	(8)	4	3	2	1	—	4	3	2	1
9. 老师偏向的事	(9)	4	3	2	1	—	4	3	2	1
10. 因长相或装扮的事被朋友嘲笑的事	(10)	4	3	2	1	—	4	3	2	1
11. 考试成绩差的事	(11)	4	3	2	1	—	4	3	2	1
12. 父母总督促你学习的事	(12)	4	3	2	1	—	4	3	2	1
13. 父母过分严厉的事	(13)	4	3	2	1	—	4	3	2	1
14. 想到父母不理解你的心情的事	(14)	4	3	2	1	—	4	3	2	1
15. 因第二性征的出现（初潮，遗精）烦恼的事	(15)	4	3	2	1	—	4	3	2	1
16. 上课时被点名回答不出来的事	(16)	4	3	2	1	—	4	3	2	1
17. 父母经常吵架的事	(17)	4	3	2	1	—	4	3	2	1
18. 不喜欢自己长相的事	(18)	4	3	2	1	—	4	3	2	1
19. 担心过自己体重的事	(19)	4	3	2	1	—	4	3	2	1
20. 担心过自己身高的事	(20)	4	3	2	1	—	4	3	2	1

Ⅱ. 你 [碰到厌烦的事时] 出现什么状况，在最符合你的情况的一个数字上打○号。

	完全如此	还算如此	有一点如此	完全不如此
1. 焦躁 (1)	4	3	2	1
2. 担心 (2)	4	3	2	1
3. 想胡闹 (3)	4	3	2	1
4. 没干劲 (4)	4	3	2	1
5. 头晕 (5)	4	3	2	1
6. 心忙意乱 (6)	4	3	2	1
7. 感到不安 (7)	4	3	2	1
8. 悲伤 (8)	4	3	2	1
9. 想踢东西或破坏东西 (9)	4	3	2	1
10. 想一个人呆着 (10)	4	3	2	1
11. 做什么事情都感到麻烦，不感兴趣 (11)	4	3	2	1
12. 想得到别人的理解，希望有人倾听自己的诉说 (12)	4	3	2	1
13. 头痛 (13)	4	3	2	1
14. 感到寂寞 (14)	4	3	2	1
15. 想得到别人的支持 (15)	4	3	2	1
16. 无法相信别人 (16)	4	3	2	1
17. 睡眠不好 (17)	4	3	2	1
18. 没有食欲 (18)	4	3	2	1

Ⅲ. 你对下面的事感到满意吗，什么程度。		满足	还算满足	有一点不满	不满	不知道
在最接近你的想法的一个数字上打〇号。						
1. 自己的兄弟姐妹	(1)	4	3	2	1	0
2. 自己的家庭构造	(2)	4	3	2	1	0
3. 国家的政治现状	(3)	4	3	2	1	0
4. 国家的社会体制	(4)	4	3	2	1	0
5. 现在自己的生活现状	(5)	4	3	2	1	0
6. 现在自己的生存方式	(6)	4	3	2	1	0
7. 现在自己的人际关系	(7)	4	3	2	1	0
8. 学校的设施或设备	(8)	4	3	2	1	0
9. 课外活动	(9)	4	3	2	1	0
10. 学校规则	(10)	4	3	2	1	0
11. 自己的学习成绩	(11)	4	3	2	1	0
12. 上课内容和讲课速度	(12)	4	3	2	1	0
13. 班级人数	(13)	4	3	2	1	0
14. 心理咨询	(14)	4	3	2	1	0
15. 校医室的现状	(15)	4	3	2	1	0

Ⅳ. 你 [碰到厌烦的事时] 怎么考虑，怎么行动。		经常如此	时常如此	偶尔如此	完全不如此
在最符合你的想法的一个数字上打〇号。					
1. 为改变现在的状况而努力	(1)	4	3	2	1
2. 不去想将来的事	(2)	4	3	2	1
3. 自己鼓励自己	(3)	4	3	2	1
4. 顺其自然	(4)	4	3	2	1
5. 看事情的好的一面	(5)	4	3	2	1
6. 拜托有人来协助解决问题	(6)	4	3	2	1
7. 想成没什么大不了的事	(7)	4	3	2	1
8. 去找问题的原因	(8)	4	3	2	1
9. 吸取教训	(9)	4	3	2	1

V.	你从父亲，母亲，老师，亲密的朋友，兄弟姐妹那里**得到下面的援助吗，什么程度。**					
	请在最符合你的情况的一个数字上打〇号。					
	★父亲，母亲，兄弟姐妹里，如果没有就不用答此项目。					

			总是如此	差不多如此	偶尔如此	完全不如此
	父亲的时候					
1.	在你无精打采的时候来鼓励你	(1)	4	3	2	1
2.	平常理解你的心情	(2)	4	3	2	1
3.	在你不知道怎么办才好时，想方设法来帮你	(3)	4	3	2	1
4.	经常倾听你的诉说	(4)	4	3	2	1
	母亲的时候					
1.	在你无精打采的时候来鼓励你	(1)	4	3	2	1
2.	平常理解你的心情	(2)	4	3	2	1
3.	在你不知道怎么办才好时，想方设法来帮你	(3)	4	3	2	1
4.	经常倾听你的诉说	(4)	4	3	2	1
	老师的时候					
1.	在你无精打采的时候来鼓励你	(1)	4	3	2	1
2.	平常理解你的心情	(2)	4	3	2	1
3.	在你不知道怎么办才好时，想方设法来帮你	(3)	4	3	2	1
4.	经常倾听你的诉说	(4)	4	3	2	1
	亲密的朋友的时候					
1.	在你无精打采的时候来鼓励你	(1)	4	3	2	1
2.	平常理解你的心情	(2)	4	3	2	1
3.	在你不知道怎么办才好时，想方设法来帮你	(3)	4	3	2	1
4.	经常倾听你的诉说	(4)	4	3	2	1
	兄弟姐妹的时候					
1.	在你无精打采的时候来鼓励你	(1)	4	3	2	1
2.	平常理解你的心情	(2)	4	3	2	1
3.	在你不知道怎么办才好时，想方设法来帮你	(3)	4	3	2	1
4.	经常倾听你的诉说	(4)	4	3	2	1

小学生の意識調査

この調査は、あなたのふだんの考えや行動についてお聞きするものです。正しい答えとか、間違った答えといったことはありませんので、ありのまま答えてください。

答えていただいた内容については秘密を守ります。

すべての質問にお答えください。

愛知学院大学大学院総合政策研究科

金 玉花 ・ 二宮 克美

2007年09月

i. まずあなたについてお聞きします。あてはまるところに〇をつけてください。

1. 学年：（ 4   5   6 ）年生

2. 年齢：（ 9   10   11   12 ）才

3. 性別：（男 ・ 女）

ii. あなたのきょうだいについてお聞きします。

あてはまるところに〇をつけてください。

1. 一人っ子

2. 二人きょうだい

3. 三人以上

iii. あなたは誰といっしょに住んでいますか。

あてはまる人すべてに〇をつけてください。

1. 父   2. 母   3. おじいさん   4. おばあさん

5. きょうだい（兄 ・ 姉 ・ 弟 ・ 妹）

iv. あなたは以下のことについて満足していますか。

あてはまる数字1つに〇をつけてください。

		満足	ふつう	不満
1. 自分の成績	(1)	3	2	1
2. 学校の規則	(2)	3	2	1
3. 部活動	(3)	3	2	1
4. 心の相談（カウンセリング）	(4)	3	2	1
5. 今の自分の生活	(5)	3	2	1
6. 友だちとのつきあい	(6)	3	2	1
7. じゅぎょうの内容のやり方、進み方	(7)	3	2	1

I．次の出来事は、最近6ヶ月の間に**どのくらいありましたか**。あてはまる数字1つに〇をつけてください。**また**そのことは**どのくらい嫌なこと**だったですか。**色のついているところ**にもあてはまる数字1つに〇をつけてください。		よくあった	ときどきあった	あまりなかった	ぜんぜんなかった	とてもいやだった	少しいやだった	あまりいやでなかった	ぜんぜんいやでなかった
1．親から勉強しなさいとうるさく言われた	(1)	3	2	1	0	3	2	1	0
2．先生がよくわけを聞いてくれずに、おこった	(2)	3	2	1	0	3	2	1	0
3．じゅぎょうが長びいて、休み時間が短くなった	(3)	3	2	1	0	3	2	1	0
4．テストの点数がわるかった	(4)	3	2	1	0	3	2	1	0
5．だれかに、いじめられた	(5)	3	2	1	0	3	2	1	0
6．自分の体重が気になった	(6)	3	2	1	0	3	2	1	0
7．先生があいてにしてくれなかった	(7)	3	2	1	0	3	2	1	0
8．友だちとけんかをした	(8)	3	2	1	0	3	2	1	0
9．人に、ものをとられたり、こわされたりした	(9)	3	2	1	0	3	2	1	0
10．親から行きたくない塾に通わさせられたり、習いごとをさせられたりした	(10)	3	2	1	0	3	2	1	0
11．じゅぎょうが、よくわからなかった	(11)	3	2	1	0	3	2	1	0
12．きらいな科目のじゅぎょうがあった	(12)	3	2	1	0	3	2	1	0
13．自分の身長が気になった	(13)	3	2	1	0	3	2	1	0
14．じゅぎょう中、ずっと静かにしていなければならなかった	(14)	3	2	1	0	3	2	1	0
15．友だちに、いやなあだ名や、わるぐちを言われた	(15)	3	2	1	0	3	2	1	0
16．友だちに、なかまはずれにされた	(16)	3	2	1	0	3	2	1	0
17．親が自分に期待しすぎていると感じた	(17)	3	2	1	0	3	2	1	0
18．自分の顔が気にいらない	(18)	3	2	1	0	3	2	1	0
19．親が自分のきもちを分かってくれなかった	(19)	3	2	1	0	3	2	1	0
20．じゅぎょう中、分からない問題をあてられた	(20)	3	2	1	0	3	2	1	0
21．先生がえこひいき（不公平なあつかい）をした	(21)	3	2	1	0	3	2	1	0
22．二次性徴（初潮、精通）のしゅつげんで悩んだ	(22)	3	2	1	0	3	2	1	0

Ⅱ．あなたは最近６ヶ月の間に、嫌なことがあった時、どうなりますか。あてはまる数字１つに○をつけてください。			まったくそのとおり	まあそうだ	いくらかそうだ	まったくちがう
1．頭がくらくらする	(1)		4	3	2	1
2．かなしい	(2)		4	3	2	1
3．体がだるい	(3)		4	3	2	1
4．いらいらする	(4)		4	3	2	1
5．さびしい	(5)		4	3	2	1
6．だれかに、いかりをぶつけたい	(6)		4	3	2	1
7．気持ちがしずむ	(7)		4	3	2	1
8．なにかに集中できない	(8)		4	3	2	1
9．ずつうがする	(9)		4	3	2	1
10．あまりがんばれない	(10)		4	3	2	1
11．なんとなく、しんぱいである	(11)		4	3	2	1
12．なにもかも、いやだと思う	(12)		4	3	2	1
13．きもちが悪い	(13)		4	3	2	1
14．勉強が手につかない	(14)		4	3	2	1
15．ふきげんで、おこりっぽい	(15)		4	3	2	1
16．なにもやる気がしない	(16)		4	3	2	1

Ⅲ．あなたは嫌なことがあった時、どのように考えたり、行動したりしますか。あてはまる数字１つに○をつけてください。			いつもする	時々する	あまりしない	まったくしない
1．だれかにどうしたらよいかを聞く	(1)		4	3	2	1
2．自分を変えようと努力する	(2)		4	3	2	1
3．大声をあげてどなる	(3)		4	3	2	1
4．そのげんいんが何かを見つける	(4)		4	3	2	1
5．友だちと遊ぶ	(5)		4	3	2	1
6．そのことをあまり考えないようにする	(6)		4	3	2	1
7．だれかに言いつける	(7)		4	3	2	1
8．どうしようもないのであきらめる	(8)		4	3	2	1
9．ひとりで泣く	(9)		4	3	2	1
10．だれかにたのんでかいけつしてもらう	(10)		4	3	2	1
11．ゲームをする	(11)		4	3	2	1

			いつもそうである	時々そうである	あまりそうでない	まったくそうでない
Ⅳ.	あなたは最近6ヶ月の間に、父親、母親、先生、親しい友だち、きょうだいから、**以下のことをどれだけしてもらいましたか**。あてはまる数字1つに○をつけてください。★ 父親、母親、きょうだいなどのいない人はその部分だけは答えなくていいです。					

父親の場合

			いつもそうである	時々そうである	あまりそうでない	まったくそうでない
1.	あなたが落ち込んでいると元気づけてくれる	(1)	4	3	2	1
2.	ふだんからあなたの気持ちをよくわかってくれる	(2)	4	3	2	1
3.	あなたがどうしてよいかわからなくなった時、なんとかしてくれる	(3)	4	3	2	1
4.	あなたがする話をいつもよく聞いてくれる	(4)	4	3	2	1

母親の場合

1.	あなたが落ち込んでいると元気づけてくれる	(1)	4	3	2	1
2.	ふだんからあなたの気持ちをよくわかってくれる	(2)	4	3	2	1
3.	あなたがどうしてよいかわからなくなった時、なんとかしてくれる	(3)	4	3	2	1
4.	あなたがする話をいつもよく聞いてくれる	(4)	4	3	2	1

先生の場合

1.	あなたが落ち込んでいると元気づけてくれる	(1)	4	3	2	1
2.	ふだんからあなたの気持ちをよくわかってくれる	(2)	4	3	2	1
3.	あなたがどうしてよいかわからなくなった時、なんとかしてくれる	(3)	4	3	2	1
4.	あなたがする話をいつもよく聞いてくれる	(4)	4	3	2	1

親しい友だちの場合

1.	あなたが落ち込んでいると元気づけてくれる	(1)	4	3	2	1
2.	ふだんからあなたの気持ちをよくわかってくれる	(2)	4	3	2	1
3.	あなたがどうしてよいかわからなくなった時、なんとかしてくれる	(3)	4	3	2	1
4.	あなたがする話をいつもよく聞いてくれる	(4)	4	3	2	1

きょうだいの場合

1.	あなたが落ち込んでいると元気づけてくれる	(1)	4	3	2	1
2.	ふだんからあなたの気持ちをよくわかってくれる	(2)	4	3	2	1
3.	あなたがどうしてよいかわからなくなった時、なんとかしてくれる	(3)	4	3	2	1
4.	あなたがする話をいつもよく聞いてくれる	(4)	4	3	2	1

中 学 生 の 意 識 調 査

　このアンケートは、あなたのふだんの考えや行動についてお聞きするものです。正しい
答えとか、間違った答えといったことは、いっさいありませんので、素直にありのまま
答えてください。答えていただいた内容はすべてコンピュータによって処理し、個々の
調査内容については秘密を守ります。あなたにご迷惑をおかけすることは決してありません。
　お手数をおかけしますが、ご協力くださいますようお願いいたします。この調査は
強制ではありません。あくまでもみなさんのご協力をお願いするものです。答えていただ
ける方は、できるだけ全項目にお答えください。

愛知学院大学大学院総合政策研究科

金　玉花

2005年09月

ⅰ．まずあなたについてお聞きします。

　　1．学年：（　　　　）年

　　2．年齢：（　　　　　）歳

　　3．性別：（男　・　女）

　　4．あなたのクラスの人数：（　　　　　）名

ⅱ．あなたのきょうだいについてお聞きします。

　　あてはまるところに〇をつけてください。

　　1．一人っ子

　　2．二人きょうだい　　──▶{a．1番目　　　b．2番目}

　　3．三人以上　　──▶{a．一番上　　b．一番下　　c．それ以外（　　　）番目}

ⅲ．あなたは誰と同居していますか。

　　あてはまる人すべてに〇をつけてください。

　　1．父　　2．母　　3．おじいさん　　4．おばあさん

　　5．きょうだい（兄　・　姉　・　弟　・　妹）

ⅳ．あなたは部活動に参加していますか。　　　1．はい　　　　　　2．いいえ

I. 次の出来事について、最近6ヶ月に**どの程度経験**しましたか。そして、**どの程度いやだ**と感じましたか。あなたの考えにもっとも近い数字1つに〇をつけてください。

★[経験程度]で1に〇をした人は[嫌な程度]に回答しなくて結構です。

		[経験程度]					[嫌な程度]			
		よくあった	時々あった	たまにあった	ぜんぜんなかった		非常にいやだった	かなりいやだった	少しいやだった	ぜんぜんいやでなかった
1.	誰かにいじめられたこと	(1) 4	3	2	1	—	4	3	2	1
2.	先生から自分と他人を比べるような言い方をされたこと	(2) 4	3	2	1	—	4	3	2	1
3.	自分の性格のことや自分のしたことについて、友だちから悪口を言われたこと	(3) 4	3	2	1	—	4	3	2	1
4.	先生が自分を理解してくれなかったこと	(4) 4	3	2	1	—	4	3	2	1
5.	先生や両親から期待されるような成績が取れなかったこと	(5) 4	3	2	1	—	4	3	2	1
6.	人が簡単にできる問題でも自分にはできなかったこと	(6) 4	3	2	1	—	4	3	2	1
7.	クラスの友だちから仲間はずれにされたこと	(7) 4	3	2	1	—	4	3	2	1
8.	先生のやり方やものの言い方が気にいらなかったこと	(8) 4	3	2	1	—	4	3	2	1
9.	先生がえこひいきをしたこと	(9) 4	3	2	1	—	4	3	2	1
10.	顔やスタイルのことで、友だちにからかわれたり、ばかにされたこと	(10) 4	3	2	1	—	4	3	2	1
11.	試験や通知表の成績が悪かったこと	(11) 4	3	2	1	—	4	3	2	1
12.	親から勉強しなさいとうるさく言われたこと	(12) 4	3	2	1	—	4	3	2	1
13.	親がきびしすぎたこと	(13) 4	3	2	1	—	4	3	2	1
14.	親が自分の気持ちをわかってくれないと思ったこと	(14) 4	3	2	1	—	4	3	2	1
15.	二次性徴(初潮、精通現象)の出現で悩んだこと	(15) 4	3	2	1	—	4	3	2	1
16.	授業中、指名されても答えることができなかったこと	(16) 4	3	2	1	—	4	3	2	1
17.	両親がよくけんかをしたこと	(17) 4	3	2	1	—	4	3	2	1
18.	自分の顔が気にいってないと思ったこと	(18) 4	3	2	1	—	4	3	2	1
19.	自分の体重が気になったこと	(19) 4	3	2	1	—	4	3	2	1
20.	自分の身長が気になったこと	(20) 4	3	2	1	—	4	3	2	1

Ⅱ．あなたは「いやなことを経験した時」どのような状況になりますか。

あなたの状況にもっとも近い数字１つに○をつけてください。

		まったくそのとおり	まあそうだ	いくらかそうだ	まったくちがう
1．いらいらする	(1)	4	3	2	1
2．心配な気持ちになっている	(2)	4	3	2	1
3．あばれだしたくなる	(3)	4	3	2	1
4．やる気が起こらない	(4)	4	3	2	1
5．頭がくらくらする	(5)	4	3	2	1
6．むしゃくしゃする	(6)	4	3	2	1
7．かなしい	(7)	4	3	2	1
8．不安を感じる	(8)	4	3	2	1
9．ものをけとばしたり、こわしたりしたくなる	(9)	4	3	2	1
10．ひとりきりになりたいと思う	(10)	4	3	2	1
11．何をするのもめんどうくさくて、気がすすまない	(11)	4	3	2	1
12．誰かにわかってもらいたい、話を聞いてほしい	(12)	4	3	2	1
13．頭痛がある	(13)	4	3	2	1
14．さみしい気持ちになる	(14)	4	3	2	1
15．人が信じられない	(15)	4	3	2	1
16．誰かにささえてほしいと思う	(16)	4	3	2	1
17．よく眠れない	(17)	4	3	2	1
18．食欲がない	(18)	4	3	2	1

Ⅲ. あなたは以下のことについてどの程度満足していますか。
あなたの考えにもっとも近い数字1つに○をつけてください。

		満足	まあ満足	やや不満	不満	わからない
1. 自分のきょうだい	(1)	4	3	2	1	0
2. 自分の家族形態	(2)	4	3	2	1	0
3. 国の政治のあり方	(3)	4	3	2	1	0
4. 国の社会体制	(4)	4	3	2	1	0
5. 今の自分の生活程度	(5)	4	3	2	1	0
6. 今の自分の生き方	(6)	4	3	2	1	0
7. 今の自分の人間関係	(7)	4	3	2	1	0
8. 学校の施設や設備のこと	(8)	4	3	2	1	0
9. 部活動、クラブ活動やサークル活動	(9)	4	3	2	1	0
10. 学校の規則	(10)	4	3	2	1	0
11. 自分の成績	(11)	4	3	2	1	0
12. 授業の内容のやり方、進み方	(12)	4	3	2	1	0
13. クラスの人数	(13)	4	3	2	1	0
14. こころの相談（カウンセリング）	(14)	4	3	2	1	0
15. 保健室のあり方	(15)	4	3	2	1	0

Ⅳ. あなたは「いやなことがあった時」どのように考えたり、行動したりしていますか。
あなたの考えにもっとも近い数字1つに○をつけてください。

		いつもする	時々する	たまにする	まったくしない
1. 現在の状況を変えるよう努力する	(1)	4	3	2	1
2. 先のことをあまり考えないようにする	(2)	4	3	2	1
3. 自分で自分を励ます	(3)	4	3	2	1
4. なるようになれと思う	(4)	4	3	2	1
5. 物事の明るい面を見ようとする	(5)	4	3	2	1
6. 誰かに問題解決に協力してくれるよう頼む	(6)	4	3	2	1
7. 大した問題ではないと考える	(7)	4	3	2	1
8. 問題の原因を見つけようとする	(8)	4	3	2	1
9. 今の経験から得られるものをさがす	(9)	4	3	2	1

あ と が き

　本書は、私の博士学位請求論文をもとに、論文作成以後の研究を加筆し
完成させたものです。特に、第14章と第15章は、博士学位請求論文以後
に新たに付け加えた内容です。

　本研究を遂行し、学位論文として完成させるにあたり、多くの方々か
ら多大なご支援・ご指導を賜りました。ここに記して感謝の意を表しま
す。

　まず、博士論文を執筆するに当たり、熱心なご指導と多大なる御鞭撻を
賜りました愛知学院大学大学院総合政策研究科教授（教育学博士）の二宮
克美先生に深く感謝するとともに、心よりお礼申し上げます。先生には、
博士前期課程に入学し、研究活動を開始した当初から、修士論文の指導だ
けでなく、終始的確な助言と励ましを頂き、博士学位論文の完成まで導い
て頂きました。

　次に、私の学位論文に深い御理解を頂き、丁寧な御指導と御配慮を賜
りました愛知学院大学大学院総合政策研究科教授（教育学博士）の長田
雅喜先生と愛知学院大学大学院総合政策研究科教授（教育学博士）の新
海英行先生に深甚なる謝意を表します。両先生のご指導により、本研究
をさらに深めることができました。またご多忙な中、審査員となって頂
き、博士論文並び将来の研究の進むべき方向について貴重な御教示を賜
りました。

　そして、名古屋文理大学短期大学部講師であった山本ちか様、中国華南
理工大学副教授であった金華様、山東科技大学講師であった权英様には質
問紙調査や資料収集などに力を貸していただき、深く感謝申し上げます。
また、私が大学院在籍中に、愛知学院大学大学院の大学院生であった高橋
彩様、稲葉小由紀様、桑村幸恵様、岸真弓様、杉山佳菜子様、董怡汝様に
も論文を進めるなかでご協力いただき、感謝申し上げます。

　本書の出版にあたって『福州大学外国語学院専著資助項目』の全額の補
助を頂くとともに、アモイ大学出版社の多大なご協力を頂きました。この

場を借りて、お礼申し上げます。中国のアモイ大学出版社の編集者である
王揚帆様の御熱心で綿密な企画に心より感謝申し上げます。
　最後に、長い間、心の支えになってくれた主人に感謝します。

2014 年 8 月

图书在版编目(CIP)数据

中小学生心理压力的中日比较研究 ：基于比较文化心理学的视角/金玉花
著. 一厦门:厦门大学出版社,2014.12
ISBN 978-7-5615-5375-6

Ⅰ．①中…　Ⅱ．①金…　Ⅲ．①青少年心理学－对比研究－中国、日本
Ⅳ．①B844.2

中国版本图书馆 CIP 数据核字(2014)第 306795 号

官方合作网络销售商: **dangdang.com　amazon.cn　JD.com京东**

厦门大学出版社出版发行

(地址:厦门市软件园二期望海路 39 号　邮编:361008)
总 编 办 电 话:0592-2182177　传真:0592-2181253
营销中心电话:0592-2184458　传真:0592-2181365
网址:http://www.xmupress.com
邮箱:xmup @ xmupress.com

厦门集大印刷厂印刷

2014 年 12 月第 1 版　2014 年 12 月第 1 次印刷
开本:720×970　1/16　印张:23.75
字数:408 千字

定价:69.00 元

本书如有印装质量问题请直接寄承印厂调换